JN015588

マスタリングVim

Ruslan Osipov［著］ 大倉 雅史［訳］

VimとNeovimで構築するソフトウェア開発環境

Mastering Vim

技術評論社

◆本書をお読みになる前に

本書に記載された内容は、情報の提供のみを目的としています。したがって、本書を用いた運用は、必ずお客様自身の責任と判断によって行ってください。これらの情報の運用の結果について、技術評論社および著者、訳者はいかなる責任も負いません。

以上の注意事項をご承諾いただいたうえで、本書をご利用願います。これらの注意事項をお読みいただかずに、お問い合わせいただいても、技術評論社および著者、訳者は対処しかねます。あらかじめ、ご承知おきください。

◆商標、登録商標について

本書に登場する製品名などは、一般に各社の商標または登録商標です。なお、本文中に™、®などのマークは記載しておりません。

この本を書く私の不安を乗り越えさせてくれた、母のLindaと愛しのパートナーであるElisabethへ

—— *Ruslan Osipov*

貢献者

著者について

Ruslan OsipovはGoogle社のソフトウェアエンジニアであり、熱心な旅行者であり、パートタイムのブロガーでもあります。彼は独学のエンジニアです。彼は個人的なVimのノートを2012年から公開しており、Vimの複雑性と、Vimによる開発フローの最適化にだんだん興味を持つようになりました。

私に連絡し、概要を書く手助けをしてくれたChaitanyaに感謝したいと思います。疲れを知らずに私の草稿を編集してくれたPoojaに感謝します。コードを注意深くレビューしてくれたDivyaにも感謝します。そしてまた、この本に取り組んでくれたPackt社のその他の方々にも同様に感謝したいと思います（まだ会う機会には恵まれていませんが）。そして、この本をレビューしてくれたBramに大いに感謝します。また、日本でのVimカンファレンスのオーガナイザたちである、Tatsuhiro Ujihisa (Uji)、Taro Muraoka (KaoriYa)、Thinca、Aomoriringo、Mopp、Yasuhiro Matsumoto (Mattn)、t9md、and Guyon（そして言及し忘れたかもしれない人たち）にも感謝の言葉を述べたいと思います。おもてなしありがとう！　協力的なGoogleの同僚達、とくに私のマネージャであり、私がこの本の執筆とキャリアのバランスを取るのを助けてくれたPatrickに最大限の謝辞を述べたいと思います。

レビュアーについて

Bram MoolenaarはVimの作者でありメンテナです。彼は27年間Vimに取り組んできており、パッチを提供したり新しいバージョンをテストしたりしてくれる多くのボランティアのおかげで、Vimを改善することをやめる計画はいまだにありません。

電子工学を学び、デジタルコピー機のパーツを発明したあと、Bramはオープンソースソフトウェアを作ることはもっと便利で楽しいものだと判断し、数年間もっぱらそれに取り組みました。彼は現在、オープンソースソフトウェアに真に取り込んでいる数少ない数社のうちの1つであるGoogleに勤務しています。その間、彼は自発的にウガンダでのプロジェクトに取り組み、今も「I Care Children Foundation（ICCF）」を通じてウガンダの貧しい子供たちを助けています。

Vimを現在の形にまでするのを手伝ってくれた、すべてのVim開発者に感謝したいと思います。彼らなしでは機能のほんの一部しか実装されず、品質が高いとはとても言えないものになっていたでしょう。また、Vim上で動くプラグインを実装し、ユーザーが複雑な機能を利用できるようにしてくれる、すべてのプラグイン作者にも感謝したいと思います（私が開発する必要がなくなります！）。そして最後に、ユーザーがVimの組み込み機能を使うのを手助けするだけでなく、プラグインについて知り、使えるようにしてくれる本を書いたRuslanに感謝します。

日本語版に向けて

Ruslan Osipov

数日前、私がVimで複雑な変換を行うのを同僚が見ていました。非常に驚いて彼は叫びました。「そのやり方、習得するには何年もかかったろうに！」私は、彼が言ったことに考え込んでしまいました。

私はVimを毎日使います。そしてそれはあまりにも日常的なことです。時々、私は新しいやり方を調べたり、`:help`やオンラインで新しいことを学んだりします。Vimを学ぶことはいつもゆっくりとした漸進的なプロセスで、「わお！」と驚くような瞬間はありませんでした。私の同僚が驚くまでは。

Vimの開発者Bram、そして同じくらい重要であるVimの活発なコミュニティが、信じられないような機能を持ったエディタを作ったことは称賛に値します。フル機能のIDEがほしい？　Vimならできます！　誰も完遂できなかった難解なタスクがある？　Vimなら難しくはありません！

この本を書くことは冒険でした。ほぼ1年の間、毎晩、私はコンピュータの前に座って執筆し、推敲し、そしてもちろんのこと、`:help`を読みました。それはストレスフルでしたが爽快な1年でした。私はVimについてとても多くのことを学び、東京で行われたVimConfに行き、そこですばらしい人々と出会いました。

それがこの本の翻訳者である大倉雅史氏との出会いでした。大倉さん、ありがとう。このプロジェクトは私にとって情熱を注ぐものでありましたが、あなたにとってもきっとそうであるはずです。あなたが私と同じように、このプロジェクトを楽しめることを願っています。

Contents

Chapter 2 高度な編集と移動 45

Chapter 3 先人にならえ、プラグイン管理 97

Chapter 5 ビルドし、テストし、実行する 147

Chapter 6 正規表現とマクロでリファクタリングする 195

Chapter 7 Vimを自分のものにする 227

序章

マスタリングVimは、Pythonのコードとツールを使うプロジェクト形式のサンプルを通して、あなたをすばらしいVimの世界に誘います。この本を読むことで、あなたはVimを第一のIDEとして使うようになるでしょう。本書で学ぶことはどのプログラミング言語にも適用できるからです。

対象読者

本書は初級・中級・上級の開発者のために書かれました。この本を通じて読者は、日々のワークフローでVimを効果的に使う方法を学びます。PythonやVimの経験は前提としていません。

章立て

第1章の「Vimを始める」では、読者にVimの基本的な概念と世界観を紹介します。

第2章の「高度な編集と移動」は、移動とより複雑な編集操作をカバーし、いくつかのプラグインを紹介しています。

第3章の「先人にならえ、プラグイン管理」では、モード・マッピング・プラグイン管理についてお話しします。

第4章の「テキストを理解する」は、コードベースを意味のある単位で編集し、移動するための助けとなるでしょう。

第5章の「ビルドし、テストし、実行する」では、エディタの内部あるいは外部でコードを実行するための選択肢について探求します。

第6章の「正規表現とマクロでリファクタリングする」では、リファクタリングにおける操作についてより深く見ていきます。

第7章の「Vimを自分のものにする」では、Vimの利用方法をさらにカスタマイズする選択肢について議論します。

第8章の「Vim scriptで平凡を超越する」では、Vimが提供する強力なスクリプト言語について掘り下げます。

第9章の「Neovim」は、Vimの新しいバリエーションのショーケースです。

第10章の「ここからどこへ行くのか」では、最後にいくかのヒントとなるようなトピックや、興味深いWebサイトについて紹介しています。

コードをダウンロードする

本書に出てくるコードはGitHubにホストされており、https://github.com/PacktPublishing/Mastering-Vimから入手できます。コードが更新されると、既存のGitHubリポジトリが更新されます。

https://github.com/PacktPublishing/には、Packt社の豊富な取り揃えの書籍やビデオとひも付いたコードもあります。ぜひチェックしてみてください！

加えて、https://www.packt.comから本書のサンプルコードを、あなたのアカウントでダウンロードすることもできます。もしこの本を他の場所で買ったのなら、https://www.packt.com/supportを訪れて登録をしていただけると、ファイルをメールで送ることもできます。

次の手順でコードファイルをダウンロードできます。

(1) https://www.packt.comでログインまたは会員登録をする
(2) [SUPPORT] タブを選択する
(3) [Code Downloads & Errata] をクリックする
(4) 検索窓に本の名前[注1]を入力して画面の指示に従う

ファイルがダウンロードされたら、次のツールの最新版を使ってファイルを解凍するのを忘れないでください。

- WinRAR/7-Zip (Windows)
- Zipeg/iZip/UnRarX (Mac)
- 7-Zip/PeaZip (Linux)

表記ルール

この本を通じて使われている表記ルールがいくつかあります。

本文中の**コード**は、本文中のコード・データベースのテーブル名・フォルダ名・ファイル名・ファイル拡張子・パス名・ダミーのURL・ユーザー入力、そしてTwitterのハンドル名を示します。たとえば、「ダウンロードされたWebStorm-10*.dmgのディスクイメージファイルをシステムの他のディスクとしてマウントしてください」のように使われます。

コードブロックは次のようになります。

注1　訳注：原著のタイトルである『Mastering Vim』。

```
" プラグインをvim-plugで管理する
call plug#begin()
call plug#end()
```

コードブロック内の特定の箇所に注意してもらいたいときには、太字を使っています。

```
" プラグインをvim-plugで管理する
call plug#begin()

Plug 'scrooloose/nerdtree'
Plug 'tpope/vim-vinegar'
Plug 'ctrlpvim/ctrlp.vim'
Plug 'mileszs/ack.vim'
Plug 'easymotion/vim-easymotion'

call plug#end()
```

コマンドラインへの入力は次のようになります。

```
$ cd ~/.vim
$ git init
```

太字は新しい単語や重要な単語、あるいは画面上に現れる単語を示します。たとえばメニューやダイアログボックス内の単語は本文内で、「**システム情報**を**管理**パネルから選択します」のように表示されます。

警告や重要な情報はこのように表示されます。

コツやヒントはこのように表示されます。

レビュー

ぜひレビューを残してください。この本を読んで利用したのなら、この本を買ったサイトにレビューを残すのはいかがでしょうか。潜在的な読者があなたの公平なレビューを見て購入するための判断ができますし、出版している私達はこの本についてあなたがどう思ったか知ることができます。そして、著者はフィードバックを得ることができます。感謝します。

Packtに関する情報はpackt.comを参照してください。

Chapter 1

Vimを始める

マスタリングVimへようこそ！　この本では、VimやVimプラグイン、さらにはその後継であるNeovimについて学んでいきます。

第1章では、Vimで作業をするための基礎を身に付けていきます。どんなツールも特定の用途を想定して作られているものですが、Vimもまた例外ではありません。Vimは、今日多くの人々が慣れ親しんでいるのとは違った方法でテキストを扱います。この章ではそういった違いと、テキストを編集するのに良い習慣に着目します。それによって、あなたはVimに適した心構えでそれに親しめ、作業に適したツールを使えるようになります。具体的な例としてこの章では、Vimを使って小さなPythonアプリケーションを作っていきます。

この章で取り扱うトピックは次のとおりです。

- モーダルなインターフェースとモードレスなインターフェースの違いと、なぜVimがほかのエディタと違うのか
- Vimをインストールしてアップグレードする
- gVim――VimのGUI
- VimでPythonを使うための設定と`.vimrc`ファイルの編集
- 一般的なファイルの編集：ファイルを開く・変更する・保存する・閉じる
- 移動する：矢印キー・`hjkl`・単語単位や段落単位での移動など
- ファイルに単純な変更を加える。編集コマンドと移動コマンドを組み合わせる
- 永続的なアンドゥ履歴
- Vimの組み込みマニュアルの読み方

1.1 技術的要件

本章を通じて基本的なPythonアプリケーションを作っていきます。ファイルを一から作っていくため、この章ではファイルをダウンロードする必要はありません。ただ、もし迷ってしまった場合やより詳しい解説が必要な場合は、最終的なソースコードをGitHubで見ることができます。

```
https://github.com/PacktPublishing/Mastering-Vim/tree/master/Chapter01
```

この本を通じて、おもにPythonを書くためにVimを使いますので、ある程度Pythonに慣れ親しんだ読者を想定しています。サンプルではPython3のシンタックスを使用しています。

もしあなたが過去に生きなくてはならないのなら、`print()`コマンドのシンタックスを変更することで、Python3のサンプルをPython2のものに変換できます。すべての`print('Woof!')`を`print 'Woof!'`に変更することで、コードはPython2環境で動作するようになります。

また、`.vimrc`に保存されるVimの設定も作成・編集します。上記のGitHubのリンクから最終的な`.vimrc`ファイルを入手できます。

1.2 （モーダルなインターフェースについて）話を始めよう

もしあなたがテキストを編集したことがあるなら、おそらくモードレスなインターフェースに慣れ親しんでいることでしょう。モードレスなインターフェースは主流のテキストエディタの多くでデフォルトのものとして選択されていますし、私たちの多くはそうしてテキストを扱うことを学んできました。

「モードレスな」という言葉は、個々のUIが1つの機能しか持たないということを意味しています。ボタンを押すと画面に文字が現れるか、または別の処理が実行されます。それぞれのキーやキーの組み合わせはいつも同じことをします。それはつまり、アプリケーションが単一のモードで動作しているということです。

しかし、それ以外の選択肢もあります。

モーダルなインターフェースへようこそ。ここでは各操作が状況によって異なる動作をします。モーダルなインターフェースの最もありふれた例はスマートフォンです。同じ画面をタップしても、異なるアプリケーションやメニューで作業するたび、異なる機能が呼び出されます。

テキストエディタでも同じです。Vimはモーダルなエディタですので、同じボタンを押しても状況によって異なる結果になります。インサートモード（テキスト入力のためのモード）にいますか？そうであれば`o`のキーを押せばoが入力されます。しかし、異なるモードに切り替えた途端、`o`キーの機能はカーソルの下に新しい行を挿入する機能へと変わります。

Vimを使うことは、エディタと会話するようなものです。`d3w`とタイプすることで、あなたはVimに次の3単語を削除するように伝えます。また`ci"`とタイプすることで、あなたはVimにダブルクォート（"）の内側のテキストを変更するように依頼します。

Vimはほかのエディタに比べて速いということをよく聞くかもしれませんが、それがVimの本質かというと、必ずしもそうではありません。Vimを使うとテキストを扱うフローの中に留まることができます。マウスに手をのばすことでペースを壊すことも、ページの特定の場所に行くためにあるキーをちょうど17回タイプする必要もありません。コピー＆ペーストをする際にマウスをミリメートル単位で動かす必要もないのです。

モードレスなエディタを使うと、ワークフローはさまざまな妨害にさらされます。

モーダルなエディタを使うことはエディタと会話することに似ています（Vimはとくにそうです）。あなたはエディタに特定の動作を、一貫した操作で依頼することができます（たとえば前述の「次の3単語を削除する」や「ダブルクォートの内側のテキストを変更する」など）。Vimを使うことで、テキスト編集ははるかに計画的なものとなります。

1.3 インストール

Vimはすべてのプラットフォームで入手可能であり、LinuxやmacOSでははじめからインストールされています（ただし、Vimをより新しいものにアップグレードしたいと思うでしょう）。ご自身のシステムに合わせて本節の内容を拾い読みし、セットアップしましょう。

Linux上でのセットアップ

LinuxマシンではVimは最初からインストールされています。これは良い知らせです！　ただし、もしかするとかなり古いVimがインストールされているかもしれません。最新のVim 8は、かなり重要な最適化がなされています。コマンドプロンプトを立ち上げ、次を実行します。

```
$ git clone https://github.com/vim/vim.git
$ cd vim/src
$ make
$ sudo make install
```

Vimのインストールで何か問題が起こるなら、依存関係が欠落しているのかもしれません。Debianベースのディストリビューションを使っているなら、次のコマンドで欠けている依存関係が追加されるでしょう。

```
$ sudo apt-get install make build-essential libncurses5-dev
libncursesw5-dev --fix-missing
```

これで最新のVimを使えるようになります。最新版にこだわりがないなら、マシンのパッケージ管理システムを使ってVimを更新することもできます。ディストリビューションによってパッケージ管理システムは異なります。次の表にいくつか一般的なものを挙げます。

ディストリビューション	最新版のVimをインストールするためのコマンド
Debianベース (Debian、Ubuntu、Mint)	`$ sudo apt-get update` `$ sudo apt-get install vim-gtk`
CentOS (とFedora 22まで)	`$ sudo yum check-update` `$ sudo yum install vim-enhanced`
Fedora 22以上	`$ sudo dnf check-update` `$ sudo dnf install vim-enhanced`
Arch	`$ sudo pacman -Syu` `$ sudo pacman -S gvim`
FreeBSD	`$ sudo pkg update` `$ sudo pkg install vim`

この表では、Vimはパッケージ管理システムごとに異なる名前をしていることに気づくでしょう。`vim-gtk`や`vim-enhanced`は追加の機能が有効になっています(たとえばGUIのサポートなど)。

パッケージ管理システムでのインストールは、数ヵ月から数年程度の遅れが出ることは頭に留めておいてください。

これでVimの世界に飛び込む準備ができました！　次のコマンドを実行するとエディタが起動します。

```
$ vim
```

最近のシステムでは`vi`でもVimを起動できます。しかし、常にそうとは限りません。古いシステムでは、この2つは異なったバイナリです。viはVimの先達です（VimはVi IMprovedを意味します）。今日では、それは単にVimへのポインタです。何らかの理由でVimをインストールできない限りは、viを使う理由はありません。

macOS上でのセットアップ

macOSはVimのパッケージを同梱していますが、バージョンが古くなっているかもしれません。新しいVimをインストールする方法はいくつかありますが、本書では2つの方法を取り上げます。最初の方法はmacOSのパッケージ管理システムであるHomebrewを使うものです。この方法を使うには、最初にHomebrewをインストールしなくてはなりません。もう1つの方法はMacVimの`.dmg`ファイルをダウンロードしてくるものです。この方法のほうが馴染みがあるかもしれません。Macユーザーはビジュアルなインターフェースに慣れているからです。

この本ではコマンドラインを使うため、Homebrewを使う方法をお勧めします。しかし、コマンドラインに興味がないならディスクイメージを使う方法でも問題ありません。

Homebrewを使う

Homebrewはサードパーティによるパッケージ管理システムであり、パッケージのインストールと更新を容易にします。Homebrewをインストールする方法は`https://brew.sh/`に記載されており、執筆時点では次のような1行のコマンドラインです[注1]。

```
$ /usr/bin/ruby -e "$(curl -fsSL https://raw.githubusercontent.com/Homebrew/install/
master/install)"
```

次のスクリーンショットはHomebrewのインストール中に表示される、操作の一覧です。

注1　訳注：2020年3月に、HomebrewのインストーラがRubyからBashに書き換えられました。以下のコマンドを使うことが推奨されています（Ruby版のインストーラを使うと警告が出ます）。

```
$ /bin/bash -c "$(curl -fsSL https://raw.githubusercontent.com/Homebrew/install/master/install.sh)"
```

```
Terminal — ruby -e #!/System/Library/Frameworks/Ruby.framework/...
/usr/local/Homebrew
==> The following existing directories will be made group writable:
/usr/local/bin
/usr/local/etc
/usr/local/sbin
/usr/local/share
/usr/local/share/doc
==> The following existing directories will have their owner set to ruslano:
/usr/local/bin
/usr/local/etc
/usr/local/sbin
/usr/local/share
/usr/local/share/doc
==> The following existing directories will have their group set to admin:
/usr/local/bin
/usr/local/etc
/usr/local/sbin
/usr/local/share
/usr/local/share/doc
==> The Xcode Command Line Tools will be installed.

Press RETURN to continue or any other key to abort
```

Enterキーを押して続けます。

Xcode（Macでの開発のほとんどで必須要件となっています）をインストールしていない場合、Xcodeをインストールするポップアップが出てくるでしょう。Xcodeを直接使うわけではないので、設定はそのままでインストールしても大丈夫です。

Homebrewのインストールにはしばらくかかりますが、やがてインストールが終わります。これはVim以外にもさまざまなものをインストールできる優れたツールです！ `Installation successful!`と太字で表示されたらインストールは完了です。

次のコマンドで最新のVimをインストールしましょう。

```
$ brew install vim
```

Homebrewは必要な依存関係をすべてインストールするので、何も心配することはありません（次のスクリーンショットをご覧ください）。

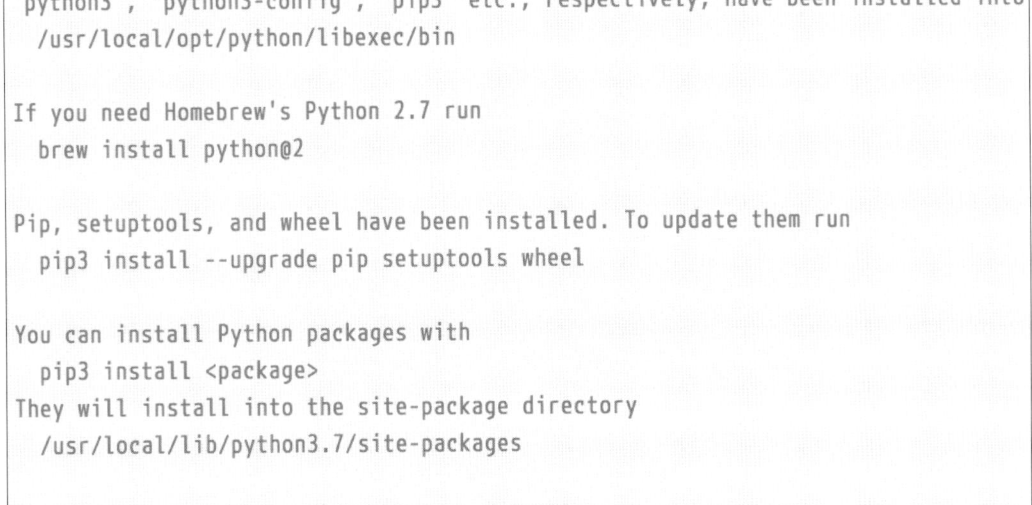

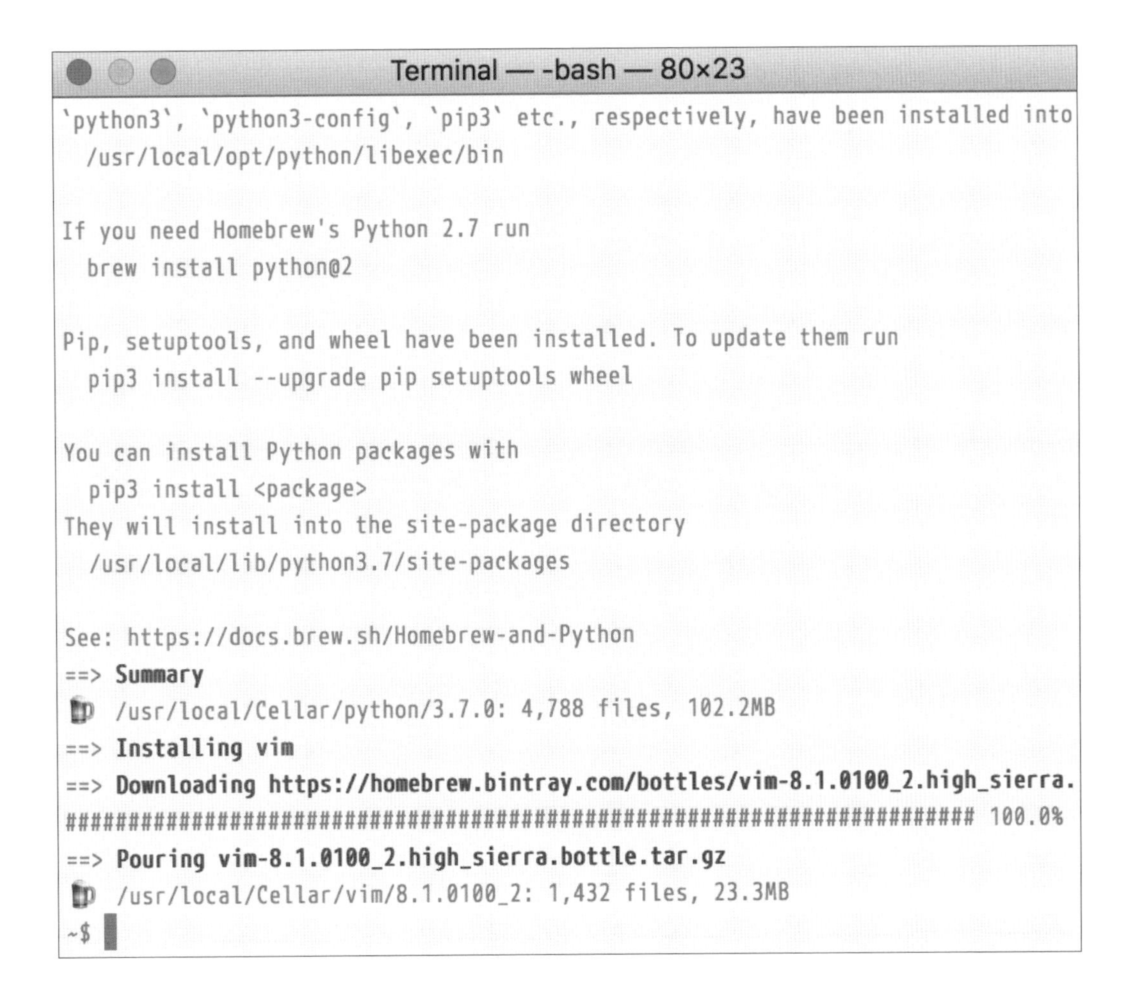

Homebrewをすでにインストールしており、過去にVimをインストールしたことがある場合、先のコマンドはエラーになります。最新版のVimを確実に使うには次のコマンドを実行します。

```
$ brew upgrade vim
```

Vimを楽しむ準備ができました。次のコマンドでVimを起動しましょう。

```
$ vim
```

Vimへようこそ。

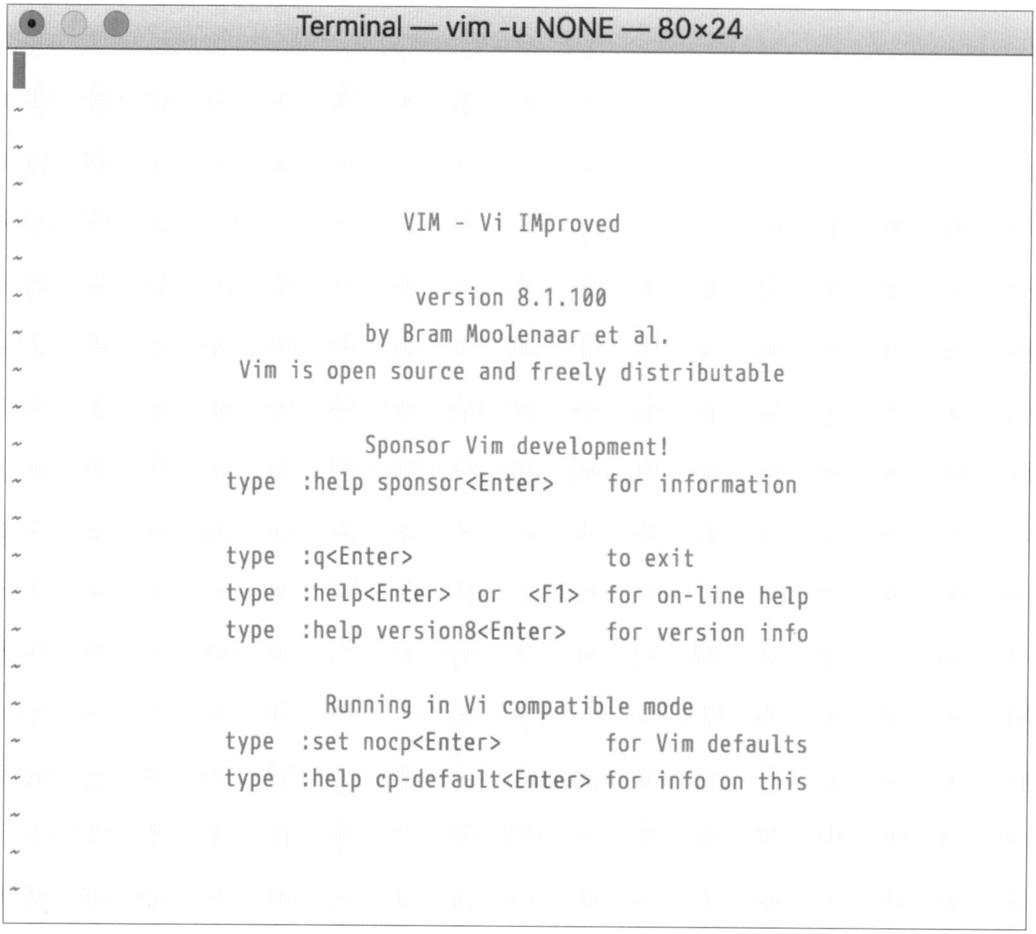

```
Terminal — vim -u NONE — 80×24

~
~
~
~                      VIM - Vi IMproved
~
~                       version 8.1.100
~                  by Bram Moolenaar et al.
~         Vim is open source and freely distributable
~
~                  Sponsor Vim development!
~      type  :help sponsor<Enter>    for information
~
~      type  :q<Enter>               to exit
~      type  :help<Enter>  or  <F1>  for on-line help
~      type  :help version8<Enter>   for version info
~
~               Running in Vi compatible mode
~      type  :set nocp<Enter>        for Vim defaults
~      type  :help cp-default<Enter> for info on this
~
~
~
```

.dmgをダウンロードする

https://github.com/macvim-dev/macvim/releases/latestへ行き、MacVim.dmgをダウンロードします。

MacVim.dmgを開き、次のスクリーンショットのようにVimのアイコンをApplicationsディレクトリ[注2]にドラッグします。

注2　訳注：日本語版では「アプリケーション」フォルダ。

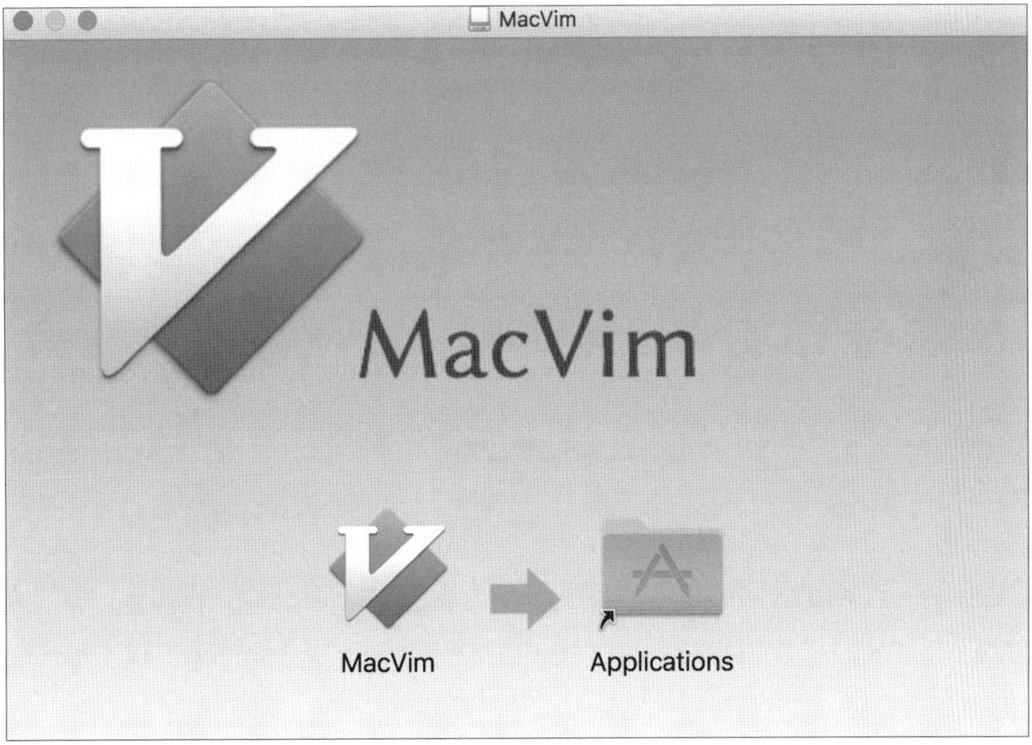

Macのセキュリティ設定によっては、Applicationsフォルダに行ってMacVimアプリケーションを開こうとすると、次のスクリーンショットのようにエラーが出るかもしれません。

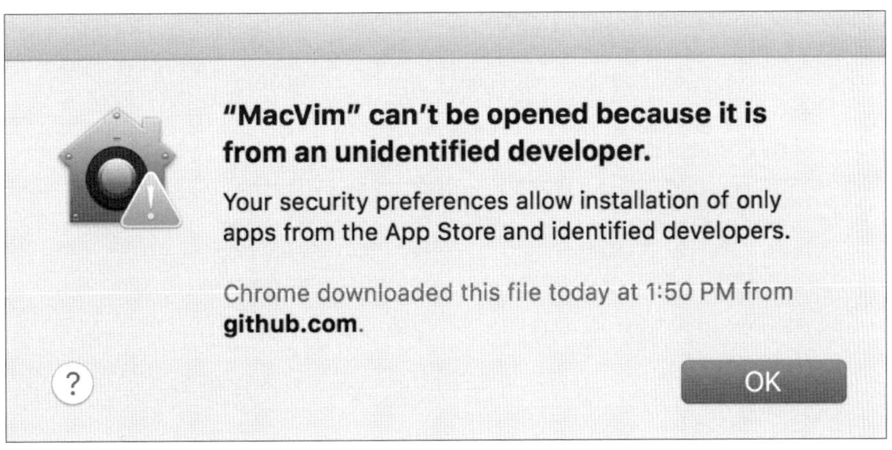

Applicationsフォルダを開き、MacVimを見つけ、右クリックして「Open」[注3]を選択します。次のようなウィンドウがポップアップするでしょう。

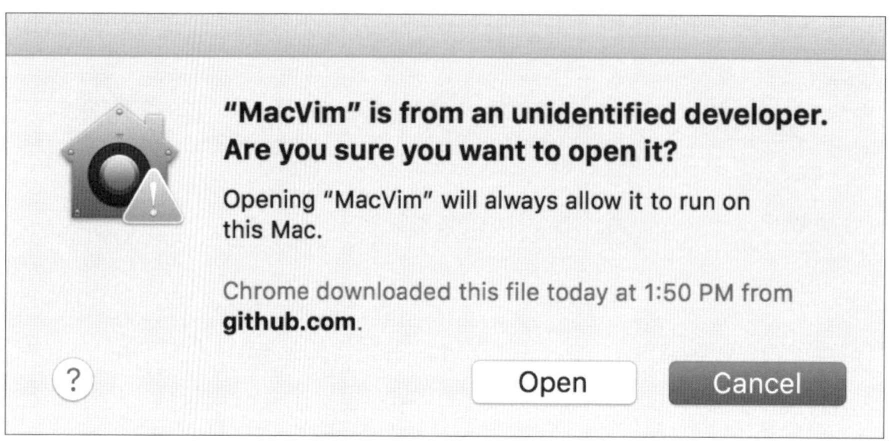

「Open」を押すと、以降MacVimは通常どおり起動するようになります。試してみましょう。

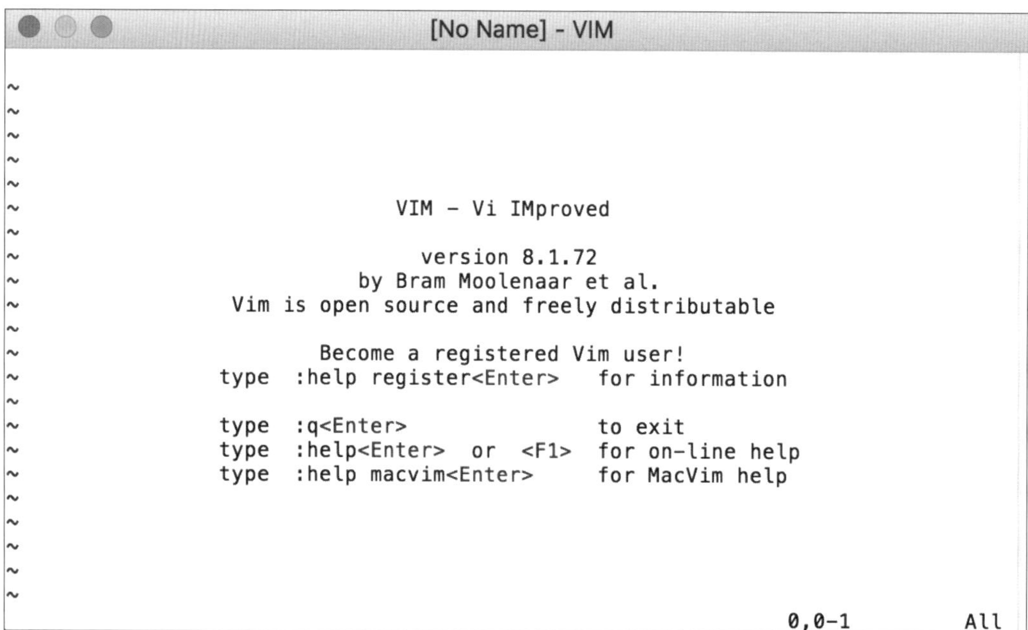

注3　訳注：日本語版では「開く」。

Windowsでのセットアップ

WindowsはVimを使う方法をおもに2つ提供しています。Cygwinをセットアップしてより Unixライクな環境を提供するものと、gVimというVimのグラフィカルなバージョン(`cmd.exe`とも連携します)をインストールするものです。両方試してみて、気に入ったほうを選ぶことをお勧めします。gVimはWindows上ではやや扱いやすくインストールも楽ですが、CygwinはUnixシェルに慣れているならより心地良く感じられるでしょう。

CygwinでUnixライクな環境を作る

CygwinはUnixライクな環境であり、Windowsのコマンドラインインターフェースです。これは、強力なUnixシェルとツールのサポートをWindowsマシンで実現するためのものです。

Cygwinをインストールする

インストールを始めるには、`https://cygwin.com/install.html`に行って`setup-x86_64.exe`か`setup-x86.exe`をマシンのアーキテクチャに合わせてダウンロードします。

ご自身のシステムが32ビットか64ビットかわからなければ、「コントロールパネル」から「システムとセキュリティ」「システム」と移動して「システムのタイプ」を見ます。たとえば、筆者のマシンは「System type: 64-bit Operating System, x64-based processor」と表示されます。

実行ファイルを開くと次のような画面が表示されます。

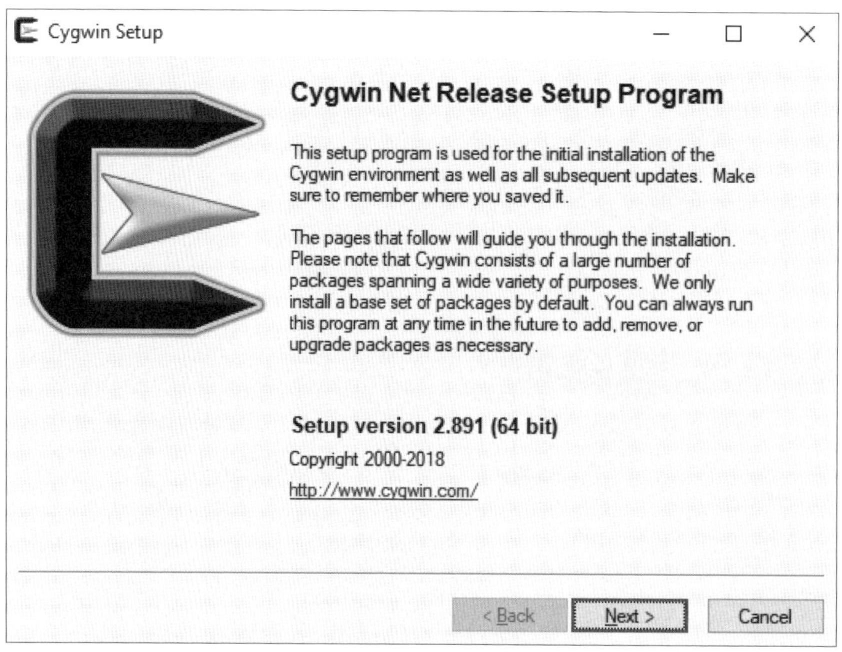

「Next>」[注4]を数回押して、以下のデフォルトの設定で先に進みます。

- Download source：Install from Internet
- Root directory：C:¥cygwin64（あるいは推奨のデフォルト値）
- Install for：all users
- Local package directory：C:¥Downloads（あるいは推奨のデフォルト値）
- Internet connection：Use System Proxy Settings
- Download site：http://cygwin.mirror.constant.com（あるいは別のURL）

そのあと、「Select Package」画面へと移動します。ここでは`vim`、`gvim`、そして`vim-doc`を選択します。最も簡単な方法は`vim`を検索ボックスに入力し、「All」-「Editors」カテゴリを広げ、望みのパッケージの隣にある矢印のようなアイコンをクリックすることです（次のスクリーンショットがデモとなっています）。

注4　訳注：日本語版では「次へ」。

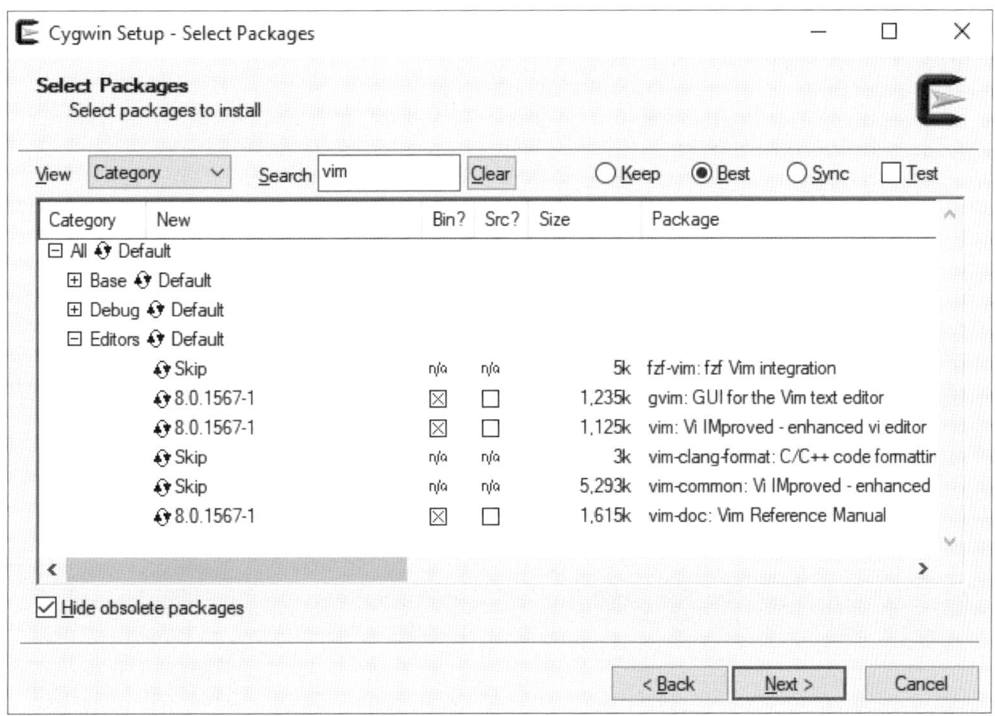

上のスクリーンショットではバージョン「8.0.1567-1」が表示されています。これは2018年11月の執筆時点で入手可能な唯一のバージョンです。8.0と8.1を比較すると、おもな違いは`:terminal`コマンドがないことです（第5章の「ビルドし、テストし、実行する」を参照してください）。

「NET」カテゴリにある`curl`と「Devel」カテゴリにある`git`もインストールしたほうがいいでしょう。なぜなら、どちらも第3章で使うからです。また、「Utils」カテゴリにある`doc2unix`もインストールしたほうがいいかもしれません。これはWindows形式の行末をLinux形式の行末に変換するユーティリティです。

「Next>」[注5]を2回押して進むとインストールが始まります。インストールには少し時間がかかりますので、先回りしてコーヒーでお祝いしましょう！

インストール後のスクリプトでエラーが出るかもしれませんが、無視しても大丈夫です（それがVimに関するものでなければ、です。もしVim関係のエラーが出た場合、Googleで検索して解決

注5　訳注：日本語版では「次へ」。

策を探しましょう)。

「Next>」をさらに2回押してデフォルト値のまま進みます。

- Create icon on Desktop
- Add icon to Start Menu

おめでとうございます。Vimと一緒にCygwinがインストールできました!

もし追加のパッケージをインストールしたくなったら、インストールをやりなおせばパッケージを再選択できます。

Cygwinを使う

次のスクリーンショットのような、「Cygwin64 Terminal」または「Cywgin Terminal」と呼ばれるプログラムを起動します。

それを開くと、Linuxユーザーには馴染みのあるプロンプトが表示されます。

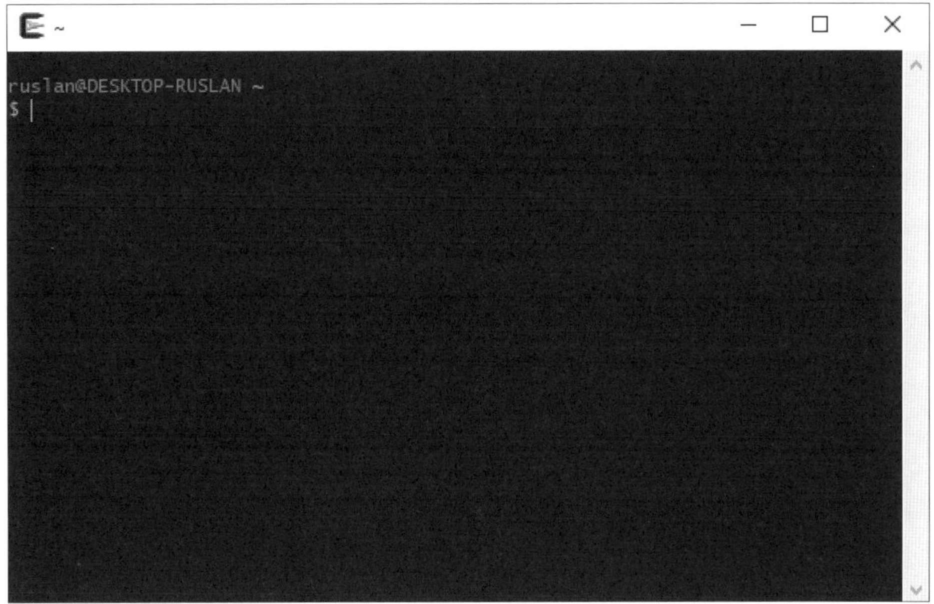

Cygwinはこの本で使うすべてのUnix形式のコマンドをサポートしています。本書ではCygwinのためにコマンドを変更しなくてはならない場合があれば、その都度お知らせします。しかし今のところは、Vimを開いて次の章へと進みましょう！　`vim`と入力してEnterキーを押すと、次のスクリーンショットのようにVimが起動します。

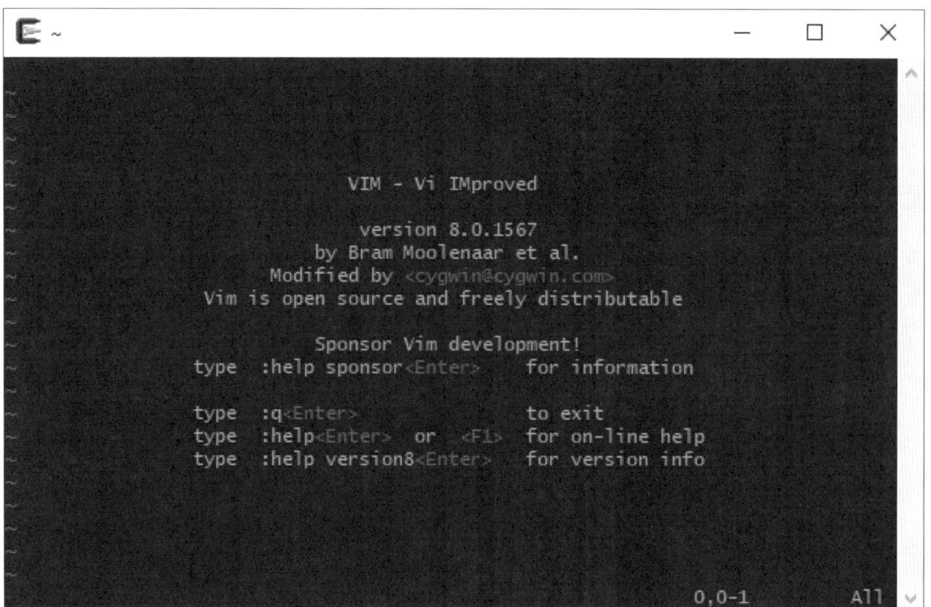

Cygwinは、Windows上でLinux形式のシェルを立ち上げる方法の1つです。それはつまり、一度Cygwinを使うと決めたら、この本を通じてLinux特有の指示に従わなくてはいけないということです。

また、WindowsとLinuxでは行末の扱いが異なることにも注意が必要でしょう。もしVimが、`^M`文字が認識不能と言ってくるような不可解な問題に遭遇した場合、`doc2unix`を問題のファイルに対して実行して問題を解決しましょう。

gVimによるビジュアルなVim

Windowsでは常のことながら、ここでの手順はもう少しグラフィカルです。`http://www.vim.org/download.php#pc`に行って実行可能なインストーラをダウンロードします。執筆時点（2018年11月）では、バイナリは`gvim81.exe`と呼ばれています（81はバージョン8.1のことです）。

インストーラを開いて画面の指示に従います（次のスクリーンショットがデモです）。

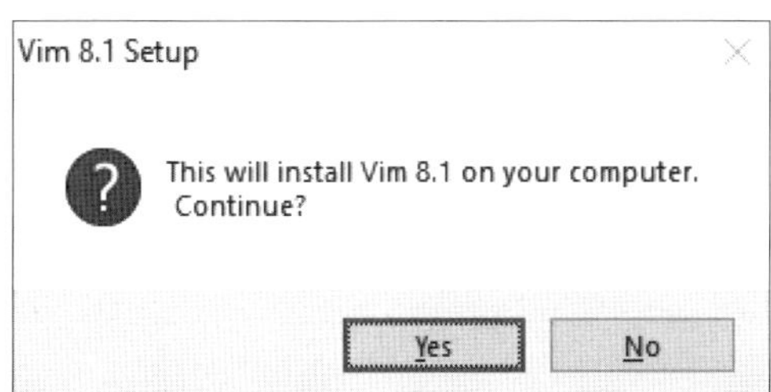

「Yes」を押し、「I Agree」を「Installation Options」の箇所まで押し続けます。gVimが提供しているデフォルトの設定はおおむねそのまま使えるのですが、「Create .bat files for command line use」は有効にしておきましょう。このオプションを有効にすると、コマンドプロンプト上で`vim`コマンドが使えるようになります。本書でのいくつかの例はコマンドプロンプトでVimが動くことに依存しているので、今これを有効化することは助けになるでしょう。

次が適切なオプションが選択された、「Installation Options」画面のスクリーンショットです。

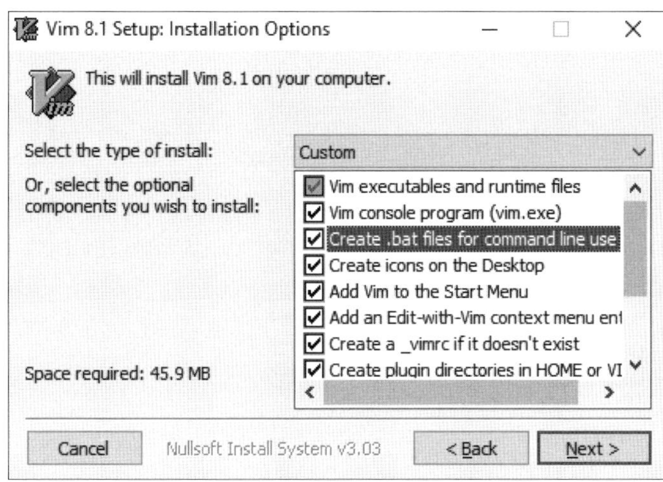

「Next>」を押します。次の設定で続けましょう。

- Select the type of install：Typical（「Create .bat files for command line use」にチェックを入れた場合、自動的に「Custom」となる）
- Do not remap keys for Windows（Windowsでの振る舞いのためにキーをリマップしない）
- Right: popup menu, Left button: visual mode（右ボタンはポップアップメニューを表示、左ボタンはビジュアルモードを開始）
- Destination Folder：C:¥Program Files (x86)¥Vim（あるいは推奨のデフォルト値）

設定が終わったら「Install」を押して次に「Close」を押します（次のスクリーンショットはデモです）。

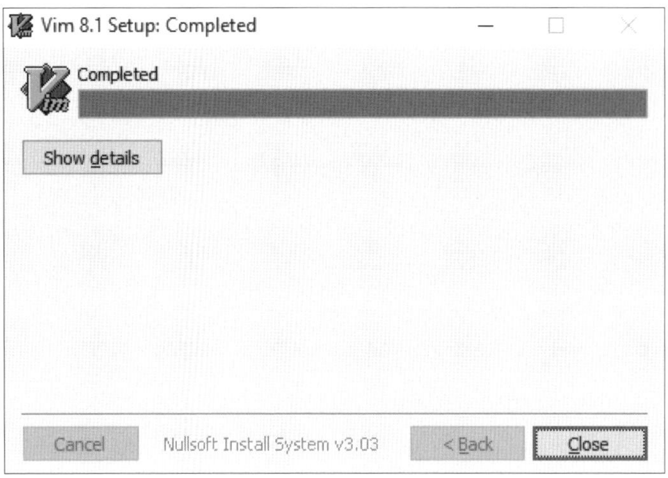

次のような画面になったら「No」を押します（マニュアルなんて誰も読まない。そうですよね？）

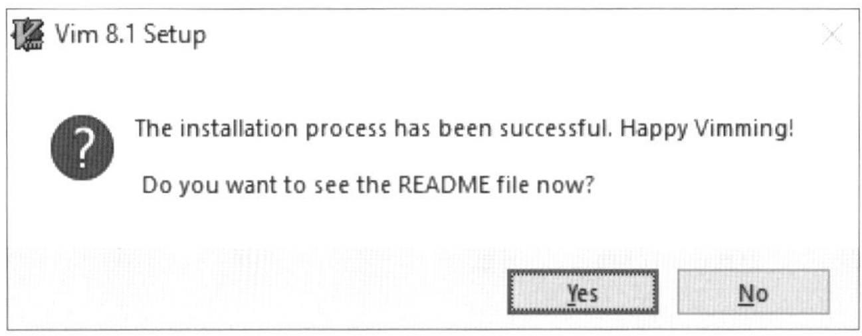

いくつかのアイコンがデスクトップに追加されます。最も興味をそそるであろう`gVim 8.1`は次のようなアイコンです。

アイコンを起動すれば先に進む準備ができます。Happy Vimming!

インストールのトラブルシューティング

プラットフォームにかかわらず、Vimで必要な機能がすべて有効化されているか調べるのはいい考えです。コマンドラインで次を実行します。

```
$ vim --version
```

すると次のような、+が有効な機能、-が無効な機能という形式の出力が表示されます。

```
ruslan@ann-perkins:~$ vim --version
VIM - Vi IMproved 8.1 (2018 May 18, compiled Aug 13 2018 02:40:26)
Included patches: 1-278
Compiled by ubuntu@ann-perkins
Huge version without GUI.  Features included (+) or not (-):
+acl               +extra_search      +mouse_netterm     +tag_old_static
+arabic            +farsi             +mouse_sgr         -tag_any_white
+autocmd           +file_in_path      -mouse_sysmouse    -tcl
+autochdir         +find_in_path      +mouse_urxvt       +termguicolors
-autoservername    +float             +mouse_xterm       +terminal
-balloon_eval      +folding           +multi_byte        +terminfo
+balloon_eval_term -footer            +multi_lang        +termresponse
-browse            +fork()            -mzscheme          +textobjects
++builtin_terms    -gettext           +netbeans_intg     +timers
+byte_offset       -hangul_input      +num64             +title
+channel           +iconv             +packages          -toolbar
+cindent           +insert_expand     +path_extra        +user_commands
-clientserver      +job               -perl              +vartabs
-clipboard         +jumplist          +persistent_undo   +vertsplit
+cmdline_compl     +keymap            +postscript        +virtualedit
+cmdline_hist      +lambda            +printer           +visual
+cmdline_info      +langmap           +profile           +visualextra
+comments          +libcall           +python            +viminfo
+conceal           +linebreak         -python3           +vreplace
```

このスクリーンショットでは、筆者のVimはPython2（+python）でコンパイルされており、Python3ではありません（-python3）。問題を解決するためには、+python3でVimをコンパイルしなおすか、+python3なパッケージを見つけるかしないといけません。

Vimで有効となっているすべての機能を一覧するには、`:help feature-list`を参照します。

たとえば、Linux上でPython3が有効化されたVimを再コンパイルするには、次のようにします。

```
$ git clone https://github.com/vim/vim.git
$ cd vim/src
$ ./configure --with-features=huge --enable-python3interp
$ make
$ sudo make install
```

`--with-features=huge`フラグを渡すことでVimはほとんどの機能を有効化しますが、プログラミング言語のバインディングはインストールされないため、個別にPython3を有効化しています。

一般的に、あなたのVimが（この本で説明されているものも含めて）ほかのVimと同じように動作しないなら、機能が有効化されていないかもしれません。

あなたのシステムと必要な機能によって、実際の手順は前述したものから、わずかにあるいは大きく異なります。「Vim<バージョン>　インストール　<機能>　<OS>」のように検索すると良いでしょう。

1.4　バニラなVimとgVim

先の指示に従って、あなたは2種類のVimをインストールしました。コマンドラインのVimとgVimです。gVimはWindows上では次のように見えます。

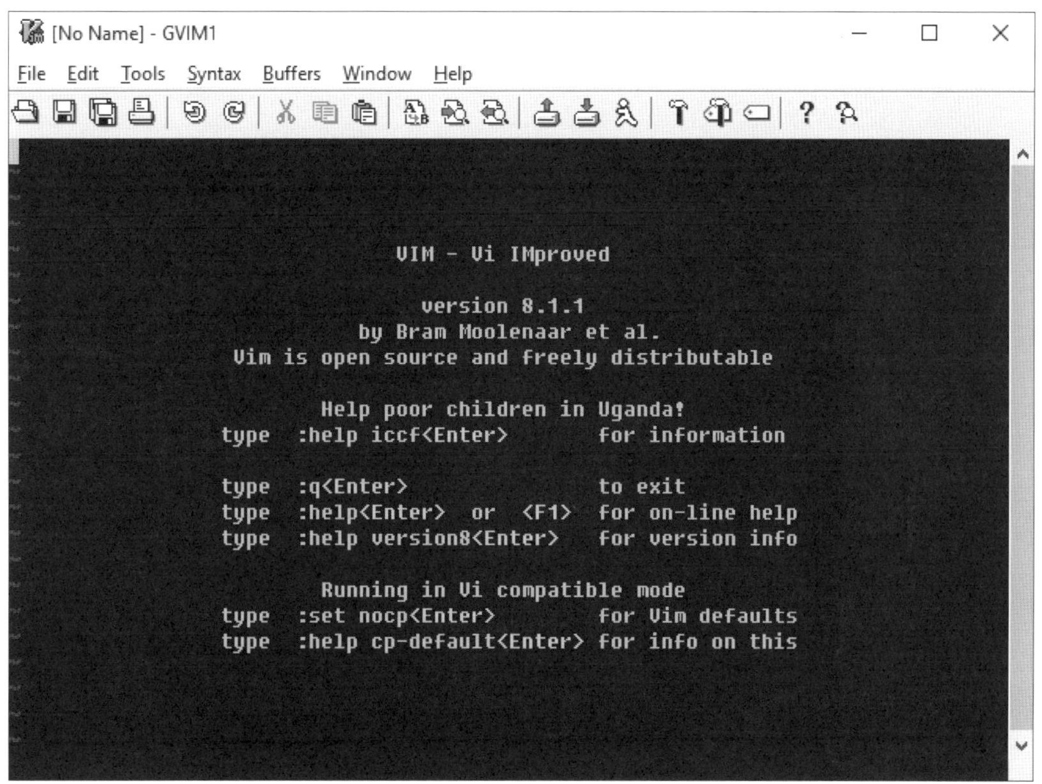

gVimはGUI、より良いマウスのサポート、追加のコンテキストメニューを提供します。多くの端末エミュレータよりも広い範囲の色をサポートしますし、モダンなGUIに期待されるであろう機能もいくつか提供します。

Windowsでは`gVim 8.1`を実行することで、LinuxやmacOS[注6]では次のコマンドを実行することで、gVimを起動できます。

```
$ gvim
```

WindowsユーザーはgVimのほうを好むかもしれません。

本書はテキスト編集の技能効率を上げることに集中するため、gVimのメニューからは距離を置きます。メニューを使うことは直感的ですが、ユーザーをフローから遠ざけてしまうでしょう。

そうした理由で、ここでは非GUIのVimに集中しますが、Vimに適用可能なことはgVimにも適用できます。この2つは設定を共有していますので、2つを切り替えながら進むことができます。

注6　訳注：MacVimの場合は`gvim`ではなく`mvim`を実行。

全体的にgVimのほうがわずかに初心者に優しいのですが、どちらを選んでもこの本の目的には支障ありません。

どちらとも試してみましょう！

1.5 .vimrcでVimを設定する

Vimは`.vimrc`ファイルから設定を読み込みます。Vimは設定なしでも動作しますが、コード編集を格段に楽にしてくれるオプションも存在します。

Unixライクなシステムにおいて、ピリオドから始まるファイルは不可視になっています。それらを見るにはコマンドラインで`ls -a`を実行します。

LinuxやmacOSでは、`.vimrc`は`user`ディレクトリに配置されています（フルパスは`/home/<username>/.vimrc`でしょう）。`user`ディレクトリは、コマンドラインで次のコマンドを実行することでも見つけることができます。

```
$ echo $HOME
```

Windowsではファイル名にピリオドを含めることができないため、ファイル名は`_vimrc`となっています。たいてい`C:¥Users¥<username>¥_vimrc`に配置されていますが、コマンドプロンプトで次のコマンドを実行することでも見つけることができます。

```
$ echo %USERPROFILE%
```

もしもうまくいかない場合、Vimを開いて`:echo $MYVIMRC`とタイプしてEnterキーを押します。Vimがどこから`.vimrc`を読み込んでいるかが表示されるはずです。

OSごとに適切な場所を見つけたら、そこにあらかじめ準備しておいた設定ファイルを配置しましょう。本章で使われている`.vimrc`はGitHub（`https://github.com/PacktPublishing/Mastering-Vim/tree/master/Chapter01`）からダウンロードすることができます。次のコードはその中身です。

```
syntax on                   " シンタックスハイライトを有効化
filetype plugin indent on   " ファイルタイプに基づいたインデントを有効化
set autoindent              " 新しい行を始めるときに自動でインデント
set expandtab               " タブをスペースに変換（Pythonでは必須）
set tabstop=4               " タブをスペース4文字とカウント
set shiftwidth=4            " 自動インデントに使われるスペースの数
set backspace=2             " 多くのターミナルでバックスペースの挙動を修正
colorscheme murphy          " カラースキームを変更
```

ダブルクォートで始まる行はコメントですのでVimからは無視されます。これらの設定はシンタックスハイライトや一貫したインデントのような、実用的な初期値をいくつか導入します。またこの設定は、インストールしたてのVimに存在する問題である、バックスペースキーの振る舞いが環境によって異なるという問題も修正します。

Vimの設定ファイルを扱うとき、vimrcに設定を追加する前にその設定を試してみることができます。そのためには、コロン（:）の後にコマンドを入力して（たとえば:set autoindent）、Enterキーを押してその設定を反映させます。設定項目の値を知りたい場合はコマンドの最後にクエスチョンマークを付けます。たとえば、:set tabstop?と入力するとtabstopの現在の値を知ることができます。

ここではcolorschemeもスクリーンショットの見栄えを良くするために変更されていますが、読者は必ずしも変更する必要はありません。

Vim 8は次のカラースキームを含んでいます。blue、darkblue、default、delek、desert、elflord、evening、industry、koehler、morning、murhpy、pablo、peachpuff、ron、shine、slate、torte、zellner。:colorscheme <名前>でカラースキームを試すことができ、:colorschemeのあとにTabキーを押すことで、使用可能なカラ‐スキ‐ムを順に表示させることができます。Vimの設定とカラースキームの変更は第7章の「Vimを自分のものにする」でもっと詳しく述べられています。

1.6 よく使う操作（あるいはVimの終了方法）

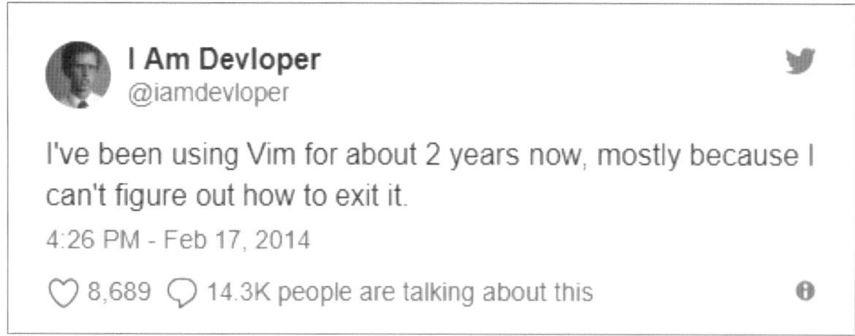

I Am Devloper
@iamdevloper

I've been using Vim for about 2 years now, mostly because I can't figure out how to exit it.

4:26 PM - Feb 17, 2014

8,689 14.3K people are talking about this

（訳：終了方法がわからないので、私はVimを2年間ほど使い続けています。Tweetソース：https://twitter.com/iamdevloper/status/435555976687923200）

ここから先、私達はマウスやメニューを使わずにVimを使うことに集中します。プログラミングそれ自体が集中を要するタスクですので、コンテキストメニューを探し回るのは良いアイデアではありません。キーボード上のホームポジションから手を離さないことによって、キーボードとマウスの往復回数を減らすことができます。

ファイルを開く

まず、お好みのターミナルアプリケーションを開いてください（LinuxやmacOSではターミナル、WindowsではCygwin）。これから、とても単純なPythonアプリケーションの開発に取り組んでいきます。簡単のために、まずはシンプルな平方根計算機を作りましょう。次のコマンドを入力してください。

```
$ vim animal_farm.py
```

もしgVimを使っているなら、「ファイル」メニューから「開く」を選択することでファイルを開けます。ときにはグラフィカルなインターフェースが必要になることもあります！

これで`animal_farm.py`という名前のファイルが開かれます。もしファイルがすでに存在するならその中身が見えるのですが、今回は存在しないため、次のように空っぽの画面が表示されます。

```
"animal_farm.py" [New File]
```

ファイルが存在しないことは、画面の一番下にあるステータスラインのファイル名横に[New File]のテキストがあることでわかります。おめでとうございます。Vimで初めてファイルを開きました！

Vimのステータスラインはとても多くの有用な情報を含んでいます。これは、Vimがユーザーとコミュニケーションを取るおもな方法ですので、ステータスラインに表示されるメッセージから目を離さないようにしましょう！

すでにVimを開いている状態なら、次のようにタイプすることでファイルを読み込むことができます。

```
:e animal_farm.py
```

これであなたはVimで、初めてのコマンドを実行したことになります！　コロンを押すとコマンドラインモードに移行し、Vimがコマンドとして解釈するテキストを入力できるようになります。コマンドはEnterキーを押すまで続きます。ここではさまざまな複雑な操作、たとえばシステムのコマンドラインにアクセスすることもできます。`:e`コマンドは`edit`の略です。

Vimのヘルプファイルでは、Enterキーを`<CR>`と表記します。これは**carriage return**のことです。

テキストを変更する

デフォルトでいるモードはノーマルモードといい、このモードではすべてのキー押下が特定のコマンドに対応しています。`i`キーを押すとインサートモードに移行します。次の例のように、ステータスラインには`-- INSERT --`と表示されます（さらに、gVimの場合はカーソルがブロックから縦棒に変わります）。

```
~
~
~
-- INSERT --
```

インサートモードはほかのモードレスなエディタと同じように振る舞います。通常、新しいテキストを追加するとき以外はインサートモードに長くはいません。

すでに3つのモード――コマンドラインモード、ノーマルモードそしてインサートモードと出会っていますね。この本ではもっと多くのモードを扱っています。第3章の「先人にならえ、プラグイン管理」を見てください。

次のコードを入力してPythonアプリケーションを作ってみましょう。このコード片は本章を通じて使います。

```
#!/usr/bin/python3

"""Our own little animal farm."""

import sys

def add_animal(farm, animal):
    farm.add(animal)
    return farm

def main(animals):
    farm = set()
    for animal in animals:
        farm = add_animal(farm, animal)
    print("We've got some animals on the farm:", ', '.join(farm) + '.')

if __name__ == '__main__':
    if len(sys.argv) == 1:
        print('Pass at least one animal type!')
        sys.exit(1)
    main(sys.argv[1:])
~
~
-- INSERT --
```

ノーマルモードに戻るにはESCキーを押します。ステータスラインの`-- INSERT --`が消えるのがわかるでしょう。これでVimは再びコマンドを受け付けるようになります！

先ほどのPythonのコードはPythonのベストプラクティスに則っておらず、あくまでVimの機能を紹介するためのものです。

ファイルを保存し閉じる

ファイルを保存しましょう！　次のコマンドを実行します。

```
:w
```

Enterキーを押すのを忘れないでください。

:wはwriteの略です。

wコマンドにはファイル名を続けることもでき、その場合は別名でファイルを保存できます。こうすることで、変更は新しいファイルに保存されます[注7]。:w animal_farm_2.pyで試すことができます。

Vimを終了して本当にファイルが作られたかチェックしてみましょう。:qはquitの略です。:wqのように保存と終了を組み合わせることもできます。

```
:q
```

ファイルの内容を保存せずにVimを終了したい場合は:q!を使う必要があります。エクスクラメーションマークは実行の強制を意味します。

Vimのコマンドの多くには、長いものと短いものがあります。たとえば、:e、:w、:qはそれぞれ:edit、:write、:quitの短縮形です。Vimのマニュアルでは、入力する必要がない部分はブラケットで囲われています。:w[rite]や:e[dit]のような感じです。

システムのコマンドラインに戻ってきたので、次のコードを入力してカレントディレクトリの内容をチェックしてみましょう。

```
$ ls
$ python3 animal_farm.py
$ python3 animal_farm.py cat dog sheep
```

注7　訳注：開いているファイルを変更しつつ別名で保存したい場合は:saveasを使います。

Unixでは`ls`はカレントディレクトリの内容を一覧にします。`python3 animal_farm.py`はPython3のインタプリタでスクリプトを実行し、`python3 animal_farm.py cat dog sheep`では3つの引数（cat、dog、sheep）をスクリプトに渡しています。

次のスクリーンショットは、先のコマンドが出力するべきものを表示しています。

```
ruslan@ann-perkins:~/Mastering-Vim/ch1$ ls
animal_farm.py
ruslan@ann-perkins:~/Mastering-Vim/ch1$ python3 animal_farm.py
Pass at least one animal type!
ruslan@ann-perkins:~/Mastering-Vim/ch1$ python3 animal_farm.py cat dog sheep
We've got some animals on the farm: sheep, dog, cat.
ruslan@ann-perkins:~/Mastering-Vim/ch1$
```

swapファイルについて

デフォルトで、Vimはファイルに加えられた変更をswapファイルに記録します。swapファイルはファイルを編集する際に作られ、VimかSSHのセッション、またマシンがクラッシュしたときに内容を復元するのに利用されます。Vimを正常に終了しなかった場合、次の画面が表示されます。

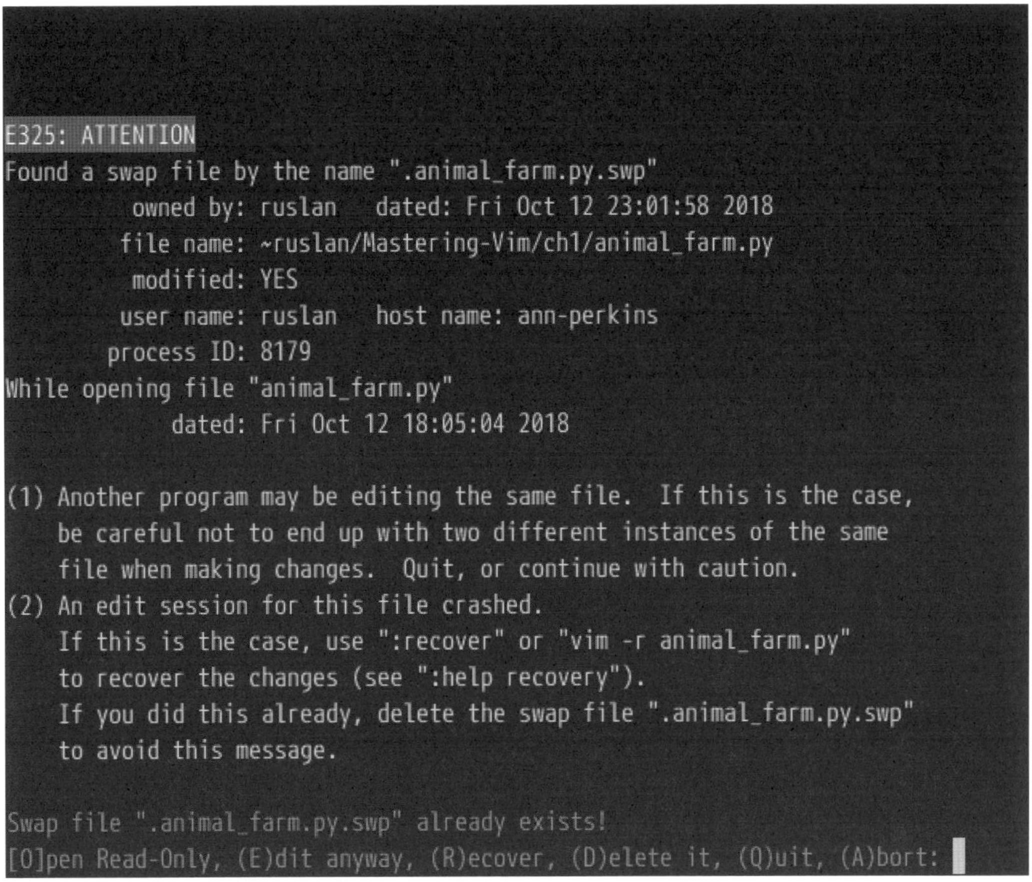

```
E325: ATTENTION
Found a swap file by the name ".animal_farm.py.swp"
          owned by: ruslan   dated: Fri Oct 12 23:01:58 2018
         file name: ~ruslan/Mastering-Vim/ch1/animal_farm.py
          modified: YES
         user name: ruslan   host name: ann-perkins
        process ID: 8179
While opening file "animal_farm.py"
             dated: Fri Oct 12 18:05:04 2018

(1) Another program may be editing the same file.  If this is the case,
    be careful not to end up with two different instances of the same
    file when making changes.  Quit, or continue with caution.
(2) An edit session for this file crashed.
    If this is the case, use ":recover" or "vim -r animal_farm.py"
    to recover the changes (see ":help recovery").
    If you did this already, delete the swap file ".animal_farm.py.swp"
    to avoid this message.

Swap file ".animal_farm.py.swp" already exists!
[O]pen Read-Only, (E)dit anyway, (R)ecover, (D)elete it, (Q)uit, (A)bort:
```

rを押すとswapファイルから内容が復元され、dを押すとswapファイルが削除されて変更は破棄されます。swapファイルから復元する場合、:eでファイルを再度開いてdでswapファイルを削除することで、同じメッセージが何度も表示されないようにできます。

デフォルトでは、Vimは<ファイル名>.swpや.<ファイル名>.swpのようなファイルを、もとのファイルと同じディレクトリに作ります。swapファイルによってファイルシステムが汚れるのが嫌なら、すべてのswapファイルが同じディレクトリに置かれるようにVimに伝えることができます。そのためには、次コードを.vimrcに追加します。

```
set directory=$HOME/.vim/swap//
```

Windowsでは、set directory=%USERDATA%¥vimfiles¥swap//としてください（最後の2つのスラッシュの向きに気を付けましょう）。

.vimrcにset noswapfileと記述することで、swapファイルを完全に無効にすることもできます。

1.7 動き回る：エディタと対話する

Vimを使うと、よくあるエディタよりはるかに効率的にコンテンツ間を移動できます。まずは基礎から始めましょう。

矢印キーやh、j、k、lキーを押すことで文字単位で移動できます。これは最も非効率でもっとも正確な移動方法です。

キー	代替キー	動作
h	左矢印キー	カーソルを左へ
j	下矢印キー	カーソルを下へ
k	上矢印キー	カーソルを上へ
l	右矢印キー	カーソルを右へ

次の図はそれをグラフィカルに表現したものです。

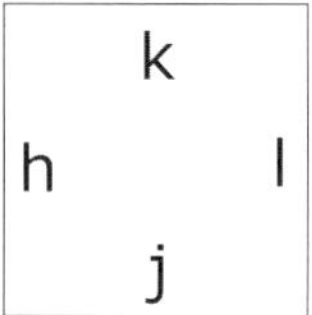

vi（Vimの前身）は古いADM-3A端末上で作られました。その端末には矢印キーがなく、h、j、k、lキーが矢印キーとして使われていました。

試してみましょう！　hjklを移動のために使うのに慣れることには大きな価値があります。手はホームポジションから離れません。こうして手を動かす必要がなくなると、フローに留まることが容易になります。言い添えておくと、多くのアプリケーションがhjklを矢印キーとして扱います。どれほど多くのツールがそれに反応するか、きっと驚くでしょう。

望みの場所に移動するのに、hjklキーを何度も押すことに心が傾いているかもしれませんが、もっと良い方法があります！　すべてのコマンドは数字を前置でき、それによってコマンドを指定の回数分繰り返すことができます。たとえば、5jとタイプするとカーソルが5行分下がりますし、14lとタイプするとカーソルは14文字分右に移動します。本書に出てくるコマンドの大半はこのように動作します。

移動すべき文字数を正確に数えるのはとてもたいへんで、誰もそのようなことはしたくありませんので、単語単位で移動する方法があります。wで次の単語（word）の先頭に移動でき、eで最も近い単語の末尾（end）に移動できます。単語の先頭に戻りたい（backward）場合はbを使います。

これらのコマンドは大文字にすることで、空白以外のすべてを1つの単語として扱うことができます！　移動したい状況に応じてコマンドを使い分けられるのです。

Vimは2種類の単語オブジェクト――小文字のwordと大文字のWORDを持っています。Vimの世界では、wordは空白で区切られた、文字・数字・アンダースコアからなる文字列です。WORDは空白で区切られた、空白以外のすべての文字からなる文字列です。

先ほどのPythonのコードから、次の行を取り上げてみましょう。

```
farm = add_animal(farm, animal)
```

カーソルの位置に注意してください、add_animalの最初の文字の上にカーソルがあります。

wをタイプするとカーソルがadd_animalの先頭に移動します。Wとタイプするとカーソルはanimalの先頭に移動します。大文字のWとE、そしてBは、スペースで区切られひと続きになっているどんな文字も1つの単語として扱います。次の表にまとめました。

キー	動作
w	word単位で前に進む
e	wordの末尾へ前に進む
W	WORD単位で前に進む
E	WORDの末尾へ前に進む
b	wordの先頭へ後ろに戻る
B	WORDの先頭へ後ろに戻る

次のスクリーンショットはそれぞれのコマンドの振る舞いの例です。

キー	カーソルの初期位置	移動後のカーソル位置
w	farm = add_animal(farm, animal)	farm = add_animal(farm, animal)
e	farm = add_animal(farm, animal)	farm = add_animal(farm, animal)
W	farm = add_animal(farm, animal)	farm = add_animal(farm, animal)
E	farm = add_animal(farm, animal)	farm = add_animal(farm, animal)
b	farm = add_animal(farm, animal)	farm = add_animal(farm, animal)
B	farm = add_animal(farm, animal)	farm = add_animal(farm, animal)

先ほど学んだhjklと組み合わせることで、より少ないキーストロークで移動できます！

段落単位で移動するのもとても便利です。少なくとも2つの改行で区切られているものはすべて段落とみなされます。次の例のように、コードブロックもまた段落です。

```

def add_animal(farm, animal):
    farm.add(animal)
    return farm

def main(animals):
    farm = set()
    for animal in animals:
        farm = add_animal(farm, animal)
    print("We've got some animals on the farm:", ', '.join(farm) + '.')
```

add_animal関数とmain関数は独立した2つの段落です。中括弧閉じ}で段落単位で前に進み、中括弧開き{で段落単位で後ろに戻ります。

キー	動作
{	段落単位で後ろに戻る
}	段落単位で前に進む

複数の段落単位でまとめて移動したい場合、数字と組み合わせることができるのを忘れないでください。

ほかにも移動する方法はもっとありますが、以上が最も重要な基礎です。第2章の「高度な編集と移動」ではより複雑な方法を学びます。

1.8 インサートモードで単純な編集を行う

Vimを使うとき、普通はインサートモードで過ごす時間をできるだけ短くしたいでしょう（文章を書いているのであって編集をしているのではない、というのでない限り）。ほとんどの操作はテキスト編集ですので、それに集中しましょう。

iを押すとインサートモードに入ることはすでに学びました。もっと多くの方法でインサートモードに入ることができます。テキストの一部を変更したいと思うことがよくあるはずです。そのためのコマンドがcです。changeコマンドを使うとテキストの一部を削除し、即座にインサートモードに入ることができます。changeコマンドは複合コマンドであり、何を変更するのかをVimに伝えるためのコマンドを続ける必要があります。先ほど学んだ移動コマンドのどれとでも組み合わせることができます。例を示します。

コマンド	変更前	変更後
cw	farm = add_animal(farm, animal)	farm = add_animal(, animal)
c3e（コンマも1単語と数える）	farm = add_animal(farm, animal)	farm = add_animal(fa)
cb	farm = add_animal(farm, animal)	farm = add_animal(farm, mal)
c4l	farm = add_animal(farm, animal)	farm = add_animal(farm, al)
cW	farm = add_animal(farm, animal)	farm = add_animal(farm,

例外的に、cwはceのように振る舞います。これはVimの前身であるviに由来します。

もっと複雑な移動コマンドを学ぶと、それらを組み合わせて迅速かつシームレスな編集をすることができるようになります。このあとでいくつかのプラグインを紹介しますが、それらを使うと中括弧の中を変更したり引用符の中のテキストを置換したりといった、より高度な編集が可能となります。

これらの例はすべて<コマンド> <数字> <移動コマンドかテキストオブジェクト>の構造を持っています。数字はコマンドの前後どちらにも置けます。

たとえば、farm = add_animal(farm, animal)をfarm = add_animal(farm, creature)に

変更したい場合、次のコマンドを実行することで実現できます。

行の状態	動作
`farm = add_animal(farm, animal)`	行の先頭にカーソルを置く
`farm = add_animal(farm, animal)`	3Wと入力して3WORD先のanimalの先頭へ移動
`farm = add_animal(farm, )`	cwと入力してwordであるanimalを削除し、インサートモードへ入る
`farm = add_animal(farm, creature)`	creatureとタイプ
`farm = add_animal(farm, creature)`	ESCキーを押してノーマルモードへ戻る

ときには、何も追加することなしに消すことだけを行いたいときがありますが、dでそれができます。dはdeleteの略です。次の例に見られるように、wとeの振る舞いがより素直であること以外は、cと同様に振る舞います。

コマンド	変更前	変更後
dw	`farm = add_animal(farm, animal)`	`farm = add_animal(, animal)`
d3e（コンマも1単語と数える）	`farm = add_animal(farm, animal)`	`farm = add_animal(fa)`
db	`farm = add_animal(farm, animal)`	`farm = add_animal(farm, mal)`
d4l	`farm = add_animal(farm, animal)`	`farm = add_animal(farm, al)`
dW	`farm = add_animal(farm, animal)`	`farm = add_animal(farm,`

行をすべて変更したり削除したりするためのショートカットもあります。

コマンド	説明
cc	行をまるごと削除してインサートモードへ入る。便利なことに、インデントのレベルは保持される
dd	行をまるごと削除する

たとえば、次のコード片があります。

```
def main(animals):
    farm = set()
    for animal in animals:
        farm = add_animal(farm, animal)
    print("We've got some animals on the farm:", ', '.join(farm) + '.')
```

次の例のように、ddをタイプすると行がまるごと消えます。

```
def main(animals):
    farm = set()
    for animal in animals:
    print("We've got some animals on the farm:", ', '.join(farm) + '.')
```

次の例ではccとタイプして、行を消すとともに正しいインデントでインサートモードに入っています。

```
def main(animals):
    farm = set()
    for animal in animals:
        
    print("We've got some animals on the farm:", ', '.join(farm) + '.')
```

正しい移動コマンドを見つけるのが難しいと感じるなら、ビジュアルモードで変更したいテキストを選択することもできます。vをタイプするとビジュアルモードに入り、選択範囲を通常の移動コマンドで調整できます。選択範囲に満足したら、cやdのようなコマンドを実行することで変更や削除が行えます。

1.9 永続アンドゥと繰り返し

ほかのエディタと同様に、Vimもすべての操作を記録しています。uとタイプすると最後の操作をアンドゥし、Ctrl+rでリドゥができます。

Vimのアンドゥツリー(Vimのアンドゥ履歴は直線構造ではありません！)やその操作についてもっと知りたい場合は、第4章の「テキストを理解する」を参照してください。

Vimではセッションをまたいでアンドゥ履歴を保存できます。これは数日前にしたことをアンドゥしたり思い出したりするのにとても良い方法です！

次の行を.vimrcに記述することで永続アンドゥが有効になります。

```
set undofile
```

しかし、これだと編集したファイルごとにアンドゥファイルが作られてしまうので、ファイルシステムが汚れてしまいます。次の例のようにアンドゥファイルを1つのディレクトリにまとめることができます。

```
" すべてのファイルについて永続アンドゥを有効にする
set undofile
if !isdirectory(expand("$HOME/.vim/undodir"))
  call mkdir(expand("$HOME/.vim/undodir"), "p")
endif
set undodir=$HOME/.vim/undodir
```

Windowsを使っているなら、ディレクトリを%USERPROFILE%¥vimfiles¥undodirに置き換えてください（そして.vimrcの代わりに_vimrcを変更します）。

これで、セッションをまたいでアンドゥとリドゥができるようになりました。

1.10 :helpコマンドでVimのマニュアルを読む

Vimが提供する最良の学習ツールは、間違いなく:helpコマンドです。次のスクリーンショットは:helpの例です。

```
help.txt        For Vim version 8.1.  Last change: 2017 Oct 28

                        VIM - main help file
                                                                     k
      Move around:  Use the cursor keys, or "h" to go left,          h    l
                    "j" to go down, "k" to go up, "l" to go right.   j
Close this window:  Use ":q<Enter>".
   Get out of Vim:  Use ":qa!<Enter>" (careful, all changes are lost!).

Jump to a subject:  Position the cursor on a tag (e.g. bars) and hit CTRL-].
   With the mouse:  ":set mouse=a" to enable the mouse (in xterm or GUI).
                    Double-click the left mouse button on a tag, e.g. bars.
        Jump back:  Type CTRL-T or CTRL-O.  Repeat to go further back.

Get specific help:  It is possible to go directly to whatever you want help
                    on, by giving an argument to the :help command.
                    Prepend something to specify the context:  help-context

                          WHAT                  PREPEND    EXAMPLE
                      Normal mode command                  :help x
help.txt [Help][RO]

[No Name]
"help.txt" [readonly] 228L, 8583C
```

大量の資料とチュートリアルがVimと一緒にインストールされています。Page UpキーとPage Downキーでスクロールすることができます（うれしいことに、`Ctrl+b`と`Ctrl+f`でも同じことができます）。とても多くの有用な情報があります。

行き詰まってしまったり特定のコマンドについてもっと学びたくなったりした場合には、`:help`コマンド（`:h`コマンドと短縮できます）で検索することを試してみましょう。すでに学んだ`cc`コマンドを検索してみましょう。

```
:h cc
```

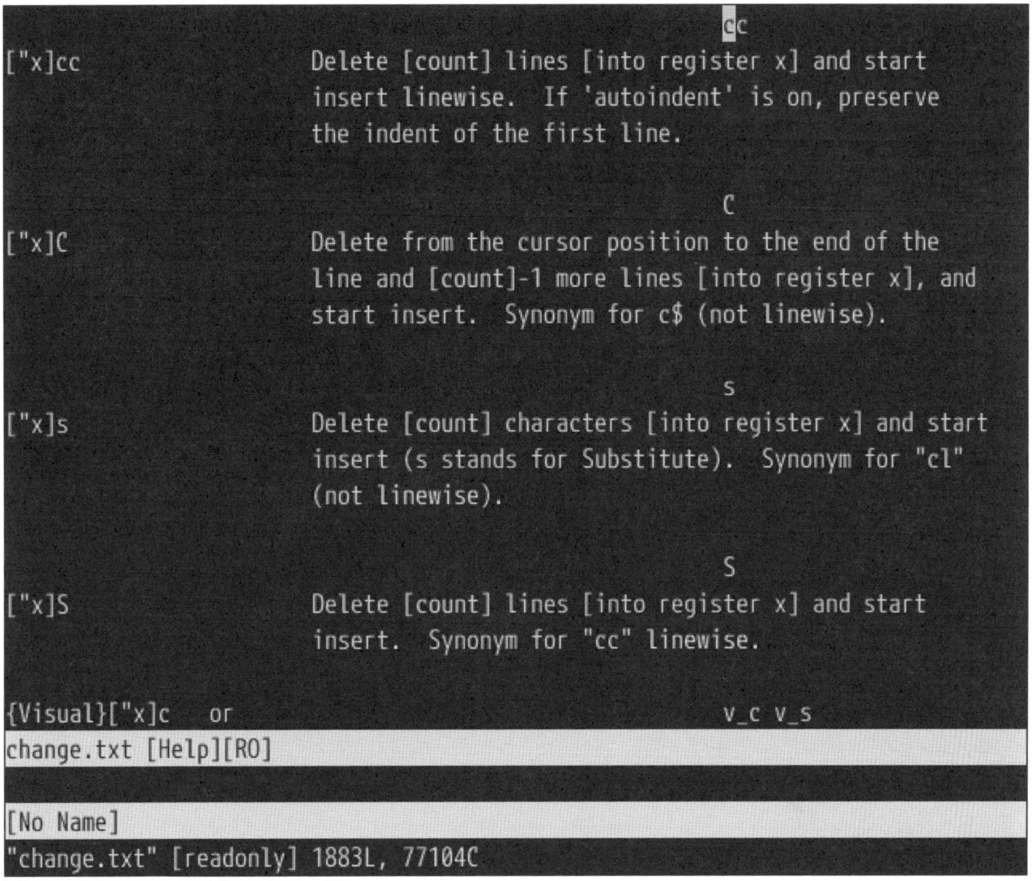

```
                                                cc
["x]cc                  Delete [count] lines [into register x] and start
                        insert linewise.  If 'autoindent' is on, preserve
                        the indent of the first line.

                                                C
["x]C                   Delete from the cursor position to the end of the
                        line and [count]-1 more lines [into register x], and
                        start insert.  Synonym for c$ (not linewise).

                                                s
["x]s                   Delete [count] characters [into register x] and start
                        insert (s stands for Substitute).  Synonym for "cl"
                        (not linewise).

                                                S
["x]S                   Delete [count] lines [into register x] and start
                        insert.  Synonym for "cc" linewise.

{Visual}["x]c   or                              v_c v_s
change.txt [Help][RO]

[No Name]
"change.txt" [readonly] 1883L, 77104C
```

ヘルプはコマンドがどのように動作するかだけでなく、さまざまなオプションや設定が、どのようにそのコマンドに影響するかまでも教えてくれます（たとえば、autoindent設定がインデントを保存することなどです）。

:helpはヘルプファイル間を移動するためのコマンドです。ヘルプファイルを見ていると、特定の単語がハイライトされていることに気づくでしょう。これらはタグであり、:helpコマンドで検索できます。残念ながらすべてのタグの名前が直感的なわけではありません。たとえば、Vimの検索について学びたい場合は次を試すことができます。

```
:h search
```

しかし、以下のスクリーンショットに示されるように、このエントリは式評価のものであり、私達が探していたものではありません。

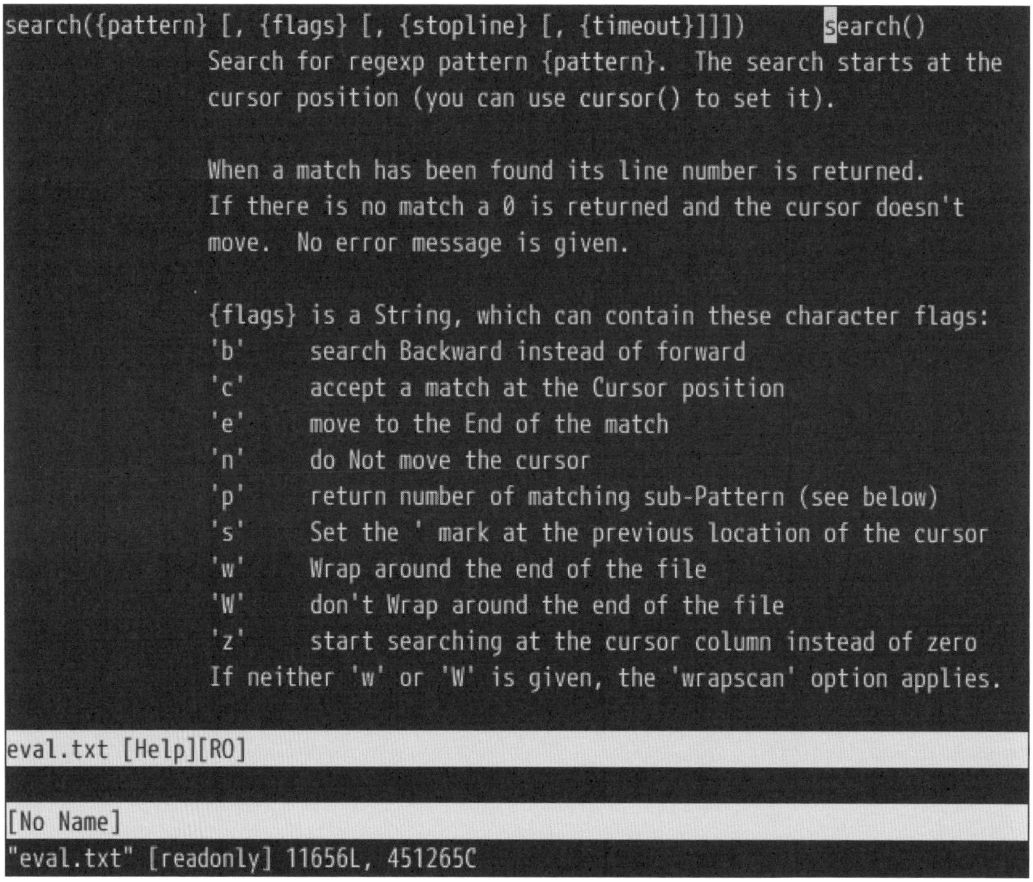

```
search({pattern} [, {flags} [, {stopline} [, {timeout}]]])      search()
                Search for regexp pattern {pattern}.  The search starts at the
                cursor position (you can use cursor() to set it).

                When a match has been found its line number is returned.
                If there is no match a 0 is returned and the cursor doesn't
                move.  No error message is given.

                {flags} is a String, which can contain these character flags:
                'b'     search Backward instead of forward
                'c'     accept a match at the Cursor position
                'e'     move to the End of the match
                'n'     do Not move the cursor
                'p'     return number of matching sub-Pattern (see below)
                's'     Set the ' mark at the previous location of the cursor
                'w'     Wrap around the end of the file
                'W'     don't Wrap around the end of the file
                'z'     start searching at the cursor column instead of zero
                If neither 'w' or 'W' is given, the 'wrapscan' option applies.

eval.txt [Help][RO]

[No Name]
"eval.txt" [readonly] 11656L, 451265C
```

正しいエントリを探すには、`:h search`をタイプしたあとEnterキーを押さず、`Ctrl+d`を押します。これにより、`search`が含まれるヘルプタグのリストが表示されます。表示されたオプションのうちの1つが、探していた`search-commands`でした。次のコマンドで探していたエントリにたどり着くことができます。

```
:h search-commands
```

次のスクリーンショットは検索コマンドの正しいエントリを表示しています。

```
1. Search commands                                    search-commands

                                                              /
/{pattern}[/]<CR>        Search forward for the [count]'th occurrence of
                         {pattern} exclusive.

/{pattern}/{offset}<CR> Search forward for the [count]'th occurrence of
                         {pattern} and go {offset} lines up or down.
                         linewise.

                                                              /<CR>
/<CR>                    Search forward for the [count]'th occurrence of the
                         latest used pattern last-pattern with latest used
                         {offset}.

//{offset}<CR>           Search forward for the [count]'th occurrence of the
                         latest used pattern last-pattern with new
                         {offset}.  If {offset} is empty no offset is used.

                                                              ?
pattern.txt [Help][RO]

[No Name]
"pattern.txt" [readonly] 1420L, 59741C
```

検索機能といえば、ヘルプページやVimで開いているあらゆるファイルを/<検索したい用語>で前方検索できますし、?<検索したい用語>で後方検索できます。第2章の「高度な編集と移動」ではどのように検索操作を行うのかについて学びます。

疑問が出てきたりVimの振る舞いについてもっと知りたいと思ったりしたなら、Vimのヘルプシステムを使うことを忘れないでください。

1.11 まとめ

オリジナルのviは帯域幅や速度がごく限られたリモート端末のために開発されました。これらの制約によって、viは効率的でよく考えられた編集プロセスを持つようになり、それは今のVim——Vi Improvedのコアになっています。

この章では、メジャーなプラットフォームのすべてでVimやGUI版のgVimをインストールしてアップグレードする方法を学びました。

また、`.vimrc`を編集することでVimを設定することも学びました。あなたはエディタを自分好みに設定するために、このファイルに度々戻ってくるでしょう。

ファイルを開いたり、移動したり、変更を加えたりするうえでの基礎についても学びました。テキストオブジェクト（文字、単語、段落）とコマンドの組み合わせ（たとえば`d2w`で2単語を消去）によって、精密なテキスト操作が可能になります。

もう1つ学んだことは`:help`です。Vimの内部ヘルプは信じられないほど詳細で、すべてではないとしても大半の疑問や知りたいことに答えてくれます。

次の章では、Vimをさらに使いこなす方法を見ていきます。ファイル間を移動したり、テキスト編集をさらに効率的に行ったりする方法について学ぶことになるでしょう。

Chapter 2

高度な編集と移動

この章を終えるころには、あなたはVimを日々のタスクに使うことがはるかに快適に感じられるようになっているでしょう。ここからは、コードを扱う現実的なシナリオとして、Pythonのコードベースを扱います。もしご自身のプロジェクトをお持ちなら、この章で学んだことをそれに適用してみるのも良いでしょう。ただし、この章で扱うすべてのシナリオがあなたのコードベースに適用できるとは限りません。

この章では次のトピックをカバーします。

- Vimプラグインをインストールする、手っ取り早い方法
- バッファ・ウィンドウ・タブ・折り畳みを使い、複数の、または長いファイルを扱う際にワークスペースをきれいに保つ
- Netrw、NERDTree、Vinegar、CtrlPを使い、Vimを離れずに複雑なファイルツリーを移動する
- より進んだファイル内移動と新しいテキストオブジェクト：grepやackを使って複数のファイルから目的のものを見つけ、EasyMotionプラグインを使って高速に移動する
- レジスタを使ってコピー＆ペーストをする

2.1 技術的要件

この章ではPythonのコードベースを扱います。`https://github.com/PacktPublishing/Mastering-Vim/tree/master/Chapter02`から、本章で使うコードを入手できます。

2.2 プラグインをインストールする

この章ではまずプラグインを紹介します。プラグイン管理はかなり広いトピックですが、ここでは少数のプラグインをインストールするだけですので、管理について心配する必要はありません（詳しくは第3章で解説します）。

まずは、一度っきりのセットアップをしましょう。

(1) プラグインを保存するディレクトリを作る必要があります。次のコマンドを実行してください

```
$ mkdir -p ~/.vim/pack/plugins/start
```

Windows上でgVimを使っているのであれば、vimfilesディレクトリをユーザーフォルダ（通常はC:¥Users¥<username>です）の中に作り、その中にpack¥plugins¥startを作る必要があります。

(2) Vimにはそれぞれのプラグインのドキュメントをロードしてほしいところですが、自動では行われません。そのためには、次のコードを~/.vimrcに追記します

```
packloadall           " すべてのプラグインをロードする
silent! helptags ALL  " すべてのプラグイン用にヘルプファイルをロードする
```

準備ができました。プラグインを追加したくなったら、次の操作を行います。

(1) GitHub上でプラグインを見つける。たとえば、https://github.com/scrooloose/nerdtreeをインストールする。Gitがインストールされていれば、GitリポジトリのURLを見つけて（今回はhttps://github.com/scrooloose/nerdtree.git）、次を実行する

```
$ git clone https://github.com/scrooloose/nerdtree.git ~/.vim/pack/plugins/start/
nerdtree
```

Gitをインストールしていないか、Windows上のgVimでプラグインをインストールする場合、プラグインのGitHubページに行って［Clone or download］ボタンを押します。ZIPのアーカイブをダウンロードして解凍し、Linuxであれば`~/.vim/pack/plugins/start/nerdtree`に、Windowsであれば`vimfiles¥pack¥plugins¥start¥nerdtree`に配置します。

(2) Vimを再起動するとプラグインが利用可能になる

2.3 ワークスペースを整える

ここまでは単一のファイルだけを扱ってきました。コードを書く場合、たいていは一度に複数のファイルを行ったり来たりしながら同時に編集することになります。幸運なことに、Vimは多くのファイルを扱う方法を数多く提供してくれています。

- Vimにおけるファイルの内部表現「バッファ」により、複数のファイルを高速に切り替えられる
- 「ウィンドウ」により、複数のファイルを表示することでワークスペースを整理できる
- 「タブ」はウィンドウの集合
- 「折り畳み」はファイルの特定の位置を隠せる。これにより大きなファイル内での移動が容易になる

以上の点を示しているのが次のスクリーンショットです。

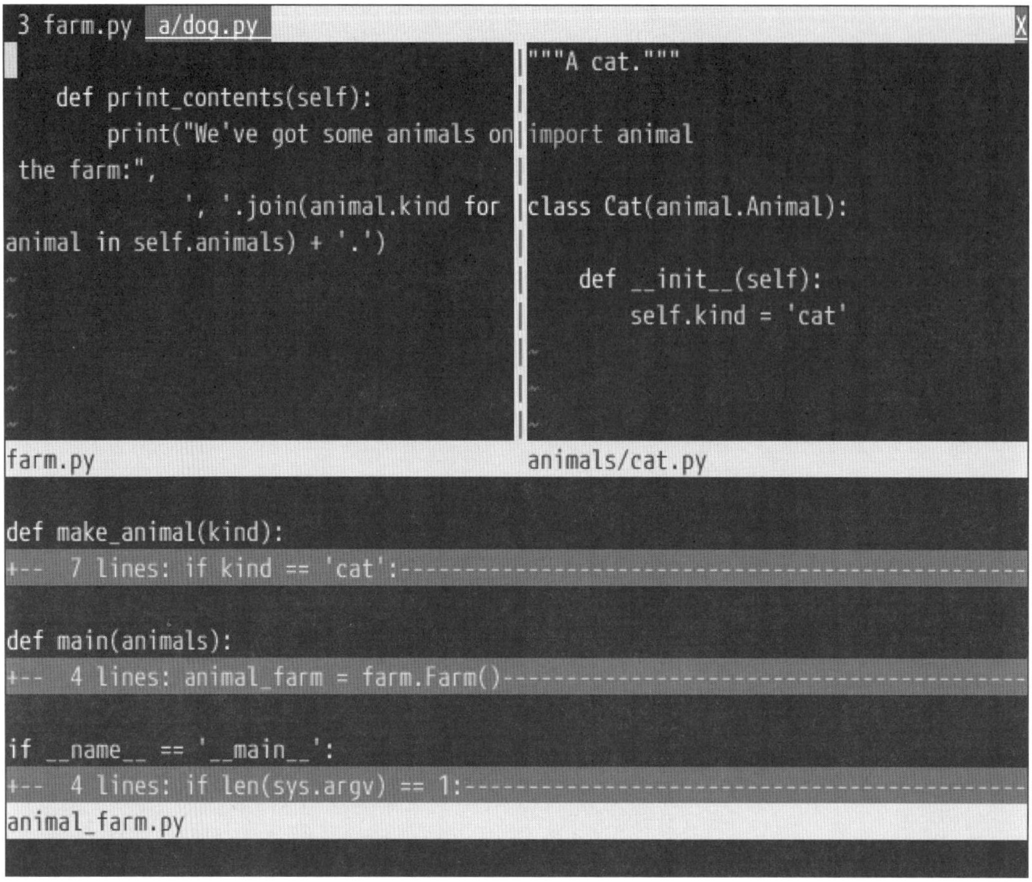

```
 3 farm.py  a/dog.py                                                  X

    def print_contents(self):                 |"""A cat."""
        print("We've got some animals on      |
 the farm:",                                  |import animal
              ', '.join(animal.kind for       |
animal in self.animals) + '.')                |class Cat(animal.Animal):
~                                             |
~                                             |    def __init__(self):
~                                             |        self.kind = 'cat'
~                                             |~
~                                             |~
farm.py                                        animals/cat.py

def make_animal(kind):
+--  7 lines: if kind == 'cat':-----------------------------------------

def main(animals):
+--  4 lines: animal_farm = farm.Farm()---------------------------------

if __name__ == '__main__':
+--  4 lines: if len(sys.argv) == 1:------------------------------------
animal_farm.py
```

スクリーンショットの中身を見てみましょう。

- 複数のファイル（farm.py、animals/cat.py、animal_farm.pyとラベル付けされている）がウィンドウとして開かれている
- 一番上のバー（`3 farm.py`とa/dog.pyが表示されている）がタブを表している
- `+--`で始まっている行が折り畳みを示し、ファイルの一部を隠している

以降ではウィンドウ、タブ、そして折り畳みについて詳しく解説します。これによって、あなたは好きなだけ多くのファイルを、快適に扱えるようになるでしょう。

バッファ

バッファはファイルの内部的な表現です。開いたファイルはどれも対応するバッファを持ちます。次のコマンドでコマンドラインからファイルを開きます。


```
$ vim animal_farm.py
```

では、存在しているバッファの一覧を見てみましょう。

```
:ls
```

多くのコマンドは似た機能を持つコマンドを持っており、**:ls**も例外ではありません。**:buffers**と**:files**はまったく同じことをします。一番覚えやすいものを使いましょう！

:lsの出力は次のようになります（最後の3行を見てください）。

```
def main(animals):
    animal_farm = farm.Farm()
    for animal_kind in animals:
        animal_farm.add_animal(make_animal(animal_kind))
    animal_farm.print_contents()

if __name__ == '__main__':
    if len(sys.argv) == 1:
        print('Pass at least one animal type!')
:ls
  1 %a   "animal_farm.py"                line 30
Press ENTER or type command to continue
```

ステータスバーに、開いているバッファに関するいくつかの情報が示されています（現在は1つのバッファしか開いていません）。

- 1はバッファのID[注1]で、セッション内では常に同じ値になる
- %はバッファが現在のウィンドウにあることを示している（詳しくは本章の「ウィンドウ」の節を参照）
- aはバッファがアクティブであること、すなわちロードされ、可視であることを示している
- "animal_farm.py"はファイル名
- line 30は現在のカーソル位置

ほかのファイルを開いてみましょう。

```
:e animals/cat.py
```

最初に開いたファイルは不可視となり、現在のファイルに置き換えられたのがわかります。しかし、animal_farm.pyはまだバッファの中に保存されています。すべてのバッファを再び一覧してみましょう。

```
:ls
```

どちらのファイル名も一覧に含まれるのが見えます。

```
class Cat(animal.Animal):

    def __init__(self):
        self.kind = 'cat'
~
~
~
:ls
  1 #    "animal_farm.py"               line 1
  2 %a   "animals/cat.py"               line 1
Press ENTER or type command to continue
```

では、そのファイルにどうやってアクセスするのでしょう？

Vimはバッファを数字と名前で参照しますが、それらはセッション内（Vimを閉じるまで）で一意です。異なるバッファに入れ替えるには:bコマンドにバッファの数字を続けます。

注1　訳注：いわゆる「バッファ番号」のこと。

```
:b 1
```

半角スペースを省略して:b1と短縮できます。

ほら、元のファイルに戻ってきました！　バッファはファイル名でも特定できるので、ファイル名の一部を使ってもバッファを入れ替えられます。次のコマンドはanimals/cat.pyを含むバッファを開きます。

```
:b cat
```

しかし、マッチするものが複数あるとエラーになります。pyを含むファイル名を持つバッファを探そうとしてみます。

```
:b py
```

次のスクリーンショットのようにエラーになります。

```
~
~
~
E93: More than one match for py
```

ここでは、Tab補完を使って有効なオプションを順に見ていくことが役立ちます。:b pyをEnterキーは押さずに入力し、Tabキーを押すことで有効な結果が順に表示されます。

:bn(:bnext)や:bp(:bprevious)を使ってバッファを順に入れ替えることもできます。

バッファを使う必要がなくなったら、次のようにして、Vimを閉じることなくバッファをリストから削除できます。

```
:bd
```

このコマンドは、現在のバッファが保存されていなければエラーとなります。これにより、保存していないバッファを間違って削除することなしに、ファイルを保存できます。

プラグイン紹介：unimpaired

Tim Popeによるvim-unimpairedは既存のVimコマンドに多くの便利なマッピングを追加します（いくつかの新しいコマンドも追加します）。筆者はこれを毎日使っています。なぜならマッピングがより直感的だと思うからです。]bと[bは開いているバッファを順に切り替えますし、]fと[fはディレクトリ内のファイルに同様のことを行います。https://github.com/tpope/vim-unimpairedから入手できます（インストールについては本章の「プラグインをインストールする」の節を参照してください）。

次にvim-unimpairedが提供するマッピングのうちのいくつかを示します。

-]bと[bはバッファを順に表示する
-]fと[fは同じディレクトリのファイルを順に、現在のバッファとして読み込む
-]lと[lはロケーションリストを順に表示する（第5章の「ビルドし、テストし、実行する」の「ロケーションリスト」の節を参照のこと）
-]qと[qはQuickfixを順に表示する（第5章の「ビルドし、テストし、実行する」の「Quickfix」の節を参照のこと）
-]tと[tはタグを順に読み込む（第4章の「テキストを理解する」の「Exuberant Ctags」の節を参照のこと）

このプラグインはまた、2、3のキー押下で特定のオプションをトグルする機能も提供しています。たとえば、yosでスペルチェックが、yocでカーソル行のハイライトがトグルできます。

すべての機能とマッピングを見るには:help unimpairedを見てください。

ウィンドウ

Vimはバッファをウィンドウに読み込みます。一度に複数のウィンドウを画面上で開くことができ、これにより画面の分割が可能になります。

ウィンドウの作成・削除・移動

ウィンドウを試してみましょう。animal_farm.pyを開きます（コマンドラインから$ vim animal_farm.pyでも、Vim上で:e animal_farm.pyでもどちらでも良いです）。

ファイルのうちの1つを分割ウィンドウで開いてみましょう。

```
:split animals/cat.py
```

:spと省略できます。

すると、現在のファイルの上にanimals/cat.pyが開かれ、カーソルがそちらに移動します。

```
"""A cat."""

import animal

class Cat(animal.Animal):

    def __init__(self):
        self.kind = 'cat'
~
~
~
animals/cat.py
#!/usr/bin/python3

"""Our own little animal farm."""

import sys

from animals import cat
from animals import dog
from animals import sheep
import animal
animal_farm.py
"animals/cat.py" 8L, 106C
```

次のコードで画面を縦に分割することもできます。

```
:vsplit farm.py
```

ご覧のとおり、別のウィンドウが縦に分割された状態で作成され、カーソルがそちらに移動します。

```
"""A farm for holding animals."""      |"""A cat."""
                                       |
class Farm(object):                    |import animal
                                       |
    def __init__(self):                |class Cat(animal.Animal):
        self.animals = set()           |
                                       |    def __init__(self):
    def add_animal(self, animal):      |        self.kind = 'cat'
        self.animals.add(animal)       |~
                                       |~
    def print_contents(self):          |~
farm.py                                 animals/cat.py
#!/usr/bin/python3

"""Our own little animal farm."""

import sys

from animals import cat
from animals import dog
from animals import sheep
import animal
animal_farm.py
"farm.py" 13L, 332C
```

:vsは:vsplitの短縮形です。

:splitと:vsplitをいくらでも組み合わせて、好きなだけウィンドウを作れます。

バッファの変更を含めて、これまでに学んできたすべてのコマンドはどのウィンドウ上でも動作します。ウィンドウの間を移動するには、Ctrl+wの後ろにh、j、k、lのキーを続けます。矢印キーも使えます。

ウィンドウをたくさん使うなら、Ctrl+hを左ウィンドウへの移動に、Ctrl+jを下ウィンドウへの移動に、というふうにマッピングするといいかもしれません。次のコードを.vimrcに追記します。

```
" コントロールキーとhjklで分割されたウィンドウ間をすばやく移動する
noremap <c-h> <c-w><c-h>
noremap <c-j> <c-w><c-j>
noremap <c-k> <c-w><c-k>
noremap <c-l> <c-w><c-l>
```


試してみましょう。Ctrl+wの後ろにjを続けると下のウィンドウに移動し、Ctrl+wに続けてkを押すとカーソルが元にいた場所に戻ります。

次の方法でウィンドウを閉じることができます。

- Ctrl+wの後ろにqを続けると、現在のウィンドウを閉じる
- :qはウィンドウを閉じてバッファを消去する。しかし、ウィンドウが1つしかないときはVimが終了する
- :bdは現在のバッファを削除して現在のウィンドウを閉じる
- Ctrl+wにoを続ける、もしくは:onlや:onコマンドを使うと、現在のウィンドウ以外のすべてのウィンドウを閉じる

いくつものウィンドウを開いているとき、:qaですべてのウィンドウを閉じてVimを終了できます。:wと組み合わせて:wqaとすると、すべてのファイルを保存してから閉じます。

ウィンドウは閉じずバッファだけを閉じたい場合、次のコマンドを.vimrcファイルに追記します。

```
command! Bd :bp | :sp | :bn | :bd   " ウィンドウを閉じずにバッファを閉じる
```

これで、:Bdでウィンドウは閉じずにバッファだけを閉じることができます。

ウィンドウを移動する

ウィンドウは移動したり、交換したり、リサイズしたりできます。Vimにはドラッグ&ドロップの機能がないため、いくつかのコマンドを覚える必要があります。

どのウィンドウ操作がサポートされているかを知っていれば、すべてのコマンドを覚える必要はありません。ショートカットを忘れたとしても、`:help window-moving`と`:help window-resize`でマニュアルの該当箇所に移動できます。

ほかのウィンドウを操作するコマンドと同様に、はじめに`Ctrl+w`を付けます。大文字の移動キー（H、J、K、L）で、現在のウィンドウを対応する位置へ移動できます。

- `Ctrl+w H`[注2]で現在のウィンドウを一番左へ移動する
- `Ctrl+w J`で現在のウィンドウを一番下へ移動する
- `Ctrl+w K`で現在のウィンドウを一番上へ移動する
- `Ctrl+w L`で現在のウィンドウを一番右へ移動する

たとえば、次のレイアウトから始めてみましょう（`animal_farm.py`を開いて、`:sp animals/cat/py`と`:vs farm.py`を実行するとこうなります）。

注2　訳注：本書では、Ctrlキーとwキーを同時押ししてからH（Shiftキーとhキーを同時押し）を入力するような操作をこのように表記する。

```
"""A farm for holding animals."""          |"""A cat."""
                                           |
class Farm(object):                        |import animal
                                           |
    def __init__(self):                    |class Cat(animal.Animal):
        self.animals = set()               |
                                           |    def __init__(self):
    def add_animal(self, animal):          |        self.kind = 'cat'
        self.animals.add(animal)           |~
                                           |~
    def print_contents(self):              |~
farm.py                                     animals/cat.py
#!/usr/bin/python3

"""Our own little animal farm."""

import sys

from animals import cat
from animals import dog
from animals import sheep
import animal
animal_farm.py
"farm.py" 13L, 332C
```

カーソル位置に注意してください。animals/cat.pyのウィンドウを移動しようとしたときに何が起こるのかを示します。

- Ctrl+w Hはanimals/cat.pyを左に移動する

```
"""A cat."""

import animal

class Cat(animal.Animal):

    def __init__(self):
        self.kind = 'cat'
~
~
~
~
~
~
~
~
~
~
~
~
~
animals/cat.py
```

```
"""A farm for holding animals."""

class Farm(object):

    def __init__(self):
        self.animals = set()

    def add_animal(self, animal):
        self.animals.add(animal)

    def print_contents(self):
farm.py
```

```
#!/usr/bin/python3

"""Our own little animal farm."""

import sys

from animals import cat
from animals import dog
from animals import sheep
import animal
animal_farm.py
```

- Ctrl+w Jはanimals/cat.pyを一番下に移動する。これにより縦分割は横分割になる

```
"""A farm for holding animals."""

class Farm(object):

    def __init__(self):
        self.animals = set()

farm.py
#!/usr/bin/python3

"""Our own little animal farm."""

import sys

animal_farm.py
"""A cat."""

import animal

class Cat(animal.Animal):

    def __init__(self):
animals/cat.py
```

- Ctrl+w Kはanimals/cat.pyを一番上に移動する

```
"""A cat."""

import animal

class Cat(animal.Animal):

    def __init__(self):
animals/cat.py
"""A farm for holding animals."""

class Farm(object):

    def __init__(self):
        self.animals = set()

farm.py
#!/usr/bin/python3

"""Our own little animal farm."""

import sys

animal_farm.py
```

- Ctrl+w Lはanimals/cat.pyを右に移動する

```
"""A farm for holding animals."""               |"""A cat."""
                                                 |
class Farm(object):                              |import animal
                                                 |
    def __init__(self):                          |class Cat(animal.Animal):
        self.animals = set()                     |
                                                 |    def __init__(self):
    def add_animal(self, animal):                |        self.kind = 'cat'
        self.animals.add(animal)                 |~
                                                 |~
    def print_contents(self):                    |~
farm.py                                          |~
#!/usr/bin/python3                               |~
                                                 |~
"""Our own little animal farm."""                |~
                                                 |~
import sys                                       |~
                                                 |~
from animals import cat                          |~
from animals import dog                          |~
from animals import sheep                        |~
import animal                                    |~
animal_farm.py                                    animals/cat.py
"farm.py" 13L, 332C
```

各ウィンドウの内容を変更するには、ウィンドウに移動して:bコマンドでバッファを選択するだけです。しかし、ウィンドウの内容を交換するための方法があります。

- Ctrl+w rは行または列の中にあるすべてのウィンドウを右または下に移動する（行がある場合はそちらが優先）。Ctrl+w Rは同じことを逆方向（左と上）で行う[注3]
- Ctrl+w xは隣のウィンドウと内容を入れ替える

注3　訳注：左のウィンドウを右に、右のウィンドウを下に……という回転操作となる。

内部では、Vimはウィンドウを数字で参照します。しかしバッファと異なり、ウィンドウのレイアウトが変わると割り当てられた数字は変わりますし、ウィンドウの数字を発見する単純な方法はありません。いくつかのウィンドウ管理コマンドは数字をパラメータに取りますが、ここでは取り上げません。参考までに、数字は上から下、左から右に割り当てられます。

ウィンドウをリサイズする

初期値の50/50のウィンドウの形状は最良のものではないかもしれませんが、サイズを変更するためのいくつかのオプションがあります。

Ctrl+w =は開いているすべてのウィンドウのサイズを統一します。これはウィンドウのサイズがめちゃくちゃになってしまったときにとても便利です。

:resizeコマンドは現在のウィンドウの高さを増加または減少させます。:vertical resizeコマンドはウィンドウの幅を変化させます。次のように使用します。

- :resize +Nは現在のウィンドウの高さをN行増加させる
- :resize -Nは現在のウィンドウの高さをN行減少させる
- :vertical resize +Nは現在のウィンドウの幅をN列増加させる
- :vertical resize -Nは現在のウィンドウの幅をN列減少させる

:resizeと:vertical resizeは、それぞれ:resと:vert resと短縮できます。Ctrl+w -で高さの減少、+で高さの増加、>で幅の増加、<で幅の減少をそれぞれ行うこともできます。

どちらのコマンドも、高さや幅を特定の行数、列数にするために使うこともできます。

- :resize Nは高さをN行にする
- :vertical resize Nは幅をN列にする

2

タブ

多くのモダンなエディタでは、タブは異なるファイルを表すのに用いられます。Vimでもそれは可能ですが、もともとの目的について考えてみましょう。

Vimではウィンドウの集合を切り替えるためにタブを使います。これにより、ユーザーは複数のワークスペースを持てます。タブはしばしば、わずかに異なる問題やファイルの集合に対して、同じセッションの中で取り組むために用いられます。個人的にはタブはあまり使いませんが、もし同じプロジェクトの中や異なるプロジェクトの間でコンテキストを頻繁に切り替えるなら、タブはまさに欲しかったそのものかもしれません。

タブを使うもう1つの理由はVimの差分機能です、なぜなら、それはタブごとに機能するからです。`vimdiff`については第5章の「ビルドし、テストし、実行する」で取り上げます。

空のバッファとともにタブを開くには次のコマンドを実行します。

```
:tabnew
```

`:tabnew <ファイル名>`で既存のファイルを新しいタブで開けます。

見てのとおり、タブは画面の最上部に表示されます。`3 farm.py`とラベリングされているタブは3つのウィンドウを開いており、アクティブなバッファは`farm.py`です。`[No Name]`タブが今開いたタブです。

いつもどおりに:e <ファイル名>でファイルを開けます。望みのバッファに:bコマンドで切り替えることもできます。

タブ同士を切り替えるには次のコマンドを使います。

- gtか:tabnextで次のタブに移動する
- gTか:tabpreviousで前のタブに移動する

タブは、:tabcloseコマンドを使うか、すべてのウィンドウを閉じることで、閉じることができます。たとえば、タブに1つのウィンドウしかないなら:qで閉じることができます。

:tabmove Nでタブを N 番目の後ろに移動できます(N が 0 だと最初のタブになります)。

折り畳み

大きなファイルの中を移動するための最も強力な機能の1つが折り畳みです。折り畳みを使うことで、特定のルールに従って、あるいは手動で付けたマーカーに従って、ファイルの一部を隠せます。

次が一部折り畳まれた状態のanimal_farm.pyです。

```
#!/usr/bin/python3

"""Our own little animal farm."""

import sys

from animals import cat
from animals import dog
from animals import sheep
import animal
import farm

def make_animal(kind):
+--  7 lines: if kind == 'cat':-----------------------------------------

def main(animals):
+--  4 lines: animal_farm = farm.Farm()----------------------------------

if __name__ == '__main__':
+--  4 lines: if len(sys.argv) == 1:-------------------------------------
~
~
~
```

メソッドの中身が折り畳まれていることによって、コードを俯瞰(ふかん)できます。

Pythonのコードを折り畳む

本書では全章を通じてPythonのコードを扱うので、ここでそのコードを折り畳んでみましょう。最初に、`.vimrc`内にある`foldmethod`と呼ばれる設定の値を`indent`に変更します。

```
set foldmethod=indent
```

Vimを再起動するか`:source $MYVIMRC`を実行して`.vimrc`をリロードするのを忘れないようにしてください。

こうすることでVimがインデントベースで折り畳むようになります（インデントの方法はいくつかあります。後出の「折り畳みの種類」の節で取り上げます）。

animal_farm.pyを開くと、ファイルの一部が折り畳まれているのがわかります。

```
#!/usr/bin/python3

"""Our own little animal farm."""

import sys

from animals import cat
from animals import dog
from animals import sheep
import animal
import farm

def make_animal(kind):
+--  7 lines: if kind == 'cat':------------------------------------------

def main(animals):
+--  4 lines: animal_farm = farm.Farm()-----------------------------------

if __name__ == '__main__':
+--  4 lines: if len(sys.argv) == 1:--------------------------------------
~
~
~
```

折り畳まれている行に移動してzoとタイプすると現在の折り畳みが開きます。

```
#!/usr/bin/python3

"""Our own little animal farm."""

import sys

from animals import cat
from animals import dog
from animals import sheep
import animal
import farm

def make_animal(kind):
    if kind == 'cat':
        return cat.Cat()
    if kind == 'dog':
        return dog.Dog()
    if kind == 'sheep':
        return sheep.Sheep()
    return animal.Animal(kind)

def main(animals):
+--  4 lines: animal_farm = farm.Farm()-----------------------------------
"animal_farm.py" 32L, 687C
```

カーソルが折り畳み可能な場所にある場合(この例ではインデントされた場所)、zcで折り畳みます。

折り畳みを可視化するには、:set foldcolumn=Nを使います(Nは0から12までの整数です)。画面左のN行が折り畳みを示すために使用されます。-が折り畳みの開始を、|が折り畳みの内容を、+が折り畳まれている行を示します。

zaで折り畳みをトグルすることもできます(開かれている折り畳みは閉じられ、閉じられている折り畳みは開かれます)。

zRですべての折り畳みを開き、zMですべての折り畳みを閉じることができます。

indentのように自動的な折り畳み方法を設定すると、デフォルトですべてのファイルが折り畳まれた状態で表示されます。これは好みの問題ですが、新しいファイルを開くときには折り畳みが開いていてほしいと思う人もいるでしょう。autocmd BufRead * normal zRを.vimrcに追記することで、ファイルを開いたときには折り畳みが開いた状態になります。このコマンドはVimに、バッファを読み込んだときにzRを実行させるものです[注4]。

折り畳みの種類

Vimは折り畳みに関してはいくらか賢く、複数の折り畳み方法をサポートしています。.vimrc内のfoldmethodで折り畳み方法を選択できます。次の方法がサポートされています。

- manualは手動の折り畳み。大きなテキストを扱うときには非現実的となる
- indentはインデントベースの折り畳み方法。インデントが意味を持つようなコードや言語には完璧な方法となる（標準化されたコードベースは言語に限らず一貫したインデントを持つため、indentは手っ取り早い方法ともなる）
- exprはVimの式を使う。折り畳みを定義するための複雑なルールがある場合、これは極めて強力なツールとなる
- markerは{{{や}}}のような特別なマークアップを使用する。これはおもに.vimrcを折り畳むために利用されるが、ファイルの内容を変更するため、それ以外の使用例はあまりない
- syntaxは構文ベースの折り畳みだが、すべての言語が最初からサポートされているわけではない（Pythonはサポートされていない）
- diffは差分モードで自動的に使用される（差分モードについては第5章の「ビルドし、テストし、実行する」を参照のこと）

リマインダ：これらはset foldmethod=<方法>を.vimrcに追記することで設定できます。

2.4 ファイルツリーを移動する

ソフトウェアプロジェクトでは多くのファイルとディレクトリが存在するため、それらをVimで

注4　訳注：set foldlevelstart=99でも同様の設定が可能。

探索して表示するための方法は助けになります。この節では5つの方法――組み込みのNetrwを使う、`:e`コマンドを`wildmenu`オプションが有効化された状態で使う、NERDTree、Vinegar、CtrlPを使うの5つ――を紹介します。これらはすべて異なった方法でファイルを扱いますが、同時に複数の方法を使うこともできます。

Netrw

Netrwは組み込みのファイルマネージャです（技術的な詳細を言うと、Vimに同梱されているプラグインです）。これを使うとほかのOSのファイルマネージャと同様に、ディレクトリや関数をブラウズすることができます。

`:Ex`コマンド（`:Explore`コマンドが正式名）を実行し、ファイル移動ウィンドウを開きます。

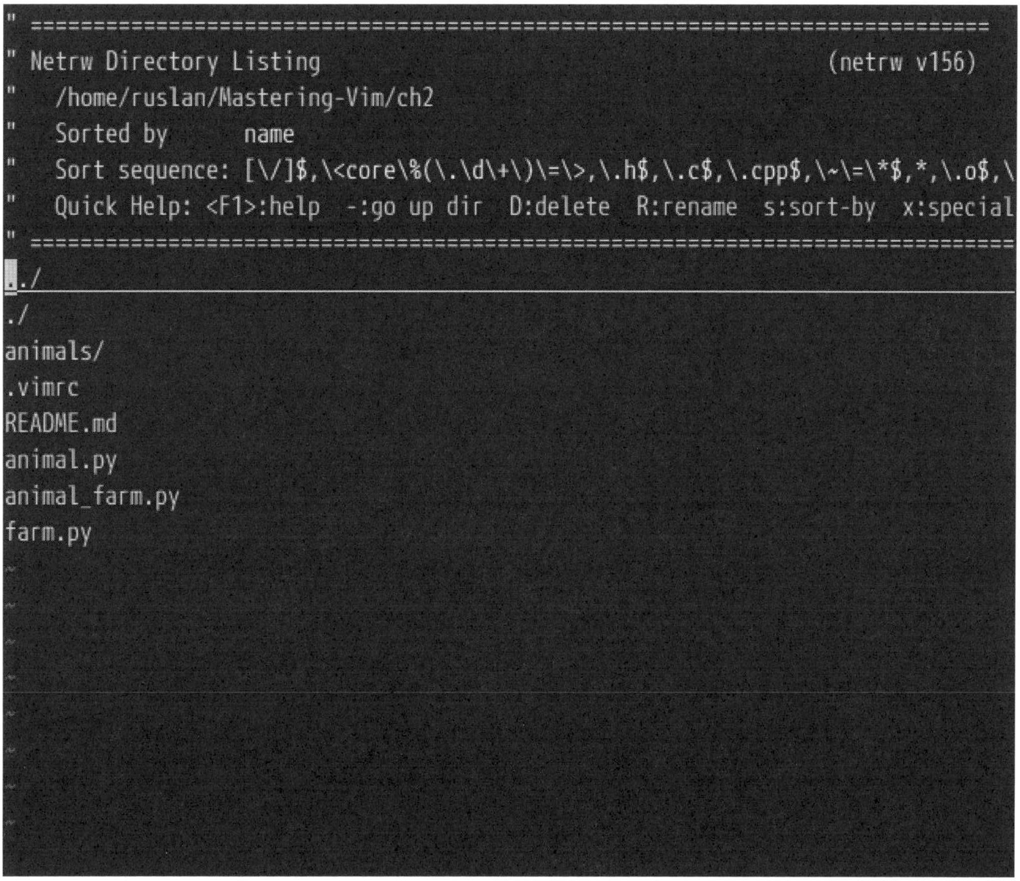

```
" ============================================================================
" Netrw Directory Listing                                        (netrw v156)
"   /home/ruslan/Mastering-Vim/ch2
"   Sorted by      name
"   Sort sequence: [\/]$,\<core\%(\.\d\+\)\=\>,\.h$,\.c$,\.cpp$,\~\=\*$,*,\.o$,\
"   Quick Help: <F1>:help  -:go up dir  D:delete  R:rename  s:sort-by  x:special
" ==============================================================================
../
./
animals/
.vimrc
README.md
animal.py
animal_farm.py
farm.py
~
~
~
~
~
~
~
~
```

Netrwは Vimに完全に統合されているため、ディレクトリに対して編集コマンドを実行すると（たとえば`:e`でディレクトリを開くなど）、実際にはNetrwが開かれます。これで覚えるべきコマンドが1つ減りますね。

ここではワークスペース内のすべてのファイルを見ることができます。Netrwはステータスバーに簡単なヘルプを載せていますが、次が覚えておくべきコマンドです。

- Enterキーはファイルまたはディレクトリを開く
- `-`はディレクトリを上がる
- `D`はファイルまたはディレクトリを削除する
- `R`はファイルまたはディレクトリをリネームする

Netrwのウィンドウは分割されたウィンドウやタブとしても開けます。

- `:Vex`は縦分割されたウィンドウでNetrwを開く
- `:Sex`は横分割されたウィンドウでNetrwを開く
- `:Lex`は一番左に最大の高さのウィンドウでNetrwを開く

Netrwは強力なツールであり、リモートファイルの編集をサポートしています。たとえば、SFTP越しにディレクトリの一覧を入手したい場合、次のコマンドで実現できます。

```
:Ex sftp://<domain>/<directory>/
```

`:Ex`の代わりに`:e`でも同じです。個別のファイルの編集もできます。SCP越しにファイルを開くには次を実行します。

```
:e scp://<domain>/<directory>/<file>
```

wildmenuを有効化した:e

ファイルツリーを探索するもう1つの方法は、`.vimrc`ファイルで`set wildmenu`を設定することです。このオプションによってコマンドラインの補完が拡張モードで行われるようになり、ステータスラインの上に自動補完の選択肢を出すことができるようになります。wildmenuを有効化して:eの後ろに半角スペースを入れてからTabキーを押します。すると、現在のディレクトリにあるファイルの一覧が取得でき、Tabキーでそれらを順に選択したり、TabキーとShiftキーの同時押しで逆方向に選択したりできます（左矢印キーと右矢印キーでも同じことが可能です）。


```
    if kind == 'cat':
        return cat.Cat()
    if kind == 'dog':
        return dog.Dog()
    if kind == 'sheep':
        return sheep.Sheep()
    return animal.Animal(kind)

:e animal
animal.py        animal_farm.py  animals/
animal.py  animal_farm.py  animals/
:e animal_farm.py
```

Enterキーを押すと選択されたファイルまたはディレクトリが開きます。下矢印キーでカーソル下のディレクトリに下がり、上矢印キーでディレクトリ階層を上がります。

ファイル名の一部を入力しても動作します。e <ファイル名の一部>まで入力してからTabキーを押しても自動補完が動作します。

筆者の.vimrcファイルには次の行が含まれます。

```
set wildmenu                     " Tabによる自動補完を有効にする
set wildmode=list:longest,full   " 最長マッチまで補完してから自動補完メニューを開く
```

これにより、自動補完が最初のTabキー押下で最長マッチまで補完するようになり、同時に補完オプションも一覧できます。もう一度Tabキーを押すと、そこからファイル一覧を順に選択していきます。

プラグイン紹介：NERDTree

NERDTreeはファイルツリーを画面横の分割されたバッファに表示することで、モダンなIDEの振る舞いをエミュレートする便利なプラグインです。NERDTreeはhttps://github.com/

scrooloose/nerdtree.gitから入手できます（インストール方法については本章序盤の「プラグインをインストールする」の節を見てください）。

インストール後、次のコマンドでNERDTreeを起動できます。

```
:NERDTree
```

ディレクトリ内のファイル一覧が表示されます。

```
" Press ? for help                    |#!/usr/bin/python3
                                      |
.. (up a dir)                         |"""Our own little animal farm."""
</ruslan/Mastering-Vim/ch2/           |
▯ animals/                            |import sys
    cat.py                            |
    dog.py                            |from animals import cat
    sheep.py                          |from animals import dog
  animal.py                           |from animals import sheep
  animal_farm.py                      |import animal
  farm.py                             |import farm
  README.md                           |
~                                     |def make_animal(kind):
~                                     |+--  7 lines: if kind == 'cat':----------------
~                                     |
~                                     |def main(animals):
~                                     |+--  4 lines: animal_farm = farm.Farm()--------
~                                     |
~                                     |if __name__ == '__main__':
~                                     |+--  4 lines: if len(sys.argv) == 1:-----------
~                                     |~
~                                     |~
/home/ruslan/Mastering-Vim/ch2  animal_farm.py
```

h、j、k、lか矢印キーでファイルを移動し、Enterキーかoでファイルを開きます。いくつかの便利なショートカットキーがあり、?でチートシートを参照できます。

目立った機能としてはブックマークのサポートがあります。:Bookmarkコマンドでディレクトリをブックマークできます。NERDTreeウィンドウ上でBを押すとウィンドウ上部にブックマーク一覧を表示できます。

次のスクリーンショットでは、ch1とch2のディレクトリをブックマークしています。

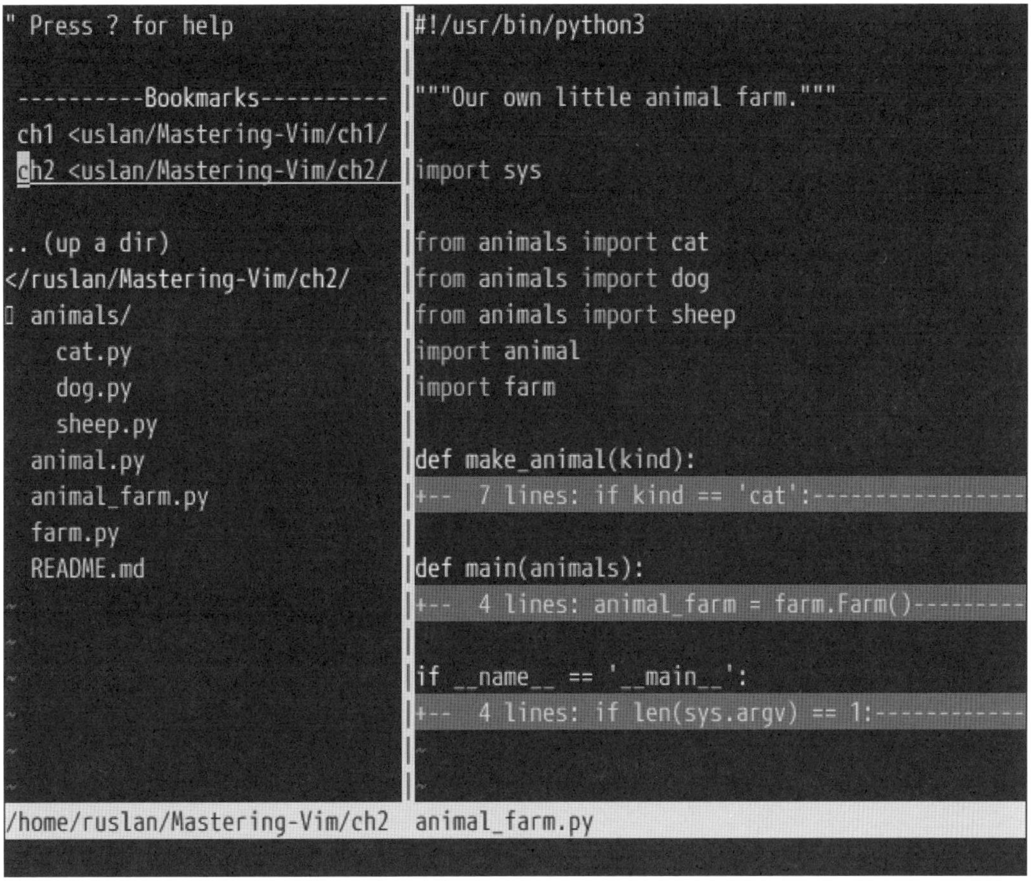

```
" Press ? for help                  #!/usr/bin/python3

 ----------Bookmarks----------      """Our own little animal farm."""
 ch1 <uslan/Mastering-Vim/ch1/
 ch2 <uslan/Mastering-Vim/ch2/      import sys

.. (up a dir)                       from animals import cat
</ruslan/Mastering-Vim/ch2/         from animals import dog
  animals/                          from animals import sheep
    cat.py                          import animal
    dog.py                          import farm
    sheep.py
  animal.py                         def make_animal(kind):
  animal_farm.py                    +--  7 lines: if kind == 'cat':----------------
  farm.py
  README.md                         def main(animals):
~                                   +--  4 lines: animal_farm = farm.Farm()--------
~
~                                   if __name__ == '__main__':
~                                   +--  4 lines: if len(sys.argv) == 1:-----------
~                                   ~
~                                   ~
/home/ruslan/Mastering-Vim/ch2  animal_farm.py
```

NERDTreeShowBookmarksオプションを.vimrcで設定することで、ブックマークを常時表示できます。

```
let NERDTreeShowBookmarks = 1  " 起動時にブックマークを表示
```

NERDTreeToggleコマンドでNERDTreeをトグルできます。次のコマンドを.vimrcファイルに追記することで、Vimを起動するたびにNERDTreeを表示できます。

```
autocmd VimEnter * NERDTree  " Vim起動時にNERDTreeを開く
```

筆者がとても便利だと思うのは、NERDTreeのウィンドウが最後のウィンドウだった場合、自動的に閉じることです。筆者は次のコードを`.vimrc`に追記しています。

```
" NERDTreeのウィンドウしか開かれていないときは自動的に閉じる
autocmd bufenter * if (winnr("$") == 1 && exists("b:NERDTree") &&
  \ b:NERDTree.isTabTree()) | q | endif
```

最近では、筆者はNERDTreeをめったに使いません。Vimに移る前は、コードを書くときはプロジェクトアウトラインの表示に依存していましたので、Vimを学んでいた最初のころは、NERDTreeは救いでした。Vimが筆者の仕事のやり方を変えてからは、ファイル一覧を常時表示しておくことは煩わしくなってきました。結局、筆者はNetrwを使うようになりました。

プラグイン紹介：Vinegar

Tim Popeの`vinegar.vim`は、ウィンドウを分割しながらファイル一覧を使うのが困難という問題を解決する、シンプルなプラグインです。NERDTreeのようなプラグインは、ウィンドウを分割しているとかなりごちゃごちゃしてきます。

次の例では、3つのウィンドウがあり、左にNERDTreeのウィンドウがあります。

```
" Press ? for help               |"""A farm for holding animals.""" |"""A cat."""
                                 |                                  |
.. (up a dir)                    |class Farm(object):               |import animal
</ruslan/Mastering-Vim/ch2/      |                                  |
▯ animals/                       |    def __init__(self):           |class Cat(animal.Animal):
    cat.py                       |        self.animals = set()      |
    dog.py                       |                                  |    def __init__(self):
    sheep.py                     |    def add_animal(self, animal): |        self.kind = 'cat'
  animal.py                      |        self.animals.add(animal)  |~
  animal_farm.py                 |                                  |~
  farm.py                        |    def print_contents(self):     |~
  README.md                      |farm.py                            animals/cat.py
~                                |#!/usr/bin/python3
~                                |
~                                |"""Our own little animal farm."""
~                                |
~                                |import sys
~                                |
~                                |from animals import cat
~                                |from animals import dog
~                                |from animals import sheep
~                                |import animal
/home/ruslan/Mastering-Vim/ch2    animal_farm.py
```

NERDTreeのウィンドウ上でEnterキーを押したときに、ファイルはどのウィンドウ上に開かれるでしょうか？

ヒント：正解は左下のウィンドウですが、それを知る方法はありません。NERDTreeは最後に作られたウィンドウでファイルを開くのです。

Tim PopeはVinegarという小さなプラグインでこれを解決しました。VinegarはNetrwをよりシームレスにします。`https://github.com/tpope/vim-vinegar.git`からインストールできます（インストール方法は「プラグインをインストールする」の節を見てください）。

Vinegarを使う際にNERDTreeをインストールしているなら、VinegarはNetrwの代わりにNERDTreeを使います。そうしたくないなら（また、`-`のようなコマンドを使いたいなら）、`.vimrc`に`let NERDTreeHijackNetrw = 0`を追記します。

Vinegarは-マッピングを追加します。このマッピングはNetrwを現在のディレクトリで開きます。試してみましょう。

```
.vim/
animals/
.vimrc
README.md
animal.py
animal_farm.py
farm.py
~
~
~
~
"." is a directory
```

最初は混乱するかもしれませんが、このプラグインはヘルプバーを隠します。Iで元に戻ります。~でホームディレクトリに移動します。ホームディレクトリは多くの場合、プロジェクトが置かれているでしょう。

プラグイン紹介：CtrlP

CtrlPはあいまい検索のプラグインであり、探しているものがわかっているときにそれをすばやく開けます。CtrlPは`https://github.com/ctrlpvim/ctrlp.vim.git`から入手できます。

インストールして`Ctrl+p`を押します。

```
~
[No Name]
  animals/sheep.py
  animals/cat.py
  animals/dog.py
  animal_farm.py
  README.md
  animal.py
> farm.py
 prt  path  <mru>={ files }=<buf> <->            /home/ruslan/Mastering-Vim/ch2
>>> _
```


プロジェクトディレクトリにあるファイルの一覧が表示されます。ファイル名かパスの一部をタイプすると、マッチするものだけが表示されます。`Ctrl+j`と`Ctrl+k`でリストを上下に移動でき、Enterキーでファイルを開けます。ESCキーでCtrlPのウィンドウを閉じます。

CtrlPを使うとバッファや最近使ったファイルも検索できます。CtrlPのウィンドウ上で`Ctrl+f`と`Ctrl+b`を押すことでモードを切り替えます。

`:CtrlPBuffer`や`:CtrlPMRU`コマンドを使うと、それらに直接アクセスできます。`:CtrlPMixed`でファイルとバッファと最近使ったファイルを同時に検索できます。

カスタムのマッピングを定義することもできます。たとえば、`Ctrl+b`を`CtrlPBuffer`にマッピングしたい場合、次のように設定できます。

```
nnoremap <C-b> :CtrlPBuffer<cr>  " CtrlPのバッファモードをCtrl+bにマッピングする
```

2.5 テキスト中を移動する

ここまでで、すでに文字単位・単語単位・段落単位での移動についてカバーしていますが、Vimは移動についてもっと多くの選択肢をサポートしています。

現在の行の中で移動したい場合、次をチェックしてみてください。

- `h`と`l`でカーソルを左と右にそれぞれ移動する
- `t`（un**t**il）に文字を続けると、その文字を現在行から探してその直前にカーソルを移動。`T`は逆方向に検索する
- `f`（n**f**ind）に文字を続けると、その文字を現在行から探してその文字にカーソルを移動。`F`は逆

方向に検索する
- _は現在行の先頭に、$は現在行の末尾に移動する

Vimにおける単語――wordは数字・文字・アンダースコアで構成されます。WORDは半角スペース・Tab・改行以外のすべての文字で構成されます。この差により、もっと正確な移動が可能になります。たとえば、farm.add_animal(animal)は1つのWORDで、farm、add_animal、animalはそれぞれ1つのwordです。

自由な移動についてはすでに次のものを紹介しています。

- jとkでカーソルをそれぞれ下と上に移動
- wは次のwordの先頭に移動する(Wで次のWORDの先頭に移動)
- bは前のwordの先頭に移動する(Bで前のWORDの先頭に移動)
- eは次のwordの末尾に移動する(Eで次のWORDの末尾に移動)
- geは前のwordの末尾に移動する(gEで前のWORDの末尾に移動)
- {と}でそれぞれ段落の先頭と末尾に移動する

新しいものをいくつか紹介します。

- (と)でそれぞれ文章の先頭と末尾に移動する
- Hで現在表示されている一番上の行に、Lで現在表示されている一番下の行にそれぞれ移動する
- Ctrl+fまたはPage Downキーでバッファを1ページ分下にスクロールし、Ctrl+bまたはPage Upキーで上にスクロールする
- /に文字列を続けるとその文字列をバッファから検索する。?で後方に検索する
- ggでファイルの先頭に移動する
- Gでファイルの末尾に移動する

次の便利な図表はTed Nailedが2009年に彼のブログで発表したものをもとにしています。

```
             gg
             ?
          Ctrl-b
             H
             {
             k
^ F T ( b ge h   l w e ) t f $
             j
             }
             L
          Ctrl-f
             /
             G
```

行番号でも移動できます。行番号表示を有効にするには、`:set nu`を実行するか`.vimrc`に`:set number`を追記します。Vimはウィンドウ左側の列に行番号を表示します。

```
 1 #!/usr/bin/python3
 2
 3 """Our own little animal farm."""
 4
 5 import sys
 6
 7 from animals import cat
 8 from animals import dog
 9 from animals import sheep
10 import animal
11 import farm
12
13 def make_animal(kind):
14 +--  7 lines: if kind == 'cat':-----------------------------------------
21
22 def main(animals):
23 +--  4 lines: animal_farm = farm.Farm()---------------------------------
27
28 if __name__ == '__main__':
29 +--  4 lines: if len(sys.argv) == 1:------------------------------------
~
~
~
:set nu
```

:Nで行番号を指定して移動できます。たとえば、20行目に移動するには**:20**を入力してEnterキーを押します。

Vimを開くときに行番号を指定することもできます。そのためには、**+N**をファイル名の後ろに付加します。たとえば、animal_farm.pyの14行目を開きたい場合、$ vim animal_farm.py +14で開けます。

Vimは相対行番号での移動もサポートしています。N行下に移動したい場合は**:+N**で、N行上に移動したい場合は**:-N**で移動できます。**:set relativenumber**を使うとVimは相対行番号を表示するようになります。次のスクリーンショットでは、カーソルは11行目にあり、ほかの行についてはVimが相対行番号を表示しています。

```
10 #!/usr/bin/python3
 9
 8 """Our own little animal farm."""
 7
 6 import sys
 5
 4 from animals import cat
 3 from animals import dog
 2 from animals import sheep
 1 import animal
11  import farm
 1
 2 def make_animal(kind):
 3 +--  7 lines: if kind == 'cat':---------------------------------------
 4
 5 def main(animals):
 6 +--  4 lines: animal_farm = farm.Farm()--------------------------------
 7
 8 if __name__ == '__main__':
 9 +--  4 lines: if len(sys.argv) == 1:-----------------------------------
~
~
~
```

たとえば、def main(animals)を含む行に移動したい場合、:+5を入力してEnterキーを押します。

インサートモードに飛び込む

iで、カーソルが今ある位置からインサートモードに入れるのはすでに学んでいますね。インサートモードに入るためのいくつかの便利なショートカットがあります。

- aはカーソルの直後からインサートモードに入る
- Aは行の末尾からインサートモードに入る（$aと同じ）
- Iはインデントされたあとの行の先頭からインサートモードに入る（_iと同じです）
- oはカーソルの１行下に新しい行を作ってからインサートモードに入る

- Oはカーソルの1行上に新しい行を作ってからインサートモードに入る
- giは最後にインサートモードを抜けた箇所からインサートモードに入る

cコマンドでテキストを削除してからインサートモードに入れるのも、すでに学んでいます。変更コマンドのバリエーションは次のとおりです。

- Cはインサートモードに入る前にカーソルから右の文字をすべて削除する
- ccとSはインデントを保存しつつ行の内容をすべて削除してインサートモードに入る
- sはインサートモードに入る前にカーソル下の文字を削除する（数字を付けるとその数字分文字を削除する）

/と?で検索する

多くの場合、ある文字列を含む箇所に移動する最速の方法は検索することです。Vimでは/を使うことで文字を検索できます。Enterキーを押すと最初のマッチ（検索一致）に移動します。

nを押すと次のマッチに、Nを押すと前のマッチにそれぞれ移動できます。

検索するときに便利なオプションにset hlsearchがあります（.vimrcへの追記を検討してみてください）。これはすべてのマッチをハイライトします。たとえば、次はhlsearchが有効な状態で、animal_farm.pyで/kindとしたときの見え方です。

```
from animals import dog
from animals import sheep
import animal
import farm

def make_animal(kind):
    if kind == 'cat':
        return cat.Cat()
    if kind == 'dog':
        return dog.Dog()
    if kind == 'sheep':
        return sheep.Sheep()
    return animal.Animal(kind)

def main(animals):
    animal_farm = farm.Farm()
    for animal_kind in animals:
        animal_farm.add_animal(make_animal(animal_kind))
    animal_farm.print_contents()
```

:nohでハイライトを消せます。

もう1つの便利な技がset incsearchです。これで、タイプするたびに動的に最初のマッチに移動できます。

後方検索をしたい場合は/を?に置き換えてください。これによってnとNの方向も逆になります。

ファイルをまたいで検索する

Vimにはファイルをまたいで検索するコマンドが2つあります。:grepと:vimgrepです。

- :grepはシステムのgrepを使う。すでにgrepの使い方に慣れ親しんでいるなら、とても便利なツールとなる
- :vimgrepはVimの一部であり、grepに慣れ親しんでいないのならこちらのほうが簡単かもしれない

ここでは`:vimgrep`にフォーカスします、なぜならばgrepの使い方は本書の範囲を超えるからです。

`:vimgrep`の構文は次のとおりです。

```
:vimgrep <パターン> <パス>
```

`<パターン>`は文字列またはVimスタイルの正規表現です。多くの場合、`<パス>`にはワイルドカードが入ります。`**`で再帰的に検索できます（`**/*.py`でファイルタイプを絞り込むこともできます）。

`animal`という文字列を私達のコードベースから検索してみましょう。

```
:vimgrep animal **/*.py
```

これで最初のマッチに移動します、次の画面下部にはマッチの数が表示されています。

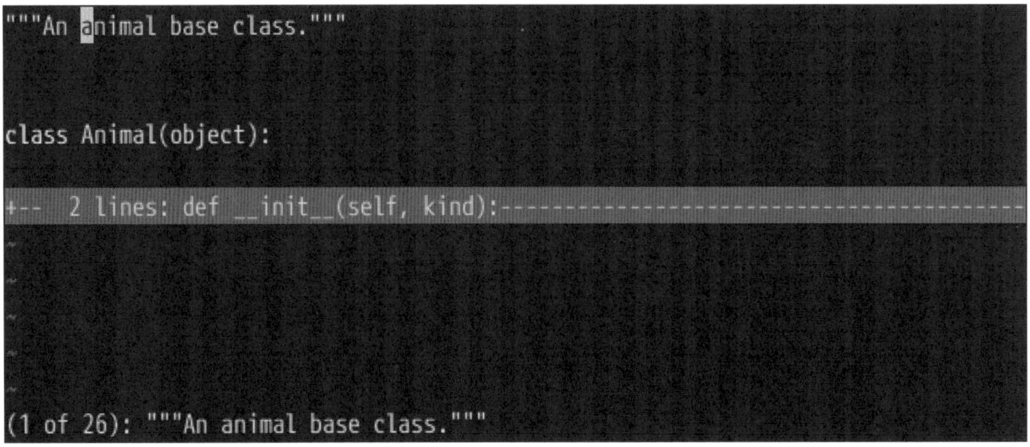

```
"""An animal base class."""


class Animal(object):

+--  2 lines: def __init__(self, kind):------------------------------------
~
~
~
~
~
(1 of 26): """An animal base class."""
```

別のマッチに移動するには`:cn`か`:cp`を使います。しかし、Quickfixリストを開きたい場合もあるでしょう。そういう場合は`:copen`を使います。

```
"""An animal base class."""


class Animal(object):

+--  2 lines: def __init__(self, kind):-------------------------------------
~
~
~
~
~
animal.py
animal.py|1 col 7| """An animal base class."""
animal_farm.py|3 col 19| """Our own little animal farm."""
animal_farm.py|7 col 6| from animals import cat
animal_farm.py|8 col 6| from animals import dog
animal_farm.py|9 col 6| from animals import sheep
animal_farm.py|10 col 8| import animal
animal_farm.py|13 col 10| def make_animal(kind):
animal_farm.py|20 col 12| return animal.Animal(kind)
animal_farm.py|22 col 10| def main(animals):
animal_farm.py|23 col 5| animal_farm = farm.Farm()
[Quickfix List] :vimgrep animal **/*.py                    1,1            Top
:copen
```

jやkでリストを移動でき、Enterキーでマッチに移動できます。Quickfixリストはほかのウィンドウと同様に:qやCtrl+w qで閉じられます。Quickfixリストについては第5章「ビルドし、テストし、実行する」の「Quickfixリスト」節で詳しく解説します。

ack

Linuxでは[注5]、ackとVimを組み合わせてコードベースを検索できます。ackはgrepの精神的な後継者であり、コードの検索に特化しています。お好みのパッケージマネージャでインストールできます。たとえばapt-getであれば、次でインストールできます。

```
$ sudo apt-get install ack-grep
```

注5　訳注：macOSでも利用可能です。

ackのインストールについてはhttps://beyondgrep.com/installを参照してください。

たとえば次で、ackをコマンドラインから使い、Animalという単語をすべてのPythonファイルから再帰的に検索できます。

```
$ ack --python Animal
```

出力はgrepと似たようなものになります。

```
ruslan@ann-perkins:~/Mastering-Vim/ch2$ ack --python Animal
animal_farm.py
20:    return animal.Animal(kind)

animals/sheep.py
5:class Sheep(animal.Animal):

animals/cat.py
5:class Cat(animal.Animal):

animals/dog.py
5:class Dog(animal.Animal):

animal.py
4:class Animal(object):
ruslan@ann-perkins:~/Mastering-Vim/ch2$
```

Vimにはackの結果をQuickfixリストに統合するプラグインがあります。https://github.com/mileszs/ack.vimから入手できます。インストール後には:AckコマンドをVimから実行できます。

```
:Ack --python Animal
```

これによりackが実行され、Quickfixリストに結果が入ります。

```
from animals import dog
from animals import sheep
import animal
import farm

def make_animal(kind):
+--  7 lines: if kind == 'cat':--------------------------------------------

def main(animals):
+--  4 lines: animal_farm = farm.Farm()--------------------------------------

animal_farm.py
animal_farm.py|20 col 19| return animal.Animal(kind)
animals/sheep.py|5 col 20| class Sheep(animal.Animal):
animals/cat.py|5 col 18| class Cat(animal.Animal):
animals/dog.py|5 col 18| class Dog(animal.Animal):
animal.py|4 col 7| class Animal(object):
~
~
~
~
~
<s -H --nopager --nocolor --nogroup --column --python Animal 1,1          All
```

テキストオブジェクトを使う

テキストオブジェクトはVimにおけるオブジェクトの一種です。テキストオブジェクトを使うことで括弧や引用符内のテキストを操作できます。これはとくにコードを扱う際にとても便利です。テキストオブジェクトは、変更や削除のようなほかのオペレータかビジュアルモードと組み合わせることで初めて機能します（ビジュアルモードについては第3章の「先人にならえ、プラグイン管理」で取り上げます）。

試してみましょう。括弧の内側にカーソルを移動します。

```
    def print_contents(self):
        print("We've got some animals on the farm:",
              ', '.join(animal.kind for animal in self.animals) + '.')
```

ここでdi)と入力します。これは括弧の内側を削除します。

```
    def print_contents(self):
        print("We've got some animals on the farm:",
              ', '.join() + '.')
```

変更コマンドでも同じように動作します。先ほどの変更をアンドゥし（uで可能です）、同じ場所にカーソルを移動します。

```
    def print_contents(self):
        print("We've got some animals on the farm:",
              ', '.join(animal.kind for animal in self.animals) + '.')
```

c2awを入力します。これはword2つを周囲の半角スペースとともに削除してインサートモードに入ります。

```
    def print_contents(self):
        print("We've got some animals on the farm:",
              ', '.join(animal.kind in self.animals) + '.')
-- INSERT --
```

テキストオブジェクトには2つの種類があります。インナーオブジェクト（iを前置します）とアウターオブジェクト（aを前置します）です。インナーオブジェクトは周囲の半角スペースや括弧などを含まず、アウターオブジェクトは含みます。

:help text-objectsでテキストオブジェクトの全種類を見ることができますが、次のものがとくに興味深いでしょう。

- wとWは"word"と"WORD"
- sは文章
- pは段落
- tはHTMLとXMLのタグ

プログラミングで多用される文字はすべてテキストオブジェクトとしてサポートされています。`、'、"、)、]、>、}はそれぞれの文字に囲まれたテキストを意味します。

テキストオブジェクトを使うときの考え方の1つに、文章を組み立てるように行う、というものがあります。次の表は先の2つの例を分解したものです。

動詞	(数字)	形容詞	名詞
d：削除		i：内側	)：括弧
c：変更	2	a：外側	w：word

プラグイン紹介：EasyMotion

EasyMotionは、出会ってから筆者がずっと使い続けているものです。このプラグインは、望みの場所に高速かつ正確に移動できるようにすることで、移動を単純化してくれます。https://github.com/easymotion/vim-easymotion.gitから入手できます（「プラグインをインストールする」の節を見てください））。

インストールしたら、Leaderキーを2回タイプしたあとに移動コマンドを続けることでプラグインを起動できます。

Leaderキーはプラグインが追加のマッピングを提供するのによく使われます。初期値ではLeaderキーは\です。Leaderキーについては第3章の「先人にならえ、プラグイン管理」で詳しく取り上げます。

\\wで単語単位の移動を試してみましょう。

```
#!/asr/sin/dython3
g
"""hur kwn little qnimal warm."""
e
rmport tys
y
urom inimals omport pat
zrom xnimals cmport vog
brom nnimals mmport fheep
japort jsimal
jdport jgrm
jh
jkf jlke_animal(jqnd):
    jw jend == ';at':
        ;sturn ;dt.;gt()
    ;h ;knd == ';lg':
        ;qturn ;wg.;eg()
    ;r ;tnd == ';yeep':
        ;uturn ;ieep.;oeep()
    ;pturn ;zimal.;ximal(;cnd)
;v
;bf ;nin(;mimals):
    ;fimal_farm = ;jrm.;;rm()
Target key:
```

各単語の先頭が文字に置き換わったのがわかります（アルファベットを使い切ると2文字の組み合わせになります）。文字またはその組み合わせをタイプすると、即座に該当の箇所に移動します。

EasyMotionは次の移動コマンドをサポートしています（すべてのコマンドはLeaderキーを2回押してから実行します）。

- fは文字を右側に向かって探し、Fは文字を左側に向かって探す
- tは右側に向かって文字に当たるまで移動し、Tは左側に向かって文字に当たるまで移動する
- wはword単位で移動し、WはWORD単位で移動する
- bはword単位で後方に移動し、BはWORD単位で後方に移動する
- eはwordの末尾に移動し、EはWORDの末尾に移動する

- geは後方にあるwordの末尾に移動し、gEは後方にあるWORDの末尾に移動する
- kは上の行の先頭に移動し、jは下の行の先頭に移動する
- nまたはNは最後の検索結果（/、?によるもの）に基づいて前方または後方の結果に移動します

EasyMotionは多くのキーをアサインしないままにしており、ユーザーが自分自身のマッピングを定義するようになっています。:help easymotionをチェックしてEasyMotionができることを知ると良いでしょう。

2.6 レジスタを使ってコピー&ペーストする

y（yank）コマンドを使ってテキストをコピーすることができます。移動キーやテキストオブジェクトを使ってもコピーが可能ですし、ビジュアルモードでテキストを選択してからyを押してもコピーすることができます。

標準の移動キーのほかに、yyを使って現在行の内容をコピーすることもできます。

次のコード片をyeでコピーしてみましょう（wordの終わりまでをコピーします）。

```
        return sheep.Sheep()
    return animal.Animal(kind)

def main(animals):
    animal_farm = farm.Farm()
    for animal_kind in animals:
        animal_farm.add_animal(make_animal())
    animal_farm.print_contents()

if __name__ == '__main__':
    if len(sys.argv) == 1:
```

これでanimal_kindがデフォルトレジスタにコピーされます。それでは、テキストをペースト

したい場所までカーソルを移動させましょう（テキストはカーソルの直後に挿入されます）。

```
        return sheep.Sheep()
    return animal.Animal(kind)

def main(animals):
    animal_farm = farm.Farm()
    for animal_kind in animals:
        animal_farm.add_animal(make_animal())
    animal_farm.print_contents()

if __name__ == '__main__':
    if len(sys.argv) == 1:
```

pでペーストします。

```
        return sheep.Sheep()
    return animal.Animal(kind)

def main(animals):
    animal_farm = farm.Farm()
    for animal_kind in animals:
        animal_farm.add_animal(make_animal(animal_kind))
    animal_farm.print_contents()

if __name__ == '__main__':
    if len(sys.argv) == 1:
1 change; before #10  1 seconds ago
```

削除や変更もテキストをレジスタにコピーするため、あとでペーストできます。ペーストコマンドの前に数字を付けるとその回数分ペーストされます。

レジスタはどこにある？

テキストをコピー＆ペーストするたびに、そのテキストはレジスタに保存されます。Vimは多数のレジスタを持ち、それらは文字・数字・特殊文字で識別されます。

"とレジスタ識別子でレジスタにアクセスでき、コマンドを続けることで該当のレジスタに対してコマンドを実行できます。

aからzまでのレジスタは手動で設定するために用いられます。たとえば、aレジスタに単語をコピーしたい場合は"aywで可能です。ペーストするには"apを実行します。

レジスタはマクロの記録にも使われます。これは第6章の「正規表現とマクロでリファクタリングする」で取り上げられます。

これまでに行ってきた操作はすべて無名レジスタを使っていました。無名レジスタに明示的にアクセスするには、ダブルクォートを使います。たとえば、無名レジスタの内容をペーストしたい場合には""pを使います（これは単にpしたときと同じ動作です）。

数字のレジスタは直近10回分の削除内容を保存しています。1は最後に削除された内容、2はその1つ前というような感じです。たとえば、すばらしい記憶力をお持ちの方でしたら、7回前の削除された内容を"7pでペーストできます。

リードオンリーの便利なレジスタがいくつかあります。%は現在のファイルの名前、#は最後に開かれたファイルの名前、.は最後に挿入されたテキスト、:は最後に実行されたコマンドです。

ノーマルモード以外でもレジスタにアクセスできます。Ctrl+rでインサートモードかコマンドラインモードでもレジスタの内容をペーストできます。たとえば、インサートモードでCtrl+r "を押すと無名レジスタの内容をカーソル下にペーストします。

:reg <レジスタ名>でいつでもレジスタの内容を確認できます。たとえば、aとbのレジスタの内容を確認したい場合は**:reg a b**を実行します。次が出力です。

```
from animals import dog
from animals import sheep
import animal
import farm

def make_animal(kind):
    if kind == 'cat':
:reg a b
--- Registers ---
"a   def make_animal(kind):
"b   from animals import cat^Jfrom animals import dog^Jfrom animals import shee
Press ENTER or type command to continue
```

この例では、def make_animal(kind)がaレジスタの内容で、改行で区切られたimportの繰り返しがbの内容です。

:regを引数なしで実行すると、すべてのレジスタの内容を一覧することもできます。

レジスタには追記が可能です。レジスタを上書きするのではなく追記するには、レジスタ名を大文字にします。たとえば、aレジスタに単語を追記したい場合はカーソルを単語の先頭に移動してから"Aywを実行します。

Vimの外部からコピー&ペーストする

外部世界とやりとりするための組み込みのレジスタが2つあります。

- *レジスタはシステムのクリップボード（macOSとWindowsではデフォルトのクリップボード、Linuxではターミナル内部のマウス選択）
- +レジスタはLinuxのみで有効で、WindowsライクなCtrl+cやCtrl+vなどの操作のために使われる（「Clipboard selection」と呼ばれる）

これらのレジスタもほかのレジスタと同様に扱うことができます。たとえば、"*pでクリップボードの内容をペーストできますし、"+yyでClipboard seletionに行の内容をコピーすることができます。

初期状態でこれらのレジスタを使用したい場合、clipboardの値を.vimrcで設定できます。unnamedに設定すると、レジスタを選択しない場合に*レジスタが使われるようになります。

```
set clipboard=unnamed " システムのクリップボード（*）にコピー
```

+レジスタを使用したい場合はunnamedplusに設定します。

```
set clipboard=unnamedplus " システムのクリップボード（+）にコピー
```

これらは同時に設定することもできます。

```
set clipboard=unnamed,unnamedplus " システムのクリップボード（*と+）にコピー
```

これでyとpが、指定されたレジスタを使ってコピー＆ペーストするようになります。

インサートモードにいるときに、システムのクリップボードからテキストをペーストしたくなるときがあるかもしれません。ここで、古いVimやターミナルエミュレータの種類によっては問題が起こる可能性があります。Vimは自動的にコードをインデントしようとしたり、コメントアウトされた部分を拡張しようとしたりするためです。これを避けるためには、`:set paste`をペーストする前に設定します。これにより自動インデントや自動コメント挿入が無効になります。ペーストが終わったら`:set nopaste`で元に戻せます。Vim 8.0から導入されたbracketed paste mode（デフォルトで有効になっています）でこの問題はほとんど解決されました。より詳しくは、`:help xterm-bracketed-paste`を参照してください。

2.7 まとめ

あなたは今や、Vimの移動における中核となる概念——ファイルを表現するバッファを使うこと、ウィンドウ分割を利用すること、複数のウィンドウをタブで管理すること——を知っています。折り畳みを使って大きいファイルを効率的に移動する方法も覚えました。

NetrwやNERDTree、VinegarやCtrlPといったプラグインを使って大きなコードベースを扱うことにも自信が持てるようになったはずです。そう、プラグインをインストールする手っ取り早い方法も扱いましたね。

この章では新しい移動操作——テキストオブジェクト、インサートモードに入る方法、EasyMotionプラグインを使ってファイルのあちこちに移動する方法——もカバーしました。検索方法についても取り上げました（単一のファイルから検索する場合とコードベース全体から検索す

る場合の両方です)。ボーナスとしてackプラグインも試しましたね。

最後に、この章ではレジスタの概念をカバーし、それを使ってコピー&ペーストを行う方法を学びました。

次の章では、プラグイン管理についてより深くみていきます。また、Vimのモードやカスタムのマッピング、コマンドを作ることについても取り上げます。

Chapter 3

先人にならえ、プラグイン管理

Vimのプラグインは作成が容易で、その数は毎年増え続けています。いくつかは特定のワークフローに特化していますが、多くは一般的な用法でVimがより効率的になることを目的としています。この章では、プラグインのインストールとキーのマッピングによるワークフローのカスタマイズについて深く掘り下げます。本章では次のトピックをカバーします。

- vim-plug、Vundle、Pathogen、あるいは自己流の方法で複数のプラグインを管理する
- 遅いプラグインをプロファイリングする
- Vimの主要なモードについての詳細な解説
- コマンドの再マッピングにおける複雑性
- Leaderキーとカスタムのショートカットを作成する有用性
- プラグインを設定してカスタマイズする

3.1 技術的要件

この章では`.vimrc`ファイルを扱います。本章の中でもし迷ってしまった場合は、最終的なファイルを`https://github.com/PacktPublishing/Mastering-Vim/tree/master/Chapter03`から取得できます。

3.2 プラグインを管理する

これまでにかなりの数のプラグインをインストールしてきましたが、あなたが取り組んでいることに特有の問題を解こうとする限り、プラグインの数は増え続けるでしょう。自分ですべてのプラグインを最新に保つのは骨が折れますが、幸いなことにプラグイン管理のソリューションがすでにあります！

マシンを頻繁に変えたり切り替えたりしつつも、プラグインを最新に保つためには、プラグイン管理はさらに重要になってきます。

Vimを複数マシンで同期するためのコツについては、第7章の「Vimを自分のものにする」を参照してください。

プラグイン管理の世界は日々変化しており、プラグインマネージャを選ぶ際には古き良き調査に代わるものはありません。この章では筆者が実際に使った複数のプラグインマネージャを紹介します。そこからあなた自身が調査を始めるには、十分な基礎となることでしょう。

vim-plug

vim-plugはプラグイン管理において最新で最高のものです。軽量で、プラグインの管理を容易にします。プラグインは`https://github.com/junegunn/vim-plug`から入手できます（READMEはかなり詳細ですが、怠惰な人のために骨子を紹介します）。

このプラグインにはいくつかのすばらしい特徴があります。

- 軽量で単一ファイルに収まっており、インストールが簡単である
- 並列でのプラグイン読み込みをサポートしている（PythonかRubyのインターフェースが有効化されている場合に限りますが、モダンなVimのセットアップではたいてい有効です）
- 特定のコマンドかファイルタイプのときにのみプラグインを有効化すること（遅延読み込み）が、多くのプラグインで可能

前章ではプラグインを手動でインストールしていました。この章ではもっとずっと良いプラグイン管理手法を提供しており、手動でインストールしたプラグインを削除する必要が出てくるでしょう。そのためには、手動で追加したプラグインディレクトリを削除します（Linuxでは`rm -rf $HOME/.vim/pack`、Windowsでは`rmdir /s %USERPROFILE%¥vimfiles¥pack`です）。

vim-plugをインストールする方法は単純です。

(1) プラグインのファイルを`https://raw.github.com/junegunn/vim-plug/master/plug.vim`から取得

(2) `$HOME/.vim/autoload/plug.vim`にファイルを保存

GitHubから単一のファイルを取得するには、LinuxかmacOSであれば`curl`か`wget`を使います。または、ブラウザでリンクを開いて右クリックすることでも保存できます。たとえば、Unix系のOSであれば次のコマンドを実行できます。

```
$ curl -fLo ~/.vim/autoload/plug.vim --create-dirs https://raw.github.
com/junegunn/vim-plug/master/plug.vim
```

(3) `.vimrc`を更新してvim-plugを初期化

```
" vim-plugでプラグインを管理する
call plug#begin()
call plug#end()
```

(4) プラグインを`begin()`と`end()`の間に追加していく。プラグインの名前はGitHubのURLの最後の部分、`<ユーザー名>/<リポジトリ名>`の形式で書く（たとえば、`https://github.com/scrooloose/nerdtree`であれば`scrooloose/nerdtree`となる）

```
" vim-plugでプラグインを管理する
call plug#begin()
Plug 'scrooloose/nerdtree'
Plug 'tpope/vim-vinegar'
Plug 'ctrlpvim/ctrlp.vim'
```

```
Plug 'mileszs/ack.vim'
Plug 'easymotion/vim-easymotion'
call plug#end()
```

(5) `.vimrc`を保存して再読み込みするか（`:w | source $MYVIMRC`）、Vimを再起動することで変更を適用する。そのあと、`:PlugInstall`コマンドでプラグインをインストールする

以上で、記述されたプラグインをGitHubからダウンロードできます。

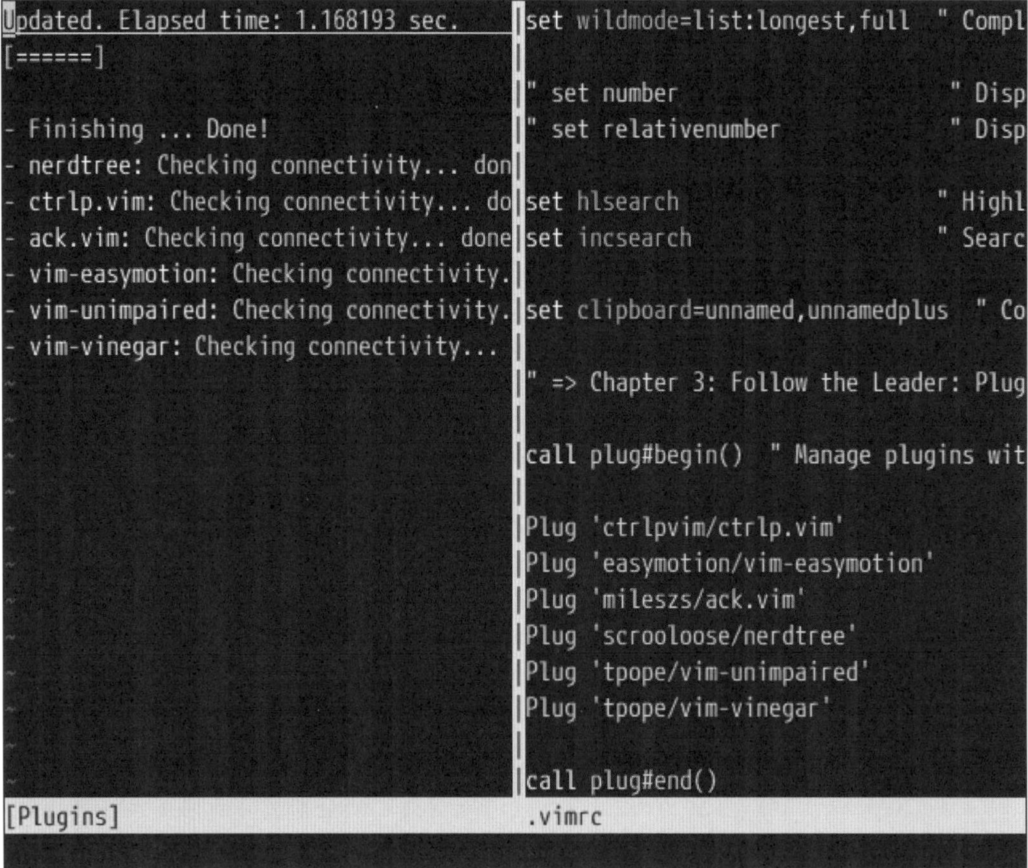

vim-plugで使うコマンドはおもに2つあります。

- `:PlugUpdate`コマンドはインストールされているすべてのプラグインをアップデートする
- `:PlugClean`コマンドは`.vimrc`から削除したプラグインを削除する。このコマンドを実行しないと、

コメントアウトか削除によって.vimrcから消したプラグインがいつまでもファイルシステムに残る

:PlugUpdateはvim-plugそれ自身をアップデートしません。vim-plugをアップデートするためには:PlugUpgradeコマンドを実行したあと、:source $MYVIMRCを実行するかVimを再起動するかして、.vimrcを再読み込みする必要があります。

プラグインの遅延読み込みは、プラグインがVimを遅くすることを防ぐには便利なツールです。Plug宣言はオプショナルなパラメータをサポートしています。たとえば、NERDTreeを:NERDTreeToggleコマンドが呼ばれたタイミングでロードするには、onパラメータを使用します。

```
:Plug 'scrooloose/nerdtree', { 'on':  'NERDTreeToggle' }
```

特定のファイルタイプでのみプラグインをロードするにはforを使用します。

```
:Plug 'junegunn/goyo.vim', { 'for': 'markdown' }
```

vim-plugがインストールされる方法による制約で、ヘルプページが初期設定では見えなくなっています。:help vim-plugを実行できるようにするためには、Plug 'junegunn/vim-plug'をプラグインの一覧に加えて:PlugInstallを実行します。

サポートされているパラメータの一覧はhttps://github.com/junegunn/vim-plugのREADMEで見ることができます。

もしあなたがMacかLinux（あるいはCygwin）のマシンのみで仕事をしているなら、次を.vimrcに追記することで、新しいマシンに.vimrcを移行するたびにvim-plugをインストールできます。

```
" vim-plugがまだインストールされていなければインストールする
if empty(glob('~/.vim/autoload/plug.vim'))
  silent !curl -fLo ~/.vim/autoload/plug.vim --create-dirs
    \ https://raw.github.com/junegunn/vim-plug/master/plug.vim
  autocmd VimEnter * PlugInstall --sync | source $MYVIMRC
endif
```

これで、次にVimを開くと、vim-plugとリストされたプラグインがインストールされるようになります。

やや長いですが、次のブログにWindowsとUnix両方で動く方法が記載されています。

```
https://www.rosipov.com/blog/cross-platform-vim-plug-setup
```

特別賞

vim-plugに代わるプラグイン管理ツールはまだまだあります。次に紹介するものは、けっして完璧というわけではありませんが、vim-plugとは違ったプラグイン管理手法に着目しています。好みに合うものを選んでも良いですし、Webから検索するのも良いでしょう。

Vundle

Vundleはvim-plugの先輩であり（もしかしたらインスピレーション元かもしれません）、vim-plugと同様に動作します。プラグインのインストールは同期的に行われ、vim-plugよりも若干重たいです。主要な違いの1つはプラグインの検索機能です。VundleはVim内からのプラグイン検索を可能にします。加えて、Vundleではインストール前にプラグインを試すこともできます。Vundleのソースコードとインストール方法は`https://github.com/VundleVim/Vundle.vim.git`を参照してください。

Vundleはvim-plugと同様に動作します。コマンドは`:PluginInstall`、`:PluginUpdate`、`:PluginClean`となっています。

検索機能（これはVundleを使う理由のうち最も強力なものでしょう）は`:PluginSearch <文字列>`で起動できます。現時点ではVundleはプラグイン名での検索のみをサポートしています。たとえば、コメント関係のプラグインを探してみましょう。

```
:PluginSearch comment
```

そうすると検索結果を得ることができます。

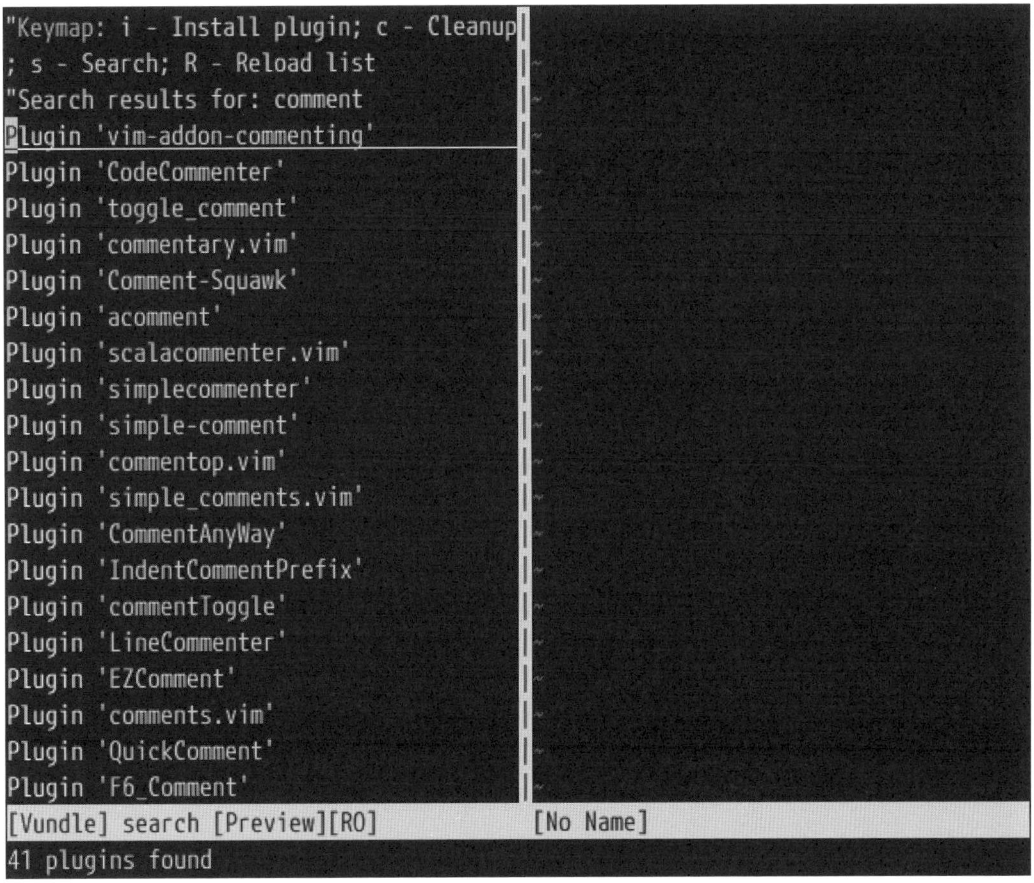

```
"Keymap: i - Install plugin; c - Cleanup
; s - Search; R - Reload list
"Search results for: comment
Plugin 'vim-addon-commenting'
Plugin 'CodeCommenter'
Plugin 'toggle_comment'
Plugin 'commentary.vim'
Plugin 'Comment-Squawk'
Plugin 'acomment'
Plugin 'scalacommenter.vim'
Plugin 'simplecommenter'
Plugin 'simple-comment'
Plugin 'commentop.vim'
Plugin 'simple_comments.vim'
Plugin 'CommentAnyWay'
Plugin 'IndentCommentPrefix'
Plugin 'commentToggle'
Plugin 'LineCommenter'
Plugin 'EZComment'
Plugin 'comments.vim'
Plugin 'QuickComment'
Plugin 'F6_Comment'
[Vundle] search [Preview][RO]          [No Name]
41 plugins found
```

tCommentという、コメント関係のキーバインドを追加してくれるプラグインにカーソルを合わせます。iをタイプするか:PluginInstallコマンドを実行するとプラグインが有効化されますが、まだ変更は保存されていません。それによって、gccで現在行をコメントアウトしたりコメントインしたりといったtCommentの機能を試すことができます。

まだプラグインはインストールされていないので、もしインストールしたい場合は.vimrcに追記する必要があります。

DIYする

DIYするという選択肢は常に存在し、プラグインを管理するしくみを自分で実装できます。第2章で行ったのはまさにこれで、余計な機能はほとんどありませんでした。

ほとんどのプラグインがGitHubで公開されているので、プラグインを確実に最新状態にしておくうえで一般的な方法は、プラグインをGitのサブモジュールとしてインストールするというものになります。Gitに慣れ親しんでいるなら、`.vim`ディレクトリをGitで初期化してプラグインをサブモジュールとしてインストールすることができます。

Vim 8はプラグインをロードするネイティブな方法を導入しました。この方法では、ファイルは`.vim/pack`ディレクトリの下に置く必要があります。Vim 8のネイティブプラグイン管理は次の構造でのみ動作します。

- `.vim/pack/<ディレクトリ名>/opt/`は手動でロードしたいプラグインに使われる
- `.vim/pack/<ディレクトリ名>/start/`は常にロードしたいプラグインに使われる

もし興味があるなら、どのようにプラグインのディレクトリが構造化されているかについて第8章の「Vim scriptで平凡を超越する」でもっと詳しく学べます。

vim/packの下に置くディレクトリの名前はわかりやすいものが良いでしょう。たとえば、`plugins`というのは良い名前かもしれません。

`start/`ディレクトリは常にロードしたいプラグインのために使われます。一方、`opt/`は`:packadd <プラグイン名>`を実行したタイミングでのみロードされます。これにより、`.vimrc`に`packadd`コマンドを加えることで、vim-plugのようなプラグインの遅延読み込みが可能になります。

```
" :Ackコマンドでack.vimをロードする
command! -nargs=* Ack :packadd ack.vim | Ack <f-args>
" マークダウンファイルを開いたときにGoyoをロードする
autocmd! filetype markdown packadd goyo.vim | Goyo
```

もしこの道を選ぶなら、必ず第7章の「Vimを自分のものにする」を読むようにしてください。Vimの設定をバージョン管理する方法についてカバーしています。

加えて、次の2行を`.vimrc`に追記することですべてのプラグインのドキュメントがロードされます。

```
packloadall            " すべてのプラグインをロードする
silent! helptags ALL   " すべてのヘルプをロードする
```

packloadallはVimにstart/ディレクトリ下にあるすべてのプラグインをロードするように伝えます（Vimは.vimrcのロード後に自動的にpackloadallを実行しますが、今回はより早く行いたいので.vimrcに追記しています）。helptags ALLはすべてのプラグインのヘルプページをロードし、silent!はヘルプページをロードする際に出た出力やエラーを隠します。

Gitのサブモジュールを使ってプラグインのダウンロード・アップデートを行うことによって、多少のオーバーヘッドはありますが、プラグインを自分自身で管理できます。

まずは.vimディレクトリをGitで初期化します（これは一度だけ行います）。

```
$ cd ~/.vim
$ git init
```

プラグインをサブモジュールとして追加します。

```
$ git submodule add https://github.com/scrooloose/nerdtree.git pack/plugins/start/
nerdtree
$ git commit -am "Add NERDTree plugin"
```

プラグインを更新したい場合は次を実行します。

```
$ git submodule update --recursive
$ git commit -am "Update plugins"
```

プラグインを削除するにはサブモジュールを削除します。

```
$ git submodule deinit -f -- pack/plugins/start/nerdtree
$ rm -rf .git/modules/pack/plugins/start/nerdtree
$ git rm -f pack/plugins/start/nerdtree
```

DIYのやり方はあなたが職人気質やミニマリスト、もしくは必要以上に人生を困難にするのが好きな人ならば、すばらしい方法でしょう。

Pathogen

この節はどちらかというと歴史の授業であり、少し触れる程度にしたいと思います。

定義によれば、Pathogenはruntimepath管理ツールでありプラグイン管理ツールではありません。ただ実際には、runtimepathの管理はそのままプラグイン管理につながります。Vim 8からは、プラグインをインストールするのにruntimepathをいじる必要はなくなりました。しかし、Vim 8

以前を使いつつもフル機能のプラグインマネージャを使いたくないといった場合、Pathogenによって人生は楽になるでしょう。

Pathogenはプラグイン管理に関する最も初期の試みの1つであり、後継者たちに多大な影響を与えてきました。多くのユーザーがいまだにそれを使い続けていますが、新規ユーザーの増加はもはやありません。

Pathogenは`https://github.com/tpope/vim-pathogen`から入手できます。

遅いプラグインをプロファイリングする

Vimを使い続けていると、大量のプラグインをインストールすることになります。すると時々、プラグインのせいでVimが遅くなることがあります。たいていの場合、最適化されていない個々のプラグインが原因です（作者の見過ごしが原因のこともあれば、システムとプラグインの関わり方が独特であることが原因であることもあります）。これから学ぶのはVimに組み込まれたプロファイリング機能です。

プロファイリングの準備

`--startuptime <ファイル名>`を付けてVimを起動することで、Vimが起動時に行うあらゆるアクション（処理）をファイルに書き込むことができます。たとえば、次のようにすると`startuptime.log`にログを書き込むことができます。

```
$ vim --startuptime startuptime.log
```

gVimも同様に`gvim --startuptime startuptime.log`で起動できます。これは、LinuxでもWindowsの`cmd.exe`による起動でも変わりません。

Vimを閉じて`startuptime.log`を開きます。すると次のような画面になります（読みやすさのため、セクションを`<...>`で置き換えています）。

```
times in msec
 clock   self+sourced   self:  sourced script
 clock   elapsed:              other lines

000.005  000.005: --- VIM STARTING ---
000.086  000.081: Allocated generic buffers
<...>
009.012  000.936  000.459: sourcing /usr/local/share/vim/vim81/colors/murphy.vim
010.633  001.542  001.542: sourcing /home/ruslan/.vim/autoload/plug.vim
<...>
017.917  017.005  001.936: sourcing $HOME/.vimrc
017.919  000.125: sourcing vimrc file(s)
018.399  000.201  000.201: sourcing /home/ruslan/.vim/plugged/ctrlp.vim/autoload
018.599  000.565  000.364: sourcing /home/ruslan/.vim/plugged/ctrlp.vim/plugin/c
023.826  005.161  005.161: sourcing /home/ruslan/.vim/plugged/vim-easymotion/plu
024.099  000.194  000.194: sourcing /home/ruslan/.vim/plugged/ack.vim/plugin/ack
035.689  011.532  011.532: sourcing /home/ruslan/.vim/plugged/vim-unimpaired/plu
036.010  000.255  000.255: sourcing /home/ruslan/.vim/plugged/vim-vinegar/plugin
036.313  000.073  000.073: sourcing /usr/local/share/vim/vim81/plugin/getscriptP
<...>
041.281  000.319: first screen update
041.283  000.002: --- VIM STARTED ---
```

このスクリーンショットでは、複数のタイムスタンプ（多くは3つのカラム）が、それにアクションが続く形で表示されています。タイムスタンプはミリ秒単位での表示です。最初のカラムはVimの起動から何ミリ秒経過したかを表し、最後のカラムがアクションにどれだけ時間がかかったのかを表します。

最後のカラムが重要です。際立って遅いものを探しましょう。

今回のケースではとくに遅いプラグインは見つかりませんでしたが、正確を期せば、最も遅いプラグインはvim-unimpairです（011.532、つまり11ミリ秒かかっています）。プラグインのアクションに500ミリ秒ほどかかるようになると、Vimの起動の遅さに気がつくようになってきます。

特定のアクションをプロファイリングする

何か特定のアクションだけが遅いのであれば、それだけをプロファイリングすることができます。

この例では、筆者は明らかに遅い部分を作りました。PythonとVimのリポジトリをGitHubからダウンロードし、CtrlPプラグインの`:CtrlP`コマンドを実行しようとします（このプラグインについては第2章の「高度な編集と移動」で取り上げました）。このコマンドはファイルを再帰的にインデックスしようとするため、これほどの巨大なコードベースでは遅いはずです。

Vimを通常どおりに起動し、次のコマンドを実行します。

```
:profile start profile.log
:profile func *
:profile file *
```

ここからは、Vimはすべてのアクションをプロファイリングします。遅いコマンドを実行してみましょう。今回は`:CtrlP`を実行します（`Ctrl+p`で実行できます）。アクションが終わったら`:q`でVimを終了します。

`profile.log`を開くと次のような画面が表示されます（`:set foldmethod=indent`で折り畳みを有効にしないと閲覧がたいへんかもしれません）。

```
SCRIPT  /home/ruslan/.vim/plugged/ctrlp.vim/autoload/ctrlp.vim
Sourced 1 time
Total time:   0.003392
 Self time:   0.003360

count  total (s)   self (s)
+--2672 lines: " ==========================================================

SCRIPT  /home/ruslan/.vim/plugged/ctrlp.vim/autoload/ctrlp/utils.vim
Sourced 1 time
Total time:   0.000233
 Self time:   0.000145

count  total (s)   self (s)
+--110 lines: " ===========================================================

FUNCTION  ctrlp#utils#cachedir()
Called 4 times
Total time:   0.000012
 Self time:   0.000012

count  total (s)   self (s)
    4              0.000010     retu s:cache_dir
```

Gでファイルの末尾に移動すると、実行時間の長い順に並んだ関数の一覧が見れます。

```
FUNCTIONS SORTED ON SELF TIME
count  total (s)   self (s)  function
    9   3.898720   0.566486  <SNR>29_GlobPath()
 8220              0.486789  <SNR>29_usrign()
    9   0.802043   0.315247  ctrlp#dirnfile()
  475              0.020151  ctrlp#utils#fnesc()
    2   0.009307   0.009239  ctrlp#utils#writecache()
    1   0.007239   0.007231  ctrlp#rmbasedir()
  474   0.023695   0.003593  <SNR>29_fnesc()
   21   0.006404   0.002002  <SNR>29_mixedsort()
    1              0.001898  <SNR>29_MapNorms()
    1              0.001070  <SNR>29_MapSpecs()
   45              0.000997  <SNR>29_getparent()
    8              0.000959  ctrlp#progress()
   21   0.002034   0.000835  <SNR>29_comparent()
    1   0.001169   0.000720  <SNR>29_Open()
    1   0.001037   0.000707  <SNR>29_opts()
    1   0.917665   0.000663  ctrlp#files()
   21   0.000973   0.000588  <SNR>29_compmatlen()
    1              0.000516  <SNR>29_sublist()
   39              0.000487  <SNR>29_CurTypeName()
    1   0.000514   0.000449  <SNR>29_Close()
```

最も遅い関数の多くはctrlp#で始まっており、ここからCtrlPが遅いことがわかります（事前にわかっていたことですが）。もしも関数がどこから呼ばれているのかわからないなら、関数名で検索することもできます。たとえば、<SNR>29_GlobPath()が3.9秒ほど使っているので、カーソルを合わせて*で検索します。

```
FUNCTION  <SNR>29_GlobPath()
Called 9 times
Total time:   3.898720
 Self time:   0.566486

count  total (s)   self (s)
    9              0.072347     let entries = split(globpath(a:dirs, s:glob), "\
n")
    9   0.802176   0.000133     let [dnf, depth] = [ctrlp#dirnfile(entries), a:d
epth + 1]
    9              0.000656     cal extend(g:ctrlp_allfiles, dnf[1])
    9   0.000129   0.000101     if !empty(dnf[0]) && !s:maxf(len(g:ctrlp_allfile
s)) && depth <= s:maxdepth
    8   0.001037   0.000078         sil! cal ctrlp#progress(len(g:ctrlp_allfiles
), 1)
    8   0.025622   0.002863         cal s:GlobPath(join(map(dnf[0], 's:fnesc(v:v
al, "g", ",")'), ','), depth)
    8              0.000007     en

FUNCTION  <SNR>29_InitCustomFuncs()
Called 1 time
Total time:   0.000007
```

CtrlPへの参照の数からして、この関数がどうやら遅いプラグインに関係しているようです。

もし現実の問題をプロファイリングするのなら、`profile.log`の内容がどのプラグインが遅いのかを教えてくれるかもしれません。

3.3 モードに飛び込む

あなたはすでにいくつかの異なるモードに出会っています。この節ではそれらモードと、残りのモードについて深く掘り下げます。ご存じのように、Vimはモードによって入力に対する反応を決めます。ノーマルモードでのあるキーインプットはインサートモードやコマンドラインモードでの同じキーインプットとは異なる結果を生みます。

Vimは7つの主要なモードを持っており、Vimを快適に使うためにはそれらを理解することが重要となります。

ノーマルモード

ノーマルモードはあなたがVim上で大半の時間を過ごすであろうモードです（すでに過ごしてきていますね）。デフォルトでは、Vimは開いたときにノーマルモードであり、ほかのモードからはESCキーを押すことで戻れます（もしかしたら2回押す必要があるかもしれません）。

コマンドラインモードとexモード

コマンドラインモードは`:`を押すか、`/`か`?`を押して検索を開始するときに入るモードです。このモードではEnterキーを押すことでコマンドを実行できます。いくつかの便利なショートカットがあります。

- 上矢印キーか下矢印キー（もしくは`Ctrl+p`か`Ctrl+n`）でコマンド履歴上を移動
- `Ctrl+b`と`Ctrl+e`はそれぞれコマンドラインの先頭（beginning）と終わり（end）に移動
- Shiftキーか Ctrlキーを押しながら左矢印キーか右矢印キーを押すと単語単位で移動

とくに便利なのは`Ctrl+f`で、これはコマンド履歴が入った状態の編集可能なウィンドウを開きます。

```
#!/usr/bin/python3

"""Our own little animal farm."""

import sys

from animals import cat
from animals import dog
from animals import sheep
import animal
import farm

def make_animal(kind):
+--  7 lines: if kind == 'cat':------------------------------------------
animal_farm.py
:split farm.py
:wq
:sp animals/cat.py
:bd
:vsp animals/cat.py
:tabnew farm.py
:b1
[Command Line]
```

これは通常のバッファと同様ですので、以前実行したコマンドを編集して実行できます。Enterキーを押すとカーソル下のコマンドを実行し、Ctrl+cでウィンドウを閉じます。

:help cmdline-editingでコマンドラインモードの使い方についてもっと詳しく知ることができます。

Vimにはコマンドラインモードの変種であるexモードというものがあり、Qで入ることができます。このモードではVimの前身であるex互換の振る舞いをし、複数のコマンドをモード変更なしに入力できます。このモードは今日ではほとんど使われません。

インサートモード

インサートモードはテキストを入力するためのモードであり、それ以上何も言うことはありません。ESCキーでノーマルモード（多くの仕事はここで行われるでしょう）に戻ります。インサートモードではCtrl+oで1回だけコマンドを実行し、インサートモードに戻ることができます。

インサートモードでは-- INSERT --の文字がステータスラインに表示されます。

ビジュアルモードとセレクトモード

Vimのビジュアルモードでは任意のテキストを選択できます（たいていは何か操作をするためでしょう）。このモードは既存のテキストオブジェクト（文字、単語、段落など）にうまくマッピングされないようなテキストを扱うときに便利です。ビジュアルモードに入る方法は3つあります。

- vで文字単位のビジュアルモードに入ります（ステータスラインには-- VISUAL --と表示されます）
- Vで行単位のビジュアルモードに入ります（ステータスラインには-- VISUAL LINE --と表示されます）
- Ctrl+vでブロック単位のビジュアルモードに入ります（ステータスラインには-- VISUAL BLOCK --と表示されます）

ビジュアルモードに入ると、通常どおりにカーソルを動かすことで選択範囲を広げることができます。次の例では、文字単位のビジュアルモードに入り、3単語と1文字分カーソルを右に移動します（3eとlをタイプします）。そうすると、ビジュアルモードでanimal_farm.add_animal(が選択されているのがわかります。

```
def main(animals):
    animal_farm = farm.Farm()
    for animal_kind in animals:
        animal_farm.add_animal(make_animal(animal_kind))
    animal_farm.print_contents()

if __name__ == '__main__':
    if len(sys.argv) == 1:
        print('Pass at least one animal type!')
        sys.exit(1)
    main(sys.argv[1:])
-- VISUAL --
```

次の方法で選択範囲をコントロールすることができます。

- oをタイプすることで選択範囲の反対側に移動できる（したがって、反対側に選択範囲を拡張可能）
- ブロック単位のビジュアルモードでは、oは現在行の反対側に移動

選択範囲に満足したならば、その選択範囲に対してコマンドを実行できます。たとえば、dで選択範囲を削除できます。


```
def main(animals):
    animal_farm = farm.Farm()
    for animal_kind in animals:
        make_animal(animal_kind))
    animal_farm.print_contents()

if __name__ == '__main__':
    if len(sys.argv) == 1:
        print('Pass at least one animal type!')
        sys.exit(1)
    main(sys.argv[1:])
```

上のスクリーンショットでは、Vimはノーマルモードに戻っており（-- VISUAL --の表示がなくなっています）、選択範囲が削除されています。変更を加えたくない場合はESCキーでノーマルモードに戻れます。

テキストオブジェクトはビジュアルモードでも強力なツールです。詳しくは第2章の「高度な編集と移動」を参照してください。

Vimにはセレクトモードもあります。これはほかのエディタの範囲選択をエミュレートするものです。すなわち、印字可能な文字を入力すると選択範囲を消去してインサートモードに入ります（つまり、移動コマンドはここでは使えません）。先に紹介したexモードと同様に、セレクトモードもまた限られたユースケースしかありません。実際のところ、筆者はこの本のために調査するまで、セレクトモードを使ったことがありませんでした。

セレクトモードに入るにはノーマルモードでghをタイプするかビジュアルモードでCtrl+gをタイプします。ノーマルモードに戻るにはESCキーを押します。

置換モードと仮想置換モード

置換モードは、Insertキーを誤って押してしまってタイプするたびにテキストが消えてしまうのに驚く、あのときと似たような振る舞いをします。置換モードではインサートモードと違い、テキストを入力するたびに既存のテキストを置き換えます。これはたとえば元のテキストの文字数を変えたくない場合などに便利です。

Rをタイプして置換モードに入ります。

```
def make_animal(kind):
    if kind == 'cat':
        return cat.Cat()
    if kind == 'dog':
        return dog.Dog()
    if kind == 'sheep':
        return sheep.Sheep()
    return animal.Animal(kind)

def main(animals):
-- REPLACE --
```

-- REPLACE --がステータスラインに見えます。これでテキストを置き換えることができます。

```
def make_animal(kind):
    if kind == 'bat':
        return cat.Cat()
    if kind == 'dog':
        return dog.Dog()
    if kind == 'sheep':
        return sheep.Sheep()
    return animal.Animal(kind)

def main(animals):
-- REPLACE --
```


ESCキーでノーマルモードに戻れます。

rを入力することで、1文字だけ置き換えてからノーマルモードに戻ることもできます。

Vimは仮想置換モードも提供しています。これは置換モードと同様に振る舞いますが、ファイル上の文字ではなく画面上のピクセルに対して処理を行うところが異なります。大きな違いとしては、Tabキーが複数の文字を置き換えるところ（置換モードでは1文字のみを置き換えます）、Enterキーが改行せずに次の行に移動するところなどがあります。仮想置換モードに入るにはgRを使います。詳しくは:help vreplace-modeを参照してください。

ターミナルモード

ターミナルモードはVim 8.1で登場したものです。これによりターミナルを別のウィンドウで開くことができます。次のコマンドをタイプすることでターミナルモードに入ることができます。

```
:terminal
```

:termと省略できます。

このコマンドはシステムのシェルを横分割で開きます（Linuxであればデフォルトのシェル、Windowsであればcmd.exe）。

```
ruslan@ann-perkins:~/Mastering-Vim/ch2$ python3 animal_farm.py cat dog
We've got some animals on the farm: dog, cat.
ruslan@ann-perkins:~/Mastering-Vim/ch2$ python3 animal_farm.py
Pass at least one animal type!
ruslan@ann-perkins:~/Mastering-Vim/ch2$
!/bin/bash [ruslan@ann-perkins: ~/Mastering-Vim/ch2]
#!/usr/bin/python3

"""Our own little animal farm."""

animal_farm.py [+]
:term
```

これはシステムの端末のラッパーであり、通常どおりにシェルを扱うことができます。このウィンドウはほかのウィンドウと同様に扱えます（Ctrl+w系のコマンドで移動もできます）が、ウィンドウはインサートモードに固定されます。ほかの方法として、LinuxかmacOS上ではtmuxかscreenを使うこともできます。

:termは、コマンドを実行してその出力でバッファを置き換えるのに使うこともできます。たとえば、animal_farm.pyを次のように実行できます。

```
:term python3 animal_farm.py cat dog
```

出力は、即座に横分割されたウィンドウ上に反映されます。

```
We've got some animals on the farm: dog, cat.
~
~
~
~
!python3 animal_farm.py cat dog [finished]
#!/usr/bin/python3

"""Our own little animal farm."""

animal_farm.py
:term python3 animal_farm.py cat dog
```

3.4 コマンドを再マッピングする

Vimのプラグインを快適に使いこなせるようになった今、好みに合わせてコマンドを再マッピングすることで、Vimをさらにカスタマイズしたくなっているかもしれません。プラグインはさまざまな人々によって作られており、かつ各人のワークフローはそれぞれ異なっています。Vimは無限の拡張性を持っており、ほとんどすべてのアクションを再マッピングしたり、特定のデフォルトの挙動を変更したり、Vimを本当に自分自身のものにできたりします。コマンドの再マッピングについてお話ししましょう。

Vimはあるキーを別のキーに再マッピングすることができます。:mapコマンドと:noremapコマンドがまさにそれです。

- :mapは再帰的なマッピングに用いられる
- :noremapは非再帰的なマッピングに用いられる

これが意味するところは、:mapで定義されたマッピングはほかのカスタムマッピングと相互作用し、:noremapはデフォルトのマッピングのみに作用するということです[注1]。

マッピングを作成する前に、そのキーまたはキーの組み合わせがすでにどこかで使われていないか調べたいでしょう。:help indexで組み込みのキーバインドの一覧を見ることができます。:mapコマンドでプラグインやユーザー定義のマッピングを見ることもできます。たとえば、:map gはgから始まるすべてのマッピングを表示します。

.vimrcファイルにカスタムのマッピングを追加してみましょう。

```
noremap ; : " セミコロンでコマンドモードに入れるようにする
```

この例では、;を:に再マッピングしています。これでコマンドラインモードに入るのにShiftキーを押す必要がなくなりましたね[注2]。一方、最後に実行されたt、f、T、Fを繰り返すコマンドはなくなってしまいました。

ここでは:noremapを使っています、なぜなら:が何か別のものにマッピングされていても、コ

注1　訳注：具体的に言うと、:mapはおもにプラグインの提供するカスタムマッピングに対して、:noremapはおもに組み込みのマッピングに対して使用します。

注2　訳注：英語キーボードでの話です。

マンドラインモードに入りたいからです。

もし明示的にユーザー定義またはプラグイン定義のマッピングを削除したい場合、:unmapが使えます。:mapclearを使えば、ユーザー定義と組み込みのマッピングをすべて削除できます。

特殊文字やコマンドもマッピングで使えます。たとえば次のようにです。

```
noremap <c-u> :w<cr> " Ctrl+uで保存（uはupdateの意味）
```

<c-u>はCtrl+uを表現しています。Ctrlキーのプレフィックスは<c-_>（_は任意のキー）で表現されます。ほかの修飾キーも同様に表現されます。

- <a-_>か<m-_>はAltキーとほかのキーの同時押しを意味します。たとえば、<m-b>はAlt+bです
- <s-_>はShiftキーです。たとえば、<s-f>はShift+fです

コマンドは<cr>で終了することに気を付けてください。<cr>はキャレッジリターン（Enterキー）を表します。もし<cr>を付けないと、コマンドは入力されますが実行されず、コマンドラインモードにとどまります。

ちなみに、次が使用可能な特殊文字の一覧です。

- <space>：Spaceキー
- <esc>：ESCキー
- <cr>、<enter>：Enterキー
- <tab>：Tabキー
- <bs>：Backspaceキー
- <up>、<down>、<left>、<right>：矢印キー
- <pageup>、<pagedown>：Page UpキーとPage Downキー
- <f1>から<f12>：ファンクションキー
- <home>、<insert>、<del>、<end>：Homeキー、Insertキー、Deleteキー、Endキー

あるキーバインドに何もしてほしくない場合、<nop>にマッピングすることができます（No OPerationの略です）。これはたとえばhjklスタイルの移動に慣れるために矢印キーを無効化するのに使えます。そのためには次のように.vimrcに追記します。

```
" 矢印キーが何もしないようになるので、hjklに慣れることができる
map <up> <nop>
map <down> <nop>
map <left> <nop>
map <right> <nop>
```


モード特化の再マッピング

:mapと:noremapコマンドはノーマルモード、ビジュアルモード、セレクトモード、オペレータ待ちモードで動作します。Vimは、マッピングがどのモードで動くのかを詳細にコントロールする方法を提供しています。

- :nmapと:nnoremap：ノーマルモード
- :vmapと:vnoremap：ビジュアルモードとセレクトモード
- :xmapと:xnoremap：ビジュアルモード
- :smapと:snoremap：セレクトモード
- :omapと:onoremap：オペレータ待ちモード
- :map!と:noremap!：インサートモードとコマンドラインモード
- :imapと:inoremap：インサートモード
- :cmapと:cnoremap：コマンドラインモード

Vim上ではたいてい、!はコマンドの強制実行かコマンドへの機能追加を意味します。:help!をご自身で試してみてください！

たとえば、インサートモードでの振る舞いを変更するマッピングを追加する場合、次のようにするとできます。

```
" 対応する閉じ括弧や引用符を入力する
inoremap ' ''<esc>i
inoremap " ""<esc>i
```

```
inoremap ( ()<esc>i
inoremap { {}<esc>i
inoremap [ []<esc>i
```

この例では、インサートモードでのキー入力のデフォルトの振る舞い（たとえば、`[`）を、2つの文字を入力し（例では`[]`）、インサートモードを抜け、即座にインサートモードに入りなおすように変更しています（そうすることでカーソルが2つの大括弧の中間に来ます）。

Leaderキー

Leaderキーと呼ばれるキーにはすでに遭遇したことがあるでしょう。Leaderキーはユーザー定義またはプラグイン定義のショートカットのためのネームスペースです[注3]。Leaderキーを押してから1秒以内にほかのキーを押すと、そのキーがネームスペースに入ります。

デフォルトのLeaderキーはバックスラッシュ（\）ですが、最も快適なキーとは言えません。コミュニティで人気のある代替はいくつかありますが、カンマ（`,`）が一番人気があります。Leaderキーを変更するには、次を`.vimrc`に追記します。

```
" Leaderキーをカンマに変更
let mapleader = ','
```

`.vimrc`の先頭近くでLeaderキーを定義したほうがいいでしょう、なぜならLeaderキーの新しい定義は、それ以降の定義でしか有効にならないからです。

キーバインドを変更するとデフォルトの機能が上書きされます。たとえば、カンマは本来、最後の`t`、`f`、`T`、`F`を反対方向に再実行します。

筆者の個人的なお気に入りはSpaceキーをLeaderキーとして使うことです。キーは大きいですし、ノーマルモードでは実用的な機能を持ちません（右矢印キーの機能と同じです）。

```
" LeaderキーをSpaceキーに変更
let mapleader = "\<space>"
```

注3　訳注：ここでは「ネームスペース」とありますが、実際のLeaderキーの機能は覚えやすいプレフィックスのようなものです。

mapleaderはspaceのような特殊文字を受け付けないため、バックスラッシュが<space>の前に必要です。また、シングルクォート（'）の代わりにダブルクォート（"）も必要です。シングルクォートは文字列そのものにしか使えないからです。

leaderは次のように使います。

```
" leader+wでファイルを保存
noremap <leader>w :w<cr>
```

多くの場合、Leaderキーはプラグインが提供する機能を覚えやすい形でマッピングするために用いられます。次がその例です。

```
noremap <leader>n :NERDTreeToggle<cr>
```

プラグインを設定する

プラグインは多くの場合、再マッピング可能なコマンドや振る舞いを変更するための変数を持っています。プラグインを使う前に利用可能なオプションやコマンドを見直すのはいい考えです。プラグインのデフォルト値がきちんとしていることは大きな経験の差を生みます。覚えやすいショートカットを作っておくことは、数ヵ月してプラグインの使い方を忘れてしまったときに、プラグインの使い方を思い出すのに役立ちます。

Vimではグローバル変数を作ることができ、おもにそれによってプラグインを設定します。グローバル変数はたいてい**g:**が先頭に来ます。**:help <プラグイン名>**でプラグインのドキュメントを開き、設定可能なオプションの一覧を見ることができます。

たとえば、**:help ctrlp**でCtrlPのヘルプを開き、/optionsでオプションを検索すると次のようになります。

```
CtrlP ControlP 'ctrlp' 'ctrl-p'
===============================================================================
#                                                                             #
#          :::::::: ::::::::::: :::::::::  :::        :::::::::               #
#         :+:    :+:    :+:     :+:    :+: :+:        :+:    :+:              #
#         +:+           +:+     +:+    +:+ +:+        +:+    +:+              #
#         +#+           +#+     +#++:++#:  +#+        +#++:++#+               #
#         +#+           +#+     +#+    +#+ +#+        +#+                     #
#         #+#    #+#    #+#     #+#    #+# #+#        #+#                     #
#          ########     ###     ###    ### ########## ###                     #
#                                                                             #
===============================================================================
CONTENTS                                                        ctrlp-contents

    1. Intro....................................ctrlp-intro
    2. Options..................................ctrlp-options
    3. Commands.................................ctrlp-commands
    4. Mappings.................................ctrlp-mappings
    5. Input Formats............................ctrlp-input-formats
    6. Extensions...............................ctrlp-extensions
ctrlp.txt [Help][RO]

[No Name]
/options
```

CtrlPの詳細は第2章「高度な編集と移動」で扱っています。

ctrlp-optionsのリンクを（Ctrl+]で）たどると、利用可能なオプションの一覧が見れます。

```
OPTIONS                                            ctrlp-options

Overview:

  loaded_ctrlp................Disable the plugin.
  ctrlp_map...................Default mapping.
  ctrlp_cmd...................Default command used for the default mapping.
  ctrlp_by_filename...........Default to filename mode or not.
  ctrlp_regexp................Default to regexp mode or not.
  ctrlp_match_window..........Order, height and position of the match window.
  ctrlp_switch_buffer.........Jump to an open buffer if already opened.
  ctrlp_reuse_window..........Reuse special windows (help, quickfix, etc).
  ctrlp_tabpage_position......Where to put the new tab page.
  ctrlp_working_path_mode.....How to set CtrlP's local working directory.
  ctrlp_root_markers..........Additional, high priority root markers.
  ctrlp_use_caching...........Use per-session caching or not.
  ctrlp_clear_cache_on_exit...Keep cache after exiting Vim or not.
  ctrlp_cache_dir.............Location of the cache directory.
  ctrlp_show_hidden...........Ignore dotfiles and dotdirs or not.
  ctrlp_custom_ignore.........Hide stuff when using globpath().
ctrlp.txt [Help][RO]

[No Name]
/options
```

ここで興味深いオプション、たとえばctrlp_working_path_modeを見てみましょう。リンク上にカーソルを移動してCtrl+]を押します。

```
                                              'g:ctrlp_working_path_mode'
When starting up, CtrlP sets its local working directory according to this
variable:
  let g:ctrlp_working_path_mode = 'ra'

  c - the directory of the current file.
  a - the directory of the current file, unless it is a subdirectory of the cwd
  r - the nearest ancestor of the current file that contains one of these
      directories or files:
      .git .hg .svn .bzr _darcs
  w - modifier to "r": start search from the cwd instead of the current file's
      directory
  0 or <empty> - disable this feature.

Note #1: if "a" or "c" is included with "r", use the behavior of "a" or "c" (as
a fallback) when a root can't be found.

Note #2: you can use a b:var to set this option on a per buffer basis.

                                                   'g:ctrlp_root_markers'
ctrlp.txt [Help][RO]

[No Name]
```

どうやらこのオプションは、CtrlPがローカルのワーキングディレクトリをセットする方法についてのもののようです。Gitのルートを見るようにする（なければカレントのワーキングディレクトリにする）には、.vimrcを次のように変更します。

```
" CtrlPがGitのルートをワーキングディレクトリとして使うようにする
let g:ctrlp_working_path_mode = 'ra'
```

利用可能なオプションをきちんと見るのには時間がかかります。しかし、それはあなたをより生産的にするかもしれませんし、もしかしたらプラグインの使い方そのものが変わるかもしれません。

Leaderキーのことは覚えていますか？　Leaderキーはプラグインに完全なネームスペースを提供するため、プラグインに関してはとても便利です。いくつかのプラグインは最初からLeaderキーを使いますが、そうではないものもたくさんあります。いつでも自分自身のマッピングを作成できるのです！

たとえば、CtrlPのすべてのモードは2つのキー押下で簡単にアクセスできます。

```
" CtrlPのアクションをLeaderキーから始める
noremap <leader>p :CtrlP<cr>
noremap <leader>b :CtrlPBuffer<cr>
noremap <leader>m :CtrlPMRU<cr>
```


マッピングを最適化したりプラグインを設定したりするのに時間をかけるのは、とても有益だと筆者は思います。少しの投資と少しの集中が、設定を最大限に活かすことにつながるでしょう。

3.5 まとめ

この章では、プラグインを管理する異なる方法について議論しました。新しいものはvim-plugで、軽量で非同期的にプラグインをインストール・更新できます。その先輩であるVundleでは、プラグインを検索して一時的に利用できます。また、プラグインを手動で管理する方法についても学びました。Vim 8.0は、`runtimepath`を設定しなくてもプラグインを読み込むことができるような方法を導入しました。まだVim 8.0より前のバージョンを使っているのであれば、Pathogenは`runtimepath`の管理をある程度自動化してくれます。

`--startuptime`や`:profile`コマンドでVimをプロファイリングすることについても見てきました。

モードを再度話題にし、主要なモードはすべてカバーしました。ノーマルモード、コマンドラインモード、exモード、インサートモード、ビジュアルモード、セレクトモード、そしてターミナルモードです。

また、Vimを真に自分のものにするために、コマンドを再マッピングすることについても議論しました。どのキーが便利か、また覚えやすいかは人によって異なります。Vimではモードによってマッピングを変えることができますが、これはすべてのキーの振る舞いを変更できることを意味します。Leaderキーを使って、プラグイン定義やユーザー定義のコマンドのためのネームスペースを作成することについても話しましたね。

プラグインを設定し、ワークフローに合わせたキーバインドを設定することでプラグインを最大限活用する方法についても見てきました。

次の章では、自動補完、タグを使った大きいコードベース内の移動、Vimのアンドゥツリーについてカバーします。

Chapter 4

テキストを理解する

コードベースには大きくなる傾向があり、それらの中を移動するにはしばしば困難が伴います。幸運にも、Vimは複雑なコード内を移動することに関しては切り札を持っています。この章では次のトピックをカバーします。

- Vimの組み込み機能、またはプラグインを使って自動補完する
- Exuberant Ctagsを使って大きなコードベース内を移動する
- Gundoを使ってVimの複雑なアンドゥツリー内を移動する

4.1 技術的要件

これまでの章に引き続き、サンプルプロジェクトを見ていきます。また、`.vimrc`ファイルも引き続き扱います。すべての素材は`https://github.com/PacktPublishing/Mastering-Vim/tree/master/Chapter04`から入手できます。

4.2 コードの自動補完

近代的なIDEが持つ最も魅力的な機能の1つが自動補完です。IDEを使うとタイポが減り、変数名を覚える必要がなくなり、長い変数名を何度も何度も繰り返しタイプする必要もなくなります。

Vimは組み込みの補完機能を持ち、またそれを拡張するプラグインもあります。

組み込み補完

Vimは、開いているバッファで入手可能な単語から補完する機能をサポートしています。Vim 7.0からは何もしなくても利用できます。関数名の最初の文字をタイプしたあと、Ctrl+nを押すと補完の候補が出ます。一覧の選択を移動するにはCtrl+nとCtrl+pを使います。たとえば、animal_farm.pyを開き、インサートモードに入り、make_animal関数の最初の2文字（ma）をタイプします。ここでCtrl+nを押します。すると次のような一覧が表示されます。

```
#!/usr/bin/python3

"""Our own little animal farm."""

import sys

from animals import cat
from animals import dog
from animals import sheep
import animal
import farm

def make_animal(kind):
+--  7 lines: if kind == 'cat':-----------------------------------------

def main(animals):
    animal_farm = farm.Farm()
    for animal_kind in animals:
        animal_farm.add_animal(make_animal
    animal_farm.print_contents main
                               make_animal

if __name__ == '__main__':
+--  4 lines: if len(sys.argv) == 1:-------------------------------------
-- Keyword completion (^N^P) match 2 of 2
```

タイプを続けると一覧は消えます。

実のところ、Vimにはインサート補完モードというのがあり、複数の補完タイプをサポートしています。Ctrl+xに続けて次のキーのいずれかを押します。

- Ctrl+lで行をまるごと補完
- Ctrl+]でタグを補完
- Ctrl+fでファイル名を補完
- sでスペルチェックの候補を補完（:set spellが有効な場合のみ）

これらコマンドは、筆者が以前から便利だと感じていたものですが、ほかにももっとあります！ :help ins-completionを読むとサポートされているすべてのコマンドを知ることができますが、ワークフローは人それぞれですので、どのコマンドをよく使うようになるかはわかりません。また、:help 'complete'も併せてチェックするべきです。これはVimが補完候補をどこから探すかを制御するオプションです（デフォルトではバッファ・タグファイル・ヘッダです）。

YouCompleteMe

YouCompleteMeは組み込みの補完エンジンにステロイドを加えたようなものです。YouCompleteMeは組み込み補完を超える、いくつかの特徴的な機能を持っています。

- セマンティックな（言語に合わせた）補完：YouCompleteMeは組み込みの補完よりも良くコードを理解する
- 気の利いた候補の順位付けとフィルタリング
- ドキュメントの表示、変数のリネーム、自動フォーマット、特定の種類のエラーの自動修正（言語依存、https://github.com/ycm-core/YouCompleteMe#quick-feature-summaryを参照）

インストール

まず、YouCompleteMeをコンパイルするために必要なcmakeとllvmをインストールしましょう。

```
$ sudo apt-get install cmake llvm
```

Windowsの場合、cmakeはhttps://cmake.org/downloadから、llvmはhttps://releases.llvm.org/download.htmlから入手できます。YouCompleteMeを使うにはVimが+pythonオプション付きでコンパイルされている必要があります。vim --version | grep pythonでVimがPythonサポート付きでコンパイルされているかどうかを調べることができます。-pythonが表示される場合、VimをPythonサポートありで再コンパイルしなくてはなりません[注1]。

vim-plugを使っている場合、次を.vimrcに追記します。

```
let g:plug_timeout = 300 " YouCompleteMeはコンパイルに時間がかかるためタイムアウトを伸ばす
Plug 'ycm-core/YouCompleteMe', { 'do': './install.py' }
```

ファイルを保存して実行します。

```
:source $MYVIMRC | PlugInstall
```

マシンのスペックによっては少し時間がかかります。インストールが成功すると次のようになります。

注1　訳注：もしPythonサポートがあっても問題が発生する場合、VimがPython3ではなくPython2をサポートしているのが原因かもしれません。

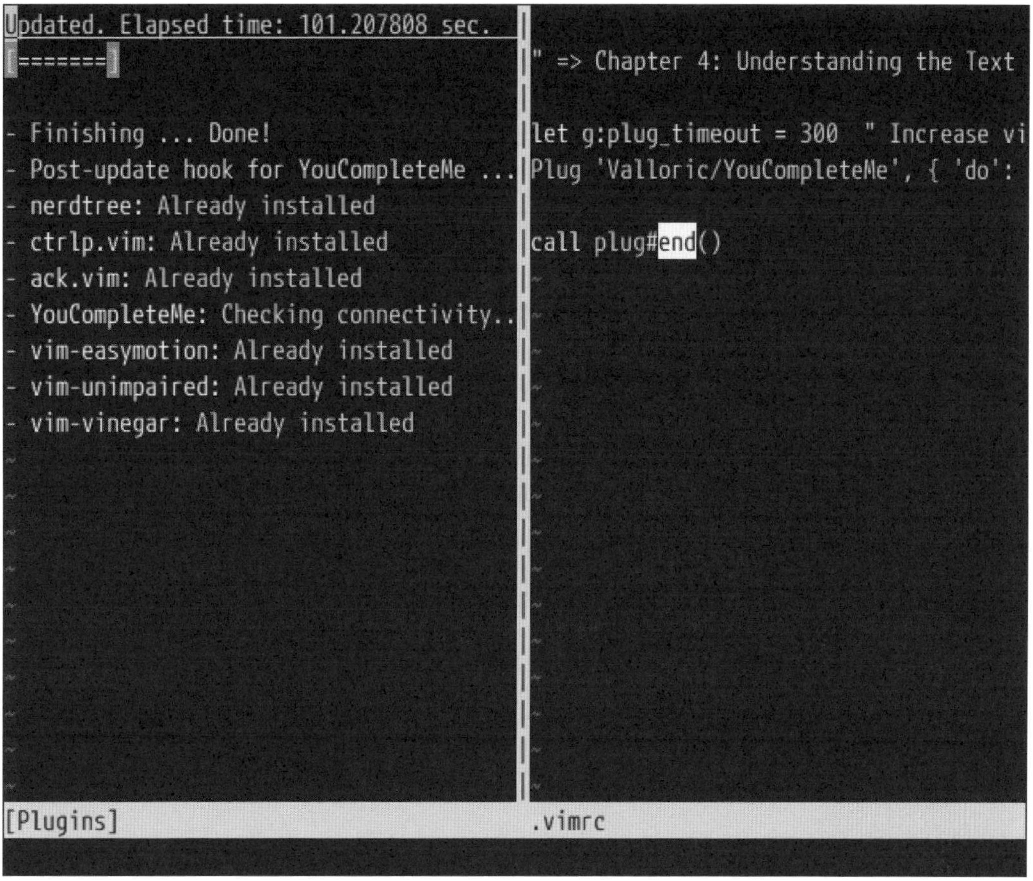

```
Updated. Elapsed time: 101.207808 sec.
[=======]

- Finishing ... Done!
- Post-update hook for YouCompleteMe ...
- nerdtree: Already installed
- ctrlp.vim: Already installed
- ack.vim: Already installed
- YouCompleteMe: Checking connectivity..
- vim-easymotion: Already installed
- vim-unimpaired: Already installed
- vim-vinegar: Already installed
~
~
~
~
~
~
~
~
~
[Plugins]
```

```
" => Chapter 4: Understanding the Text

let g:plug_timeout = 300  " Increase vi
Plug 'Valloric/YouCompleteMe', { 'do':

call plug#end()
~
~
~
~
~
~
~
~
~
~
~
~
~
~
.vimrc
```

c++: internal compiler error: Killed (program cc1plus)のようなエラーが出る場合、マシンのメモリが足りない可能性があります。Linuxでは、次のようにしてスワップ領域を作成してメモリ空間を大きくできます。

```
$ sudo dd if=/dev/zero of=/var/swap.img bs=1024k count=1000
$ sudo mkswap /var/swap.img
$ sudo swapon /var/swap.img
```

YouCompleteMeを使う

YouCompleteMeはキーバインドを多くは導入しないため、ワークフローに簡単に組み込むことができます。インサートモードに入ってタイプしてみましょう。

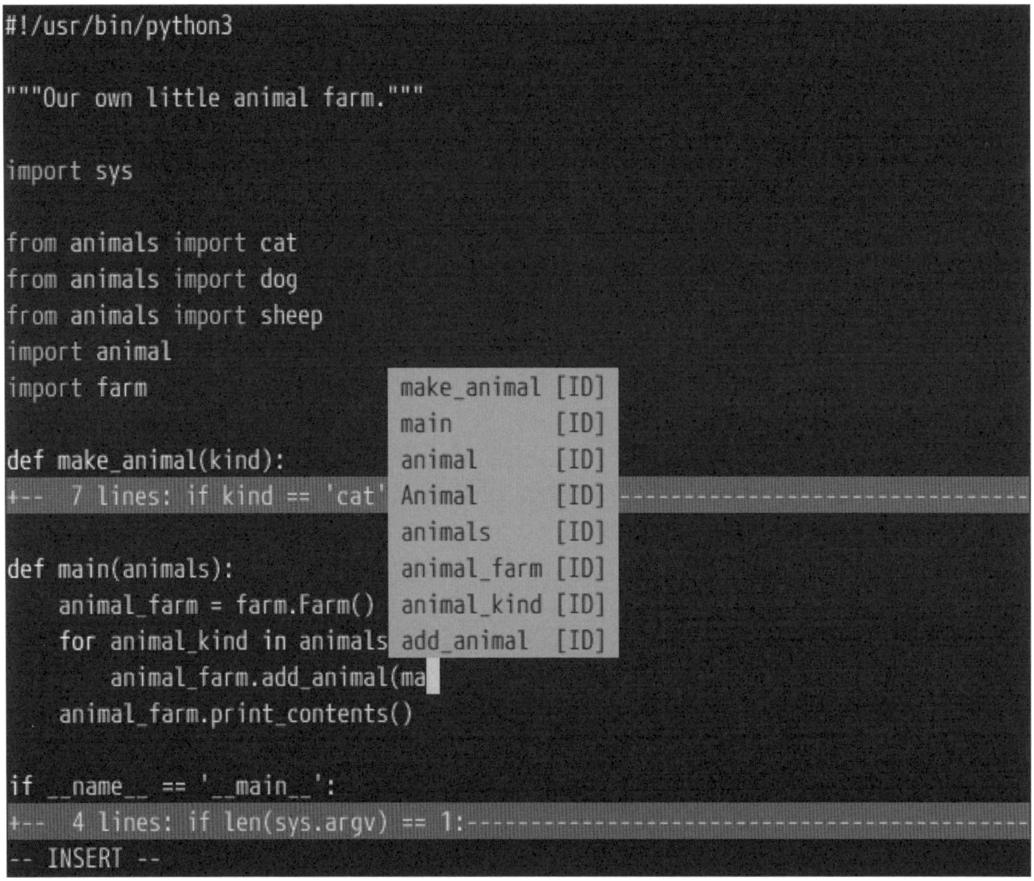

```
#!/usr/bin/python3

"""Our own little animal farm."""

import sys

from animals import cat
from animals import dog
from animals import sheep
import animal
import farm                    make_animal [ID]
                               main        [ID]
def make_animal(kind):         animal      [ID]
+-- 7 lines: if kind == 'cat'  Animal      [ID]------------------------
                               animals     [ID]
def main(animals):             animal_farm [ID]
    animal_farm = farm.Farm()  animal_kind [ID]
    for animal_kind in animals add_animal  [ID]
        animal_farm.add_animal(ma
    animal_farm.print_contents()

if __name__ == '__main__':
+-- 4 lines: if len(sys.argv) == 1:-------------------------------------
-- INSERT --
```

タイプしていると、自動補完の候補がポップアップしてきます。Tabキーで候補を選択します。さらに、もしYouCompleteMeが関数の定義を見つけることができ、そのドキュメントがあるなら、画面上部のプレビューウィンドウにそれを表示します。

```
make_animal(kind)

Create an animal class.
[Scratch] [Preview]
import sys

from animals import cat
from animals import dog
from animals import sheep
import animal
import farm

def make_animal(kind):
+--  8 lines: """Create an animal class."""-----------------------------------

def main(animals):
    animal_farm = farm.Farm()
    for animal_kind in animals:
        animal_farm.add_animal(make_animal
    animal_farm.print_contents make_animal [ID]

if __name__ == '__main__':
animal_farm.py [+]
-- INSERT --
```

プレビューウィンドウが表示されるのは、YouCompleteMeがセマンティックなエンジンを使っている場合のみです。エンジンはインサートモードでピリオドをタイプすると自動的に有効になりますし、`Ctrl+<space>`（CtrlキーとSpaceキー）で手動で有効にすることもできます。

Pythonを使っているなら、関数定義に移動することもできます。次を`.vimrc`に追記します。

```
noremap <leader>] :YcmCompleter GoTo<cr>
```

これで、関数の上で`Leader`キーと`]`を押すと関数定義にジャンプできるようになります。

```
"""A farm for holding animals."""

class Farm(object):

    def __init__(self):
        self.animals = set()

    def add_animal(self, animal):
        self.animals.add(animal)

    def print_contents(self):
        print("We've got some animals on the farm:",
              ', '.join(animal.kind for animal in self.animals) + '.')
~
~
~
~
~
~
~
~
~
~
"~/Mastering-Vim/ch4/farm.py" 13L, 332C
```

YouCompleteMeは自動補完プラグインの中で唯一入手可能なものというわけではなく、単に筆者の好みです（執筆時点で最も人気のある選択肢ではあります）。ほかにも多くの選択肢があります。「Vim autocomplete」で検索するとたくさんの選択肢が見つかるでしょう。

タグでコードベース内を移動する

コードベース内を移動するときのよくあるタスクとして、特定のメソッドが定義されている場所を見つけ、それが呼ばれている場所を探すということがあります。

Vimは組み込みで、同じファイルにある変数の定義場所に移動できる機能を持っています。単語にカーソルを合わせてgdを押すと、変数を宣言している場所に移動できます。たとえば、animal_farm.pyを開いて26行目のmake_animalの先頭にカーソルを移動します。gdを押すと、カーソルは関数が定義されている場所である13行目に移動します。

```
 1 #!/usr/bin/python3
 2
 3 """Our own little animal farm."""
 4
 5 import sys
 6
 7 from animals import cat
 8 from animals import dog
 9 from animals import sheep
10 import animal
11 import farm
12
13 def make_animal(kind):
14 +--  8 lines: """Create an animal class."""------------------------------
22
23 def main(animals):
24     animal_farm = farm.Farm()
25     for animal_kind in animals:
26         animal_farm.add_animal(make_animal(animal_kind))
27     animal_farm.print_contents()
28
29 if __name__ == '__main__':
30 +--  4 lines: if len(sys.argv) == 1:-------------------------------------
```


gdは最初にローカル変数の定義を調べます。gDというものもあり、こちらはグローバルな宣言を調べます（現在のスコープから探すのではなくファイルの先頭から探します）。

この機能は構文に対応した機能ではありません。なぜならば、素のVimはあなたのコードの意味的な構造を知っているわけではないからです。しかし、Vimは「タグ」をサポートしています。タグは構文上意味のある単語や構成体を、ファイルをまたいで集めたファイルです。たとえばPythonでは、タグの候補としてはクラス・関数・メソッドが挙げられます。

Exuberant Ctags

Exuberant Ctags[注2]はタグファイルを生成する外部ツールです。Ctagsは次のURLから入手できます。

```
http://ctags.sourceforge.net
```

Debianベースのディストリビューションを使っている場合、Exuberant Ctagsをインストールするには次のコマンドを使うことができます。

```
sudo apt-get install ctags
```

Ctagsは`ctags`バイナリを導入します。これを使うと`tags`ファイルを自分のコードベース向けに生成できます。私達のプロジェクトに移動して試してみましょう。

```
$ ctags -R .
```

これで、現在のディレクトリに`tags`ファイルが生成されます。

次を`.vimrc`に追記するといいかもしれません。

```
set tags=tags; " 親ディレクトリにあるtagsファイルを再帰的に探す
```

この設定によりVimは`tags`ファイルを親ディレクトリから再帰的に探すようになるため、プロジェクトに1つの`tags`を置けばいいようになります。セミコロンによりVimは`tags`ファイルが見つかるまで親ディレクトリを探索し続けます。

では、`animal_farm.py`をVimで開きましょう。カーソルを構文上意味のある単語の上に置きます。たとえば、26行目の`add_animal`メソッドが良いでしょう。

注2　訳注：翻訳時点では、Universal CtagsというソフトウェアがExuberant Ctagsの後継として開発されています。https://github.com/universal-ctags/ctags

```
#!/usr/bin/python3

"""Our own little animal farm."""

import sys

from animals import cat
from animals import dog
from animals import sheep
import animal
import farm

def make_animal(kind):
+--  8 lines: """Create an animal class."""-------------------------------

def main(animals):
    animal_farm = farm.Farm()
    for animal_kind in animals:
        animal_farm.add_animal(make_animal(animal_kind))
    animal_farm.print_contents()

if __name__ == '__main__':
+--  4 lines: if len(sys.argv) == 1:--------------------------------------
```


Ctrl+]を押すと、タグに従い定義場所に移動します（定義場所は別のファイルであるfarm.pyにあります）。

```
"""A farm for holding animals."""

class Farm(object):

    def __init__(self):
        self.animals = set()

    def add_animal(self, animal):
        self.animals.add(animal)

    def print_contents(self):
+---  2 lines: print("We've got some animals on the farm:",--------------------
~
~
~
~
~
~
~
~
~
~
~
```

Ctrl+tでタグスタックを遡り（さかのぼり）ます（カーソルは移動前のファイルでいた位置に戻ります）。

Ctrl+oやCtrl+iによるジャンプリストでの移動も機能しますが、この2つは、Ctrl+tとは別のリストを使っています。

もし同名のタグが複数あるなら、それらを順に表示するのに:tnと:tpを使うことができます。

タグの一覧を表示するのに:tsを使うこともできます。たとえば、get_kindの定義にジャンプして（たとえばfarm.pyのanimal.get_kind()でCtrl+]を押して）、:tsを実行すると次のメニューが表示されます。

```
"""An animal base class."""


class Animal(object):

    def __init__(self, kind):
        self.kind = kind

    def get_kind(self):
        return self.kind
  # pri kind tag               file
> 1 F   m    get_kind          animal.py
               class:Animal
               def get_kind(self):
  2 F   m    get_kind          animals/cat.py
               class:Cat
               def get_kind(self):
  3 F   m    get_kind          animals/dog.py
               class:Dog
               def get_kind(self):
  4 F   m    get_kind          animals/sheep.py
               class:Sheep
               def get_kind(self):
Type number and <Enter> (empty cancels):
```

ここでは、タグがどのファイル・クラス・メソッドを参照しているのかがわかります。番号を入力することで該当のタグにジャンプできます。

タグに直接ジャンプする代わりに、g]を使うことでメニューを開いて、そこから選択することもできます。

また、Vimを開いた直後にタグにジャンプすることもできます。シェルから次を実行します。

```
$ vim -t get_kind
```

これにより直接get_kindのタグに移動できます。

タグを自動的に更新する

コードを変更するたびに、手動でctags -R .コマンドを実行したくはないでしょう。この問題に対処する最も単純な方法は、次を.vimrcに追記することです。

```
" Pythonのファイルを保存するたびにタグファイルを再生成する
autocmd BufWritePost *.py silent! !ctags -R &
```

これでPythonファイルを保存するたびにctags -Rが実行されます。

*.pyの部分の拡張子を、あなたが使っている言語のそれに置き換えられます。たとえば、次のようにするとC++向けのタグファイルを生成できます。

```
autocmd BufWritePost *.cpp,*.h silent! !ctags -R &
```

4.3 アンドゥツリーとGundo

多くのモダンなエディタはアンドゥとリドゥのために、アンドゥスタックをサポートしています。Vimはアンドゥツリーを導入することで、さらにその先を行っています。Xという変更を加え、それをアンドゥし、Yという変更を加えたとき、Vimは変更Xを保持したままにします。Vimは手動でのアンドゥツリー探索をサポートしていますが、もっと良い方法があります。

Gundoはアンドゥツリーを可視化するプラグインであり、https://github.com/sjl/gundo.vim.gitから入手できます。

vim-plugを使っているなら、次を.vimrcに追記します。

```
Plug 'sjl/gundo.vim'
```

:w | so $MYVIMRC | PlugInstallを実行することでプラグインがインストールされ、準備が完了します。

現在animal_farm.pyを開いており、カーソルが15行目にあるとしましょう。

```
 1 #!/usr/bin/python3
 2
 3 """Our own little animal farm."""
 4
 5 import sys
 6
 7 from animals import cat
 8 from animals import dog
 9 from animals import sheep
10 import animal
11 import farm
12
13 def make_animal(kind):
14     """Create an animal class."""
15     if kind == 'cat':
16         return cat.Cat()
17     if kind == 'dog':
18         return dog.Dog()
19     if kind == 'sheep':
20         return sheep.Sheep()
21     return animal.Animal(kind)
22
23 def main(animals):
```

ハイライトされているif kind == 'cat'の行を編集しています。次の操作を実行します。

(1) catをleopardに置き換える

(2) uでアンドゥする

(3) catをlionに置き換える

通常であれば、catをleopardに置き換えた変更は失われると思うでしょう。しかし、Vimにはアンドゥツリーがあるため、その変更は保存されています！

:GundoToggleを実行すると分割された状態で2つのウィンドウが開きます。左上にあるのがアンドゥツリーを可視化したもの、左下にあるのが変更の差分です。次のような見た目をしています。

```
@  [2] 10 seconds ago
|
| o  [1] 13 seconds ago
|/
o  [0] Original
__Gundo__
--- Original
+++ 2   2018-10-27 10:24:20 PM
@@ -12,7 +12,7 @@

 def make_animal(kind):
     """Create an animal class."""
-    if kind == 'cat':
+    if kind == 'lion':
         return cat.Cat()
     if kind == 'dog':
         return dog.Dog()
~
~
~
~
__Gundo_Preview__
```

```

"""Our own little animal farm.
"""

import sys

from animals import cat
from animals import dog
from animals import sheep
import animal
import farm

def make_animal(kind):
    """Create an animal class.
"""
    if kind == 'lion':
        return cat.Cat()
    if kind == 'dog':
        return dog.Dog()
    if kind == 'sheep':
        return sheep.Sheep()
    return animal.Animal(kind)
animal_farm.py [+]
```

Gundoのウィンドウに移動すると、jとkでツリーを上下に移動できます。もしまだそこにいないなら、ツリーの最上部にある最後の変更に移動しましょう（ggでバッファの最上部にすばやく移動できます）。catが含まれる行を、lionを含むように変更したのが見えます（-で始まる行が削除を示し、+で始まる行が追加を示します）。

では、jを押してツリーを下りて別の（今や使われていない）ブランチへと移動します。

```
@  [2] 10 seconds ago
|
| o  [1] 13 seconds ago
|/
o  [0] Original
__Gundo__
--- Original
+++ 1   2018-10-27 10:24:17 PM
@@ -12,7 +12,7 @@

 def make_animal(kind):
     """Create an animal class."""
-    if kind == 'cat':
+    if kind == 'leopard':
         return cat.Cat()
     if kind == 'dog':
         return dog.Dog()
~
~
~
~
__Gundo_Preview__
```

```

"""Our own little animal farm.
"""

import sys

from animals import cat
from animals import dog
from animals import sheep
import animal
import farm

def make_animal(kind):
    """Create an animal class.
"""
    if kind == 'lion':
        return cat.Cat()
    if kind == 'dog':
        return dog.Dog()
    if kind == 'sheep':
        return sheep.Sheep()
    return animal.Animal(kind)
animal_farm.py [+]
```

失われたと思っていた変更が見つかりました！ catがleopardに変更されているのが見えます。Enterキーを押すと変更が復元されます！

再び:GundoToggleを実行するとアンドゥツリーは隠れます。

筆者と同じように作業をするなら、Gundoを多用することでしょう。筆者はGundoをF5キーにマッピングすることで起動しやすくしています。

```
noremap <f5> :GundoToggle<cr>
```

アンドゥツリーについてもっと学びたいなら、:help undo-treeを参照してください。

4.4 まとめ

この章ではVimにおける発展的なワークフローについてカバーしました。まず、Vimの組み込み機能を使った自動補完について見ました。また、セマンティックな自動補完を実現するプラグインであるYouCompleteMeについても見ましたね。より複雑なコードベース内を移動するための方法であるExuberant Ctagsや、Vimのアンドゥツリーとそれを直感的に操作するためのプラグインであるGundoについても見てきました。

次の章では、Vimとバージョン管理ツールを組み合わせ、マージコンフリクトに対処していきます。また、Vimフレンドリな方法でコードをビルドし、テストし、実行するための方法についても見ていきます。

Chapter 5

ビルドし、テストし、実行する

この章ではバージョン管理とそれを取り巻くプロセス、さらにはコードのビルドとテストにフォーカスします。本章で学ぶことを次に挙げます。

- （もしもまだなら）バージョン管理（とくにGit）を扱う
- GitとVimを一緒に生産的に使う方法を学ぶ
- vimdiffでファイルを比較してマージ、vimdiffでGitのコンフリクトを解消する
- tmuxやscreen、あるいはVimのターミナルモードを使って複数のシェルコマンドを同時実行する
- Quickfixリストとロケーションリストを使って警告やエラーを捕捉する
- 組み込みの:makeコマンドとプラグインを使ってコードをビルドし、テストする
- 手動で、あるいはプラグインを使って、シンタックスチェッカを実行する

5.1 技術的要件

ほかのことに加え、この章ではバージョン管理を扱います。この章で使うバージョン管理システムはGitです。ただし、ここで学んだことはほかのシステムにも応用できます。導入のための概説的な節がありますが、バージョン管理システムを使いこなそうと思ったら、自分の使っているバージョン管理システムについて研究する必要があります。

この章を通じて、.vimrcファイルを編集していきます。変更はその場で加えてもいいですし、https://github.com/PacktPublishing/Mastering-Vim/tree/master/Chapter05から入手することもできます。リポジトリにはGitのインストールと設定についてのガイドも含まれます。

5.2 バージョン管理を扱う

この節ではバージョン管理システム（しばしばVCSと略されます）を扱う方法について、Gitを例として紹介しています。

この本を執筆している時点では、Gitが最も人気のあるバージョン管理システムのようです。ただ、この節で書かれていることは、どのバージョン管理システムにおいても適用できます。

モダンな開発はバージョン管理システムなしではほとんど不可能ですし、コードを扱っている場合、ほぼ間違いなくバージョン管理システムを使うことになります。本節では今日最も人気のあるバージョン管理システムであるGitを使う方法について復習していきます。そのあと、VimからGitを扱うことで、Gitのコマンドをより強固かつインタラクティブにする方法を見ていきます。

バージョン管理とGitについての概説

Gitに馴染みのある場合、この節を飛ばしても問題ありません。

Gitを使うことでファイルに加えられた変更の履歴を追跡できるようになり、複数人で同じファイル群を扱う際の負担を軽減できます。Gitは分散型のバージョン管理システムであり、各開発者がコードベースのコピーを持っていることになります。

Debianベースのディストリビューションを使っているなら、次のコマンドでGitをインストールできます。

```
$ sudo apt-get install git
```

それ以外のシステムを使っている場合、`https://git-scm.com/download`から、バイナリをダウンロードするかインストール方法を見つけることができます。インストールに成功したら、ユーザー名とメールアドレスを設定します。

```
$ git config --global user.name 'Your Name'
$ git config --global user.email 'your@email'
```

これでGitを使う準備ができました！　もし何か困った場合、Gitは広範なヘルプシステムを

(https://git-scm.com上のチュートリアルに加えて)持っています。

```
$ git help
```

概念

Gitはファイルの変更履歴をコミットという形で表現します。コミットは、ファイルへの変更のアトミックな(分割不可能な)集合です。変更の差分に加えて、(望むべくは)コミットは作成者による詳細なメッセージを持ちます。これにより、どの時点でどの変更が加えられたのかについて容易に知ることができます。

コミットの履歴は直線的ではなく、枝(ブランチ)を持つことができます。これによりGitのユーザーはお互いの足を踏みつけ合うことなく複数の機能に取り組むことができます。たとえば、次の例では機能Aはmasterブランチで作成され、機能Bは自身のブランチであるfeature-bで開発されています(下から上に向かって読みます)。

```
* Merged feature B into a master branch
|\
* | Improved feature A
| * Finished making feature B
| * Started building feature B (feature-b branch)
|/
* Implemented feature A
* Initial commit (master branch)
```

Gitは分散型のバージョン管理システムであり、「中央」リポジトリを持ちません。すべての開発者はリポジトリの完全なコピーを持ちます。

新しいプロジェクトをセットアップする

ここの例ではhttps://github.com/PacktPublishing/Mastering-Vim/tree/master/Chapter05/animal_farmのChapter05/animal_farmを扱っていますが、どのプロジェクトを扱ってもかまいません。新しいGitリポジトリをセットアップする場合は次のように行います。

(1) プロジェクトのルートディレクトリでGitリポジトリを初期化する

```
$ cd animal_farm/
$ git init
```

(2) ディレクトリ内のすべてのファイルを最初のコミットに加えるためステージングに追加する

```
$ git add .
```

(3) 最初のコミットを作成する

```
$ git commit -m "Initial commit"
```

そうすると次のような出力になります。

```
$ cd animal_farm/
$ git init
Initialized empty Git repository in /home/ruslan/Mastering-Vim/ch5/animal_farm/.
git/
$ git add .
$ git commit -m "Initial commit"
[master (root-commit) e1fec4a] Initial commit
 6 files changed, 89 insertions(+)
 create mode 100644 animal.py
 create mode 100644 animal_farm.py
 create mode 100644 animals/cat.py
 create mode 100644 animals/dog.py
 create mode 100644 animals/sheep.py
 create mode 100644 farm.py
$ 
```

これで新しく作成されたリポジトリ上で作業する準備が整いました。

もしマシン外部にリポジトリをバックアップしたいなら、GitHubのようなサービスを使うことができます。https://github.com/newから新しいリポジトリを作成でき、そのURLをプロジェクトに追加します（次のコマンドの<url>の部分を実際のURL、たとえばhttps://github.com/<your-username>/animal-farm.gitに置き換えます）。

```
$ git remote add origin <url>
```

あとは、変更をローカルのリポジトリからプッシュするだけです。

```
$ git push -u origin master
```

リポジトリを同期したい場合、コミットを追加するたびにプッシュする必要があります。詳しくは以降の「Gitを扱う」の節を参照してください。

既存のリポジトリをクローンする

もしすでにリモートのリポジトリ（たとえばGitHub）にコードがあるのであれば、すべきことは「クローンする」ことだけです。クローンとはローカルにコピーを作ることを意味します。HTTPS（たとえばhttps://github.com/vim/vim.git）かSSH（たとえばgit@github.com/vim/vim.git）のプロトコルでリポジトリのURLを見つけます。次のコマンドを、<url>を実際のURLに置換して実行します。


```
$ git clone <url>
```

すると、プロジェクト名のディレクトリにリポジトリがダウンロードされます。

ローカルとリモートのリポジトリは別々に動作します。リモートの変更をローカルに取り込みたい場合は、git pull --rebaseを実行する必要があります。

Gitを扱う

Gitはかなり多くのコマンドを備えていますが、以降で紹介するのがGitを始めるにあたって必要になる基本的なコマンドです。新しく作ったanimal_farmリポジトリで作業を始めましょう。

ファイルを追加し、コミットし、プッシュする

animals/lion.pyをリポジトリに追加しましょう。

```
"""A lion."""
import animal
class Lion(animal.Animal):
    def __init__(self):
        self.kind = 'lion'
    def get_kind(self):
        return self.kind
```

続いてanimal_farm.pyにファイルを読み込むコードを追加します（太字が追加部分）。

```
...
from animals import dog
from animals import lion
from animals import sheep
...
    if kind == 'dog':
        return dog.Dog()
    if kind == 'lion':
         return lion.Lion()
    if kind == 'sheep':
        return sheep.Sheep()
...
```

ファイルのステータスを確認する（そしてどの変更がコミットされるのかを知る）には次のコマンドを実行します。

```
$ git status
```

出力からは、animal_farm.pyが変更され、animals/lion.pyが追加されたのがわかります。

```
$ vim animals/lion.py animal_farm.py
2 files to edit
$ git status
On branch master
Changes not staged for commit:
  (use "git add <file>..." to update what will be committed)
  (use "git checkout -- <file>..." to discard changes in working directory)

        modified:   animal_farm.py

Untracked files:
  (use "git add <file>..." to include in what will be committed)

        animals/lion.py

no changes added to commit (use "git add" and/or "git commit -a")
$
```

変更を履歴に保存したいときはいつでも、ファイルをステージング領域に上げることができます。

そのためには次のように個別に上げることができます。

```
$ git add <ファイル名>
```

またはすべてのファイルをステージング領域に上げることもできます。

```
$ git add .
```

ここでgit statusを実行すると、ファイルがステージング領域にいてコミットできる状態になっていることがわかります。

```
$ git add animal_farm.py animals/lion.py
$ git status
On branch master
Changes to be committed:
  (use "git reset HEAD <file>..." to unstage)

        modified:   animal_farm.py
        new file:   animals/lion.py

$ 
```


コミットを作成するには、以下を実行します。

```
$ git commit -m "<コミットメッセージ>"
```

たとえば、次がanimals/lion.pyとanimal_farm.pyへの変更をコミットしたときの様子です。

```
$ git commit -m "Added a lion to the animal farm"
[master d2e1693] Added a lion to the animal farm
 2 files changed, 14 insertions(+)
 create mode 100644 animals/lion.py
$ 
```

リモートのリポジトリに変更をプッシュするには次を実行します。

```
$ git push
```

ほかの人が加えた変更と同期するには次を実行します（実際のところ、多人数で開発するときはプッシュする前にプルするのが定石です）。

```
$ git pull --rebase
```

コミットの履歴を見たい場合には次を実行します。

```
$ git log
```

ここまでで、git logの結果はこうなります。

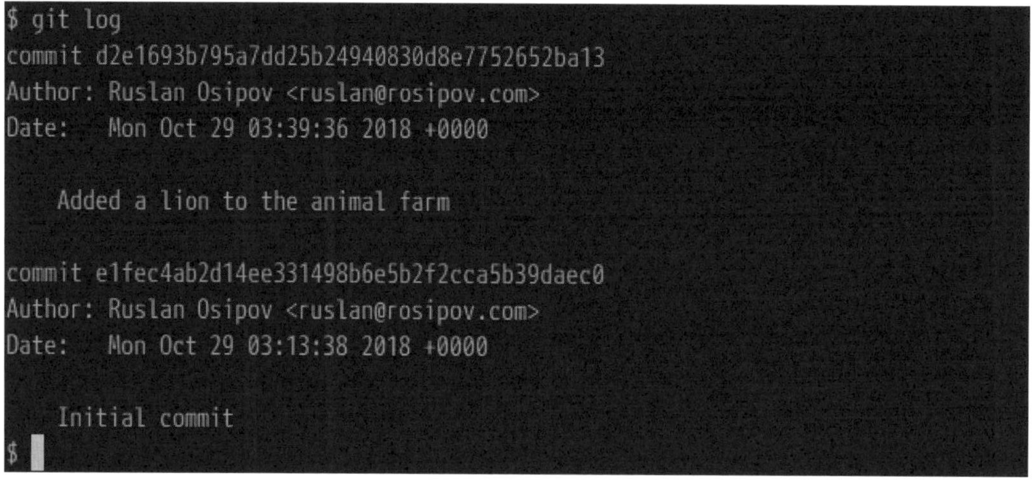
```
$ git log
commit d2e1693b795a7dd25b24940830d8e7752652ba13
Author: Ruslan Osipov <ruslan@rosipov.com>
Date:   Mon Oct 29 03:39:36 2018 +0000

    Added a lion to the animal farm

commit e1fec4ab2d14ee331498b6e5b2f2cca5b39daec0
Author: Ruslan Osipov <ruslan@rosipov.com>
Date:   Mon Oct 29 03:13:38 2018 +0000

    Initial commit
$
```

一番上には今作ったばかりのコミットがあります。下には最初のコミットがあります。

特定のコミットの状態に戻りたい場合（たとえば、最初のコミットがどんな状態だったかを見たいとき）、次を実行します（ここで、<sha1>はコミットのIDであり、上の例ではe1fec4ab2d14ee331498b6e5b2f2cca5b39daec0です）。

```
$ git checkout <sha1>
```

ブランチを作成してマージする

ブランチは別個の作業を記録するために使われます。機能が準備できたら、ブランチはmaster

ブランチにマージされます。新しいブランチを作成するには次を実行します。

```
$ git checkout -b <ブランチ名>
```

たとえば、新しい動物の種類を追加するためのブランチを作ることができます。

```
$ git checkout -b feature-leopard
```

次のような出力が得られます。

```
$ git checkout -b feature-leopard
Switched to a new branch 'feature-leopard'
$
```

そうしたら、ブランチの上で通常どおり作業ができます。たとえば、先ほどと同じように新しくanimals/leopard.pyを追加してanimal_farm.pyを変更します。

```
$ vim animals/leopard.py
$ git add animals/leopard.py
$ git commit -m "Add a leopard animal class"
[feature-leopard 0b5d4de] Add a leopard animal class
 1 file changed, 11 insertions(+)
 create mode 100644 animals/leopard.py
$ vim animal_farm.py
$ git add animal_farm.py
$ git commit -m "Add a leopard to the animal farm"
[feature-leopard 7aa382f] Add a leopard to the animal farm
 1 file changed, 3 insertions(+)
$
```

機能の準備はできたので、feature-leopardブランチをmasterブランチにマージできます。ブランチの一覧を見るには次を実行します。

```
$ git branch -a
```

今いるブランチにはアスタリスク（*）が付きます。

```
$ git branch -a
* feature-leopard
  master
$ 
```

ブランチを移動するには次を実行します。

```
$ git checkout <ブランチ名>
```

ここではmasterブランチに移動します。

```
$ git checkout master
```

では、ブランチをマージしましょう。

```
$ git merge feature-leopard
```

マージの結果を示すメッセージが表示されます。

```
$ git checkout master
Switched to branch 'master'
$ git merge feature-leopard
Updating d2e1693..7aa382f
Fast-forward
 animal_farm.py      |  3 +++
 animals/leopard.py  | 11 +++++++++++
 2 files changed, 14 insertions(+)
 create mode 100644 animals/leopard.py
$ 
```

リポジトリがGitHub上にあるなら、git pushして変更をリモートに反映させるのを忘れないでください。

GitをVimと統合する（vim-fugitive）

この節ではあなたがGitの基礎を理解していることを想定しています。もし理解していないなら、「バージョン管理とGitについての概説」を参照してください。

Tim Popeのvim-fugitiveプラグインは、Gitを使うためにVimを離れる必要をなくしてくれます。Vimでファイルを編集している以上、エディタ内でその編集についてのバージョン管理を扱うのは理に適っていると言えます。プラグインは`https://github.com/tpope/vim-fugitive`から入手できます。

vim-plugを使っているなら、`.vimrc`に`Plug 'tpope/vim-fugitive'`を追記して`:w | source $MYVIMRC | PlugInstall`を実行するとインストールできます。

vim-fugitiveが提供する多くのコマンドはGitの外部コマンドに対応しています。しかし、出力は多くの場合もっとインタラクティブです。例として`git status`を取り上げます。これは次のように起動できます。

```
:Gstatus
```

見慣れた`git status`の出力が分割ウィンドウに見えます（このコマンドが出力を表示するために、コミットしないでファイルに変更を加えるといいでしょう）。

```
# On branch master
# Changes not staged for commit:
#   (use "git add <file>..." to update what will be committed)
#   (use "git checkout -- <file>..." to discard changes in working directory)
#
#       modified:   animal_farm.py
#
no changes added to commit (use "git add" and/or "git commit -a")
~
~
~
~
~/Mastering-Vim/ch5/animal_farm/.git/index [Preview][RO]
#!/usr/bin/python3

"""Our own little animal farm."""

import sys

from animals import cat
from animals import dog
from animals import leopard
animal_farm.py
:Gstatus
```

git statusと違い、このウィンドウはインタラクティブです。ファイルのうちの1つにカーソルを合わせます（Ctrl+nやCtrl+pでも移動できます）。サポートされているコマンドを試してみましょう。

- -はファイルをステージング領域に移動、またはステージング領域から削除する
- ccか:Gcommitでステージング領域のファイルをコミットする
- Dか:GDiffで差分を開く
- g?でヘルプを表示する

:Glogは今開いているファイルに関連したコミットの履歴を表示します。便利なことに、結果はQuickfixウィンドウに表示されます。

```
#!/usr/bin/python3

"""Our own little animal farm."""

import sys

from animals import cat
from animals import dog
from animals import leopard
from animals import lion
from animals import sheep
<animal_farm/.git//7aa382f6a613bda8e7cb9a87476352dfa7463a4b/animal_farm.py [RO]
fugitive:///home/ruslan/Mastering-Vim/ch5/animal_farm/.git//7aa382f6a613bda8e7cb
9a87476352dfa7463a4b/animal_farm.py|| Add a leopard to the animal farm
fugitive:///home/ruslan/Mastering-Vim/ch5/animal_farm/.git//90116b675f212b72fd5b
2fcdad7b1c237d87bf8f/animal_farm.py|| Revert "Add a leopard to the animal farm"
fugitive:///home/ruslan/Mastering-Vim/ch5/animal_farm/.git//a188d9c698cff0386718
12d1ae66883f4dc42610/animal_farm.py|| Add a leopard to the animal farm
fugitive:///home/ruslan/Mastering-Vim/ch5/animal_farm/.git//d2e1693b795a7dd25b24
940830d8e7752652ba13/animal_farm.py|| Added a lion to the animal farm
fugitive:///home/ruslan/Mastering-Vim/ch5/animal_farm/.git//e1fec4ab2d14ee331498
b6e5b2f2cca5b39daec0/animal_farm.py|| Initial commit
</animal_farm/.git//%H/animal_farm.py::%s' -- animal_farm.py 1,1            All
:copen
```

:copenでQuickfixウィンドウを開きます。:cnextと:cpreviousでバージョン間を移動します。詳しくは「ビルドとテスト」-「Quickfixリスト」節を参照してください。

git blameはファイルの各行について、いつ誰が変更したのかをすばやく見つけるためのコマンドです。こうすると、あなたのコードのバグについてほかの開発者を非難する（glame）ことができます（が、たいていの場合は過去の自分自身でしょう！）。:Gblameは縦分割されたウィンドウにgit blameの結果をインタラクティブな形で表示します。

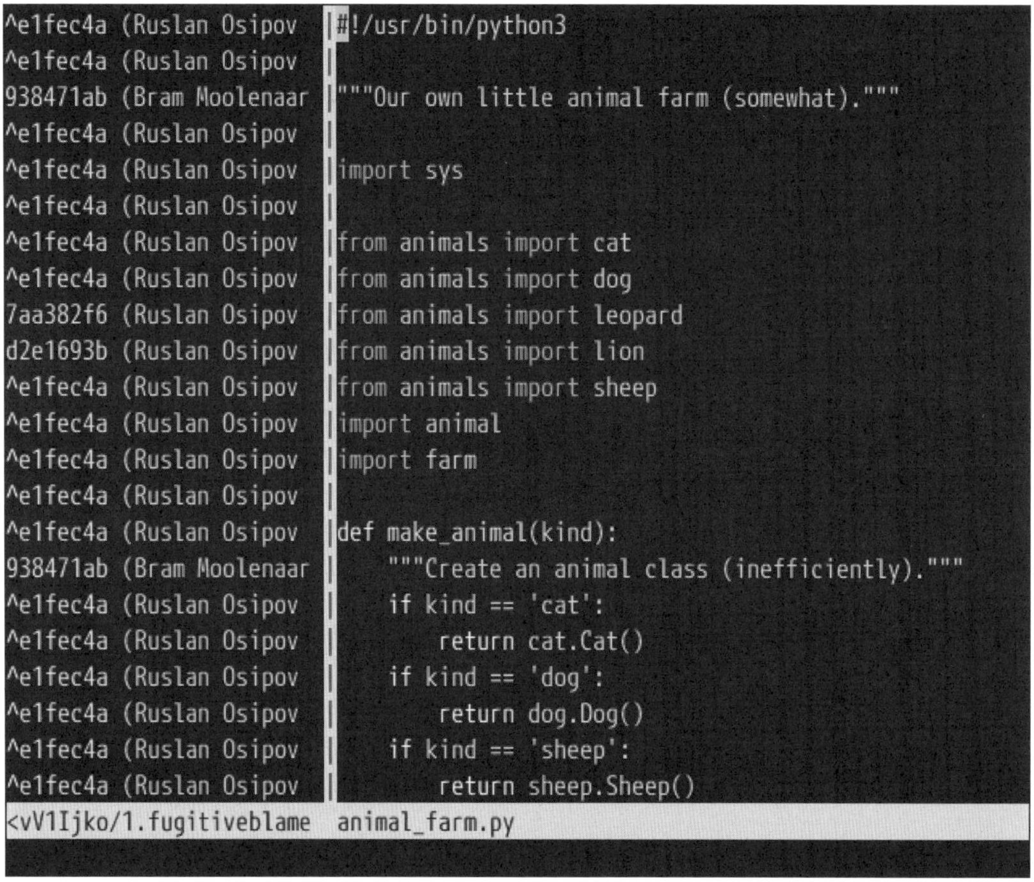

```
^e1fec4a (Ruslan Osipov  |#!/usr/bin/python3
^e1fec4a (Ruslan Osipov  |
938471ab (Bram Moolenaar |"""Our own little animal farm (somewhat)."""
^e1fec4a (Ruslan Osipov  |
^e1fec4a (Ruslan Osipov  |import sys
^e1fec4a (Ruslan Osipov  |
^e1fec4a (Ruslan Osipov  |from animals import cat
^e1fec4a (Ruslan Osipov  |from animals import dog
7aa382f6 (Ruslan Osipov  |from animals import leopard
d2e1693b (Ruslan Osipov  |from animals import lion
^e1fec4a (Ruslan Osipov  |from animals import sheep
^e1fec4a (Ruslan Osipov  |import animal
^e1fec4a (Ruslan Osipov  |import farm
^e1fec4a (Ruslan Osipov  |
^e1fec4a (Ruslan Osipov  |def make_animal(kind):
938471ab (Bram Moolenaar |    """Create an animal class (inefficiently)."""
^e1fec4a (Ruslan Osipov  |    if kind == 'cat':
^e1fec4a (Ruslan Osipov  |        return cat.Cat()
^e1fec4a (Ruslan Osipov  |    if kind == 'dog':
^e1fec4a (Ruslan Osipov  |        return dog.Dog()
^e1fec4a (Ruslan Osipov  |    if kind == 'sheep':
^e1fec4a (Ruslan Osipov  |        return sheep.Sheep()
<vV1Ijko/1.fugitiveblame  animal_farm.py
```

:Gblameは関連するコミットID、コミットの作者名、コミットのタイムスタンプ（スクリーンショットでは隠れています）を、ファイルの各行の横に表示します。

:Gblameで使える便利なショートカットには次のようなものがあります。

- CとA、Dはそれぞれコミット ID・作者名・タイムスタンプが表示されるまでウィンドウをリサイズする
- Enterキーは選択されたコミットの差分を開く
- oは選択されたコミットの差分を分割ウィンドウで開く
- g?はヘルプを表示する

:Gblameはいつバグが混入したのか調べるうえで非常に役に立つツールです。

そのほかにも、vim-fugitiveによって提供される便利なラッパーには次のようなものがあります。

- :Greadはプレビューのためにファイルをバッファに読み込む
- :Ggrepはgit grepのラッパーです（Gitは強力なgrepコマンドを提供しており、ファイルをいつでも検索できる。https://git-scm.com/docs/git-grepを参照）
- :Gmoveはファイルを移動する（バッファのリネームも同時に行う）
- :Gdeleteはgit removeコマンドのラッパー

Vimのヘルプ（たとえば:help fugitive）で、プラグインについてもっと学ぶのを忘れないでください！

5.3 vimdiffでコンフリクトを解消する

開発中にファイルの比較をする必要に迫られることはよくあります。それは出力の違いであったり、同じファイルの異なるバージョンであったり、あるいはマージコンフリクトであったりします。Vimは、ファイルの比較に優れた単独のバイナリであるvimdiffを提供しています。

ファイルを比較する

vimdiffを使ってファイルを比較するのはかなり単純です。animal_farm/animals/cat.pyとanimal_farm/animals/dog.pyを見てみましょう。私達は2つのファイルで何が違うのかを知りたいと思っています。

この例で使われているファイルはhttps://github.com/PacktPublishing/Mastering-Vim/tree/master/Chapter05/animal_farmから入手できます。

vimdiffでファイルを開きます。

```
$ vimdiff animals/cat.py animals/dog.py
```

次のスクリーンショットのような画面を見ることになるでしょう（色合いは使っているcolor schemeにより異なります）。

```
"""A cat."""                          """A dog."""

import animal                         import animal

class Cat(animal.Animal):             class Dog(animal.Animal):

    def __init__(self):                   def __init__(self):
        self.kind = 'cat'                     self.kind = 'dog'

    def get_kind(self):                   def get_kind(self):
        return self.kind                      return self.kind
~                                     ~
~                                     ~
~                                     ~
~                                     ~
~                                     ~
~                                     ~
~                                     ~
~                                     ~
~                                     ~
~                                     ~
animals/cat.py                        animals/dog.py
"animals/dog.py" 11L, 156C
```

animals/cat.pyが左に、animals.dog.pyが右に表示されています。異なる行はハイライトされ、異なる文字はまた別の色でハイライトされています。

差分から差分へと移動するには、]cで前方へ、[cで後方へと移動します。

ファイルからファイルへと差分をプッシュ、またはプルすることができます。

- doか:diffget（doは「diff obtain」のこと）は差分をアクティブなウィンドウに移動する
- dpか:diffput（dpは「diff put」のこと）は差分をアクティブなウィンドウからプッシュする

差分すべてをプッシュ、またはプルしたい場合、:%diffgetと:%diffputが使えます。

たとえば、animals/cats.pyからanimals/dog.pyにself.kind = 'cat'の行をプッシュしたい場合、]cで目的の差分まで移動したのち、doをタイプします。ハイライトは消え、animals/dog.pyに差分がプッシュされます。

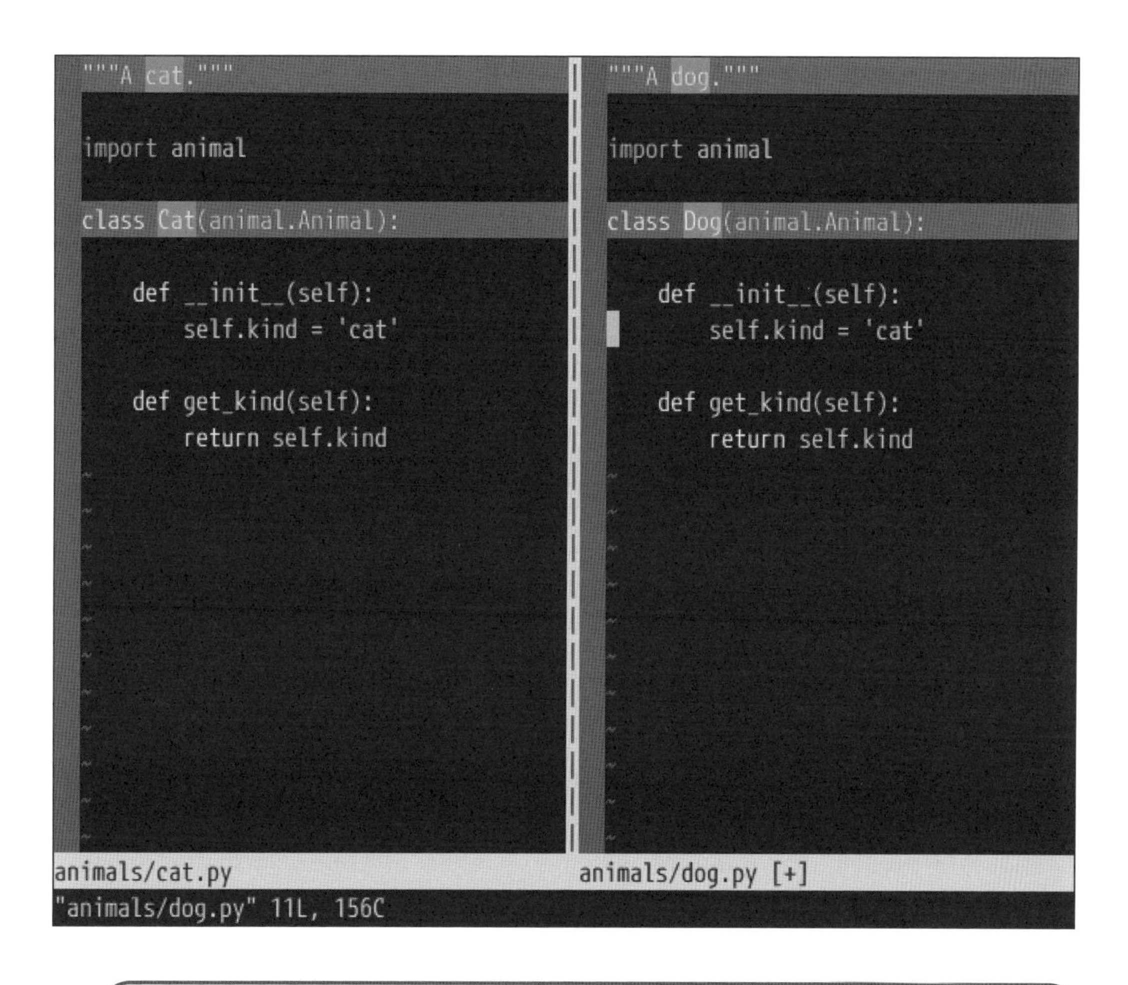

```
"""A cat."""                          | """A dog."""
                                      |
import animal                         | import animal
                                      |
class Cat(animal.Animal):             | class Dog(animal.Animal):
                                      |
    def __init__(self):               |     def __init__(self):
        self.kind = 'cat'             |         self.kind = 'cat'
                                      |
    def get_kind(self):               |     def get_kind(self):
        return self.kind              |         return self.kind
~                                     | ~
~                                     | ~
~                                     | ~
~                                     | ~
~                                     | ~
~                                     | ~
~                                     | ~
~                                     | ~
~                                     | ~
~                                     | ~
~                                     | ~
animals/cat.py                          animals/dog.py [+]
"animals/dog.py" 11L, 156C
```

vimdiffは:diffgetや:diffputを使った際に自動的にハイライトしなおします。手動でファイルを変更した場合は:diffupdate、または短縮形の:diffuでハイライトを更新する必要があります。

ファイルはいくつでも同時に開くことができますが、doとdpは利用できなくなります。vimdiffで3つのファイルを開いてみましょう。

```
$ vimdiff animals/cat.py animals/dog.py animals/sheep.py
```

3つのファイルが並びます。

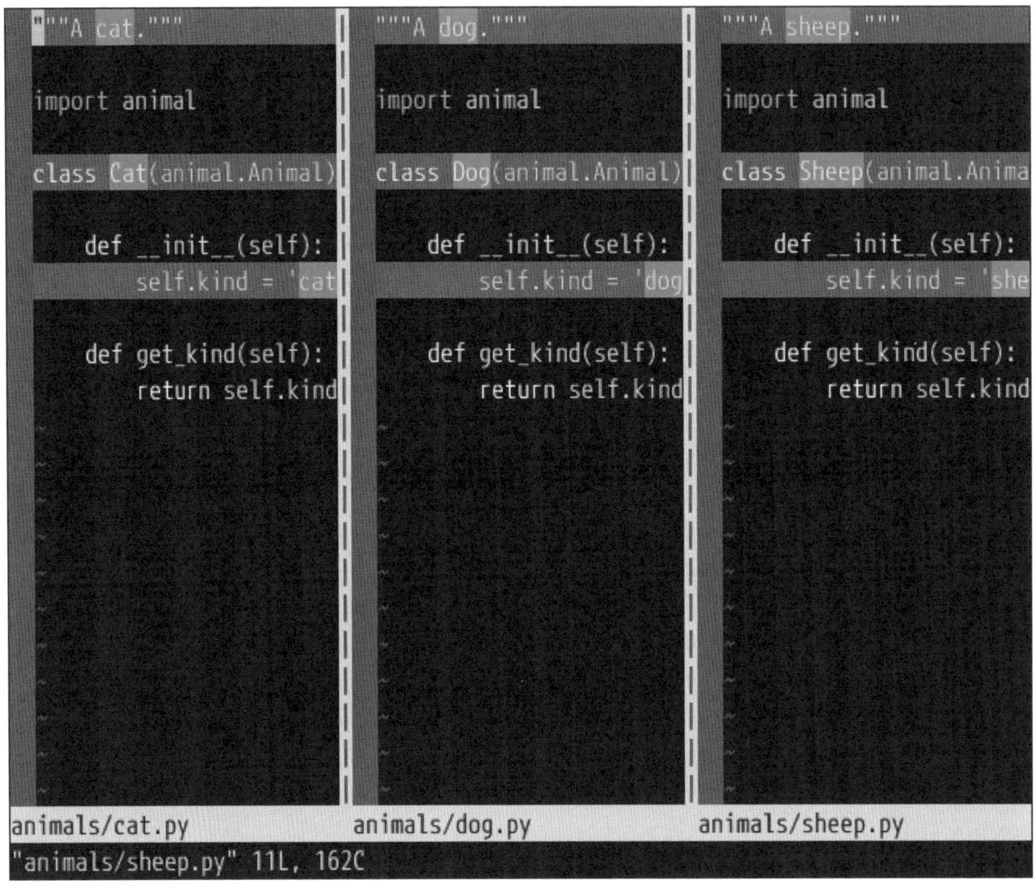

複数のバッファがあるため、どのバッファから変更を移動するのかや、どのバッファに変更を移動するのかを指定する必要があります。**:diffget**（**:diffg**が短縮形）や**:diffput**（**:diffp**が短縮形）は引数を取ることができます。引数はバッファの番号（**:ls**で調べられます）かバッファ名の一部です。

たとえば、animals/dog.pyのウィンドウにいるとき、カーソル下の差分をanimals/sheep/pyにプッシュするには次のようにします。

```
:diffput sheep
```

これでanimals/sheep.pyに望みの差分が送られます。

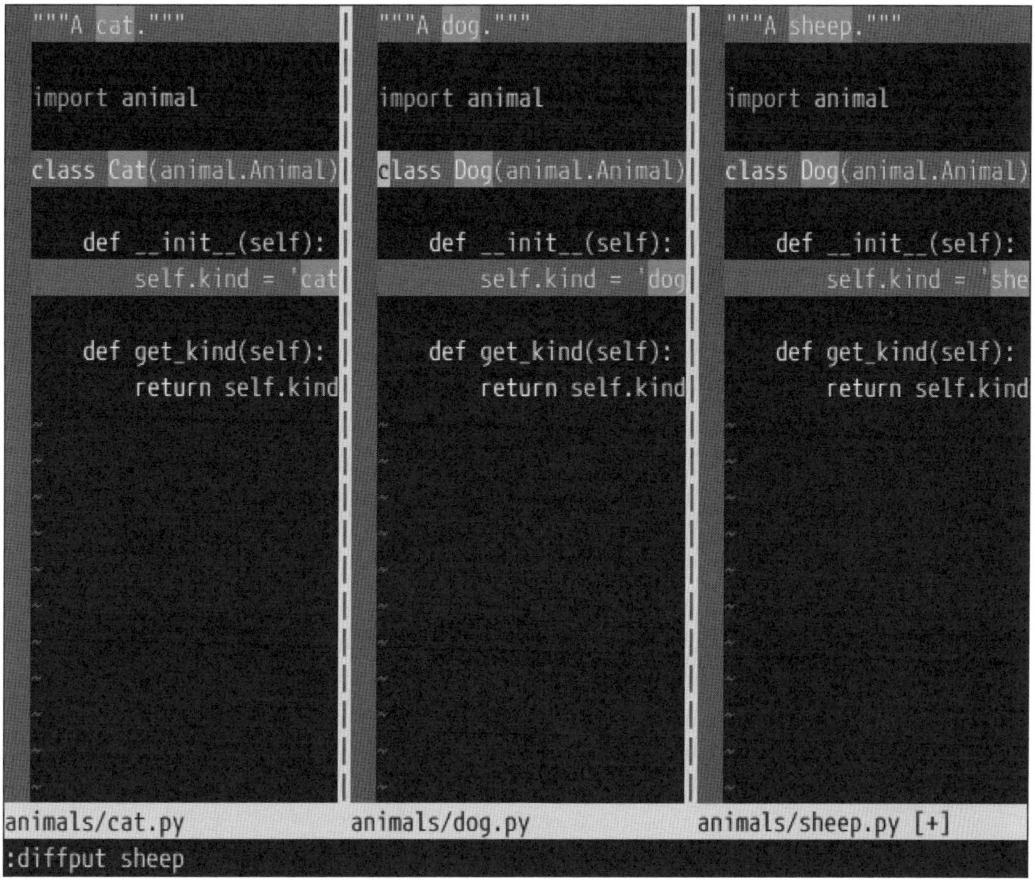

```
"""A cat."""                   | """A dog."""                   | """A sheep."""
                               |                                |
import animal                  | import animal                  | import animal
                               |                                |
class Cat(animal.Animal)       | class Dog(animal.Animal)       | class Dog(animal.Animal)
                               |                                |
    def __init__(self):        |     def __init__(self):        |     def __init__(self):
        self.kind = 'cat       |         self.kind = 'dog       |         self.kind = 'she
                               |                                |
    def get_kind(self):        |     def get_kind(self):        |     def get_kind(self):
        return self.kind       |         return self.kind       |         return self.kind
~                              | ~                              | ~
~                              | ~                              | ~
~                              | ~                              | ~
animals/cat.py                   animals/dog.py                   animals/sheep.py [+]
:diffput sheep
```

vimdiffを多用するなら、第3章「先人にならえ、プラグイン管理」に従ってエイリアスやキーバインディングの設定をするのを忘れないでください。デフォルトのものはかなり長いので。

vimdiffとGit

vimdiffをGitのマージツールとして使うと、かなりの混乱がもたらされます。Vimは4つのウィンドウを表示し、かつ大量のキーワードがあり、しかし説明はあまりありません。

git config

最初にGitがマージツールとしてvimdiffを使うように設定しましょう。

```
$ git config --global merge.tool vimdiff
$ git config --global merge.conflictstyle diff3
$ git config --global mergetool.prompt false
```

これでVimはデフォルトのマージツールとしてvimdiffを利用し、マージの際には共通の祖先を表示し、vimdiffを開く際のプロンプトを無効化します。

マージコンフリクトを作る

この章の最初に初期化したリポジトリのanimal_farm/を使います（自身が解消しようとしているマージコンフリクトがすでにあるなら、そちらを利用してもかまいません）。

```
$ cd animal_farm/
```

masterブランチとコンフリクトすることになる別のブランチを作ります。animal-createブランチで、make_animalメソッドをcreate_animalにリネームする一方、masterブランチではそれをbuild_animalにリネームします。コンフリクトを作るには順番が重要であるため、次の手順に従ったほうが良いでしょう。

ブランチを作ってanimal_farm.pyを編集するところから始めます。

```
$ git checkout -b create-animal
$ vim animal_farm.py
```

make_animalメソッドをcreate_animalに置き換えましょう。

```
...
def *create_animal*(kind):
...
    animal_farm.add_animal(*create_animal*(animal_kind))
...
```

では、変更をコミットしましょう。

```
$ git add animal_farm.py
```

```
$ git commit -m "Rename make_animal to create_animal"
```

masterブランチに戻って次の変更を加えます。

```
$ git checkout master
$ vim animal_farm.py
```

今度はmake_animalをbuild_animalに置き換えます。

```
...
def *build_animal*(kind):
...
    animal_farm.add_animal(*build_animal*(animal_kind))
...
```


ファイルをコミットします。

```
$ git add animal_converter.py
$ git commit -m "Rename make_animal to build_animal"
```

では、create-animalブランチをmasterブランチにマージしましょう。

```
$ git merge create-animal
```

マージコンフリクトが発生しました！

```
$ git merge create-animal
Auto-merging animal_farm.py
CONFLICT (content): Merge conflict in animal_farm.py
Automatic merge failed; fix conflicts and then commit the result.
$
```

マージコンフリクトを解消する

Gitのマージツールを起動しましょう（先ほど設定したのでvimdiffになっているはずです）。

```
$ git mergetool
```

ライトショーのような、4つのウィンドウがカラフルに彩られた画面に出迎えられるでしょう。

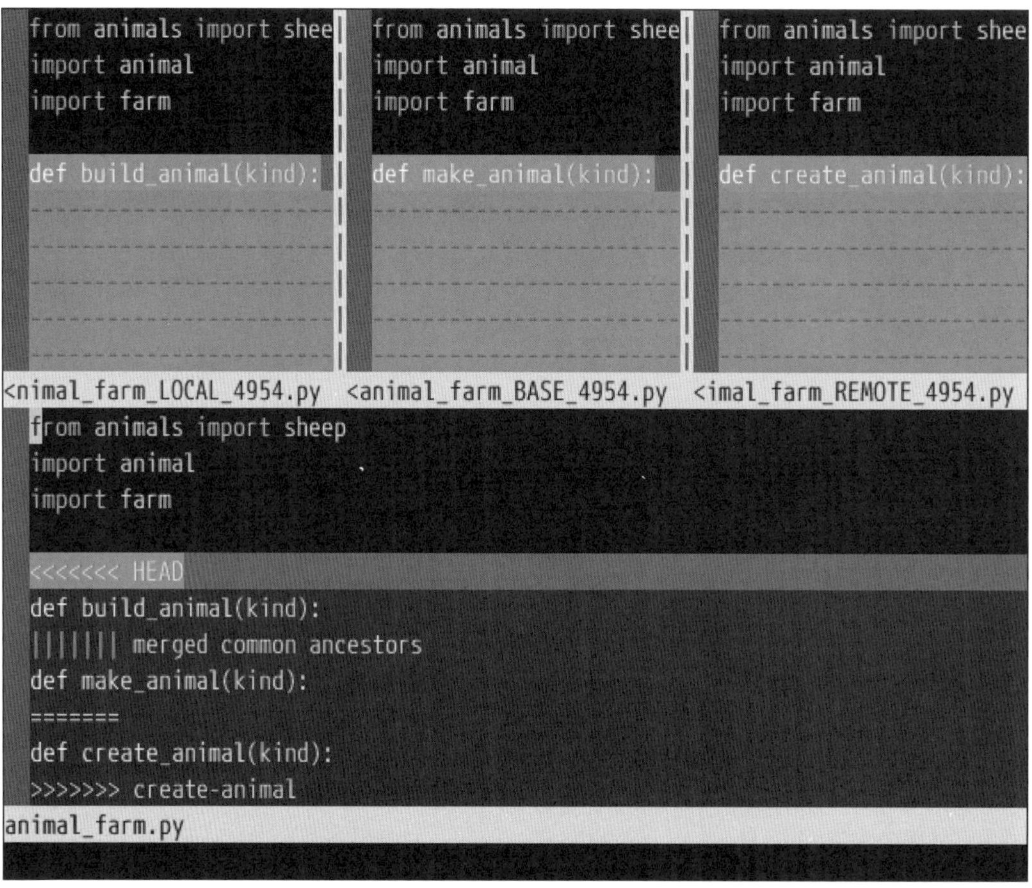

怖がるのも無理はありませんが、見た目ほど怖くはありません。

ローカルな変更（この場合はmasterブランチでの変更）が左上に表示されます。中上は共通の祖先のうち最も近いもの（ブランチが枝分かれする直前のもの）、右上がcreate-animalブランチの変更です。マージの結果は下に表示されます。

詳細は次のとおりです（左から上、上から下の順番です）。

- LOCAL：カレントブランチ（またはマージ対象）のファイル
- BASE：共通の祖先であり、両方の変更が加えられる前の状態

- REMOTE：マージをしようとしているブランチのファイル
- MERGED：マージの結果。保存されるのはこちら

MERGEDウィンドウにコンフリクトマーカが見えます。これを直接編集する必要はありませんが、これが何なのかをぼんやりと知ることは有用でしょう。コンフリクトマーカとは<<<<<<<と>>>>>>>のことです。

```
<<<<<<< <LOCALのコミット／ブランチ>
<LOCALでの変更>
||||||| merged common ancestors
<BASE：最も近い共通の祖先>
=======
<REMOTEでの変更>
>>>>>>> <REMOTEのコミット／ブランチ>
```


複数のファイルがあるため、単にdo（:diffget）やdp（:diffput）をするだけでは不十分です。

REMOTEの変更を保持したいとしましょう。その場合、カーソルをMERGEDウィンドウに移動します。カーソルを変更箇所に移動し（]cと[cが使えます）、次を実行します。

```
:diffget REMOTE
```

これで、REMOTEの変更がMERGEDファイルに書き込まれます。次の短縮形も使えます。

- REMOTEの変更を得るには:diffg R
- BASEの変更を得るには:diffg B
- LOCALの変更を得るには:diffg L

各コンフリクトに対してこれを繰り返します。すべてのコンフリクトの解消が終わったら、MERGEDファイルを保存してVimを終了し（:wqaが一番速いでしょう）、マージを完了します（ほかのコンフリクトがあるならそのファイルに移動します）。

マージコンフリクトは作業中のディレクトリに.origファイルを残します（たとえば、animal_farm.py.orig）。マージが完了したらこのファイルは削除してかまいません。

マージの結果を保存するのを忘れないようにしましょう（`git commit -m "Fixed a pesky merge conflict"`）。

5.4 tmux、screen、ターミナルモード

ソフトウェアの開発は単にコードを書くにとどまりません。バイナリを実行し、テストを実行し、特定のタスクを完了するためにコマンドラインツールを使います。ここでセッションとウィンドウの管理が必要になってきます。

モダンなデスクトップ環境では複数のウィンドウを開けますが、ここでは単一のターミナルセッション上で、達成すべきタスク群を管理する方法について見ていきます。

tmux

tmuxは端末多重化ソフトウェアです。tmuxは単一の画面で複数のターミナルウィンドウを管理できます。

Debianベースのディストリビューションを使っているなら、`sudo apt-get install tmux`でtmuxをインストールできます。tmuxはソースからビルドすることもできます。ソースコードは`https://github.com/tmux/tmux`から入手できます。

ターミナルで`tmux`を起動します。

tmuxの「ペイン」はVimの「画面分割」

tmuxでは複数のペイン（Vimにおけるウィンドウ）やウィンドウ（Vimにおけるタブ）を開くことができます。tmuxの機能にアクセスするにはまずプレフィックスキーを押し、そのあとにコマンドを続けます。デフォルトのプレフィックスキーはCtrl+bです。

~/.tmux.confを編集することでプレフィックスキーを変更できます。たとえば、Ctrl+bの代わりにCtrl+\をプレフィックスとして使いたい場合には、次を追記します。

```
# Ctrl-\をプレフィックスとして使う
unbind-key C-b
set -g prefix 'C-\'
bind-key 'C-\' send-prefix
```

tmuxを再起動するかCtrl+bに続けて:source-file ~/.tmux.confを入力して変更を反映させます。

画面を縦に分割するには、Ctrl+bに続けて%を入力します。

どういうわけか、筆者はどうしてもデフォルトのキーバインディングに慣れることができません。筆者にはハイフンのほうが縦分割をするにはずっと簡単に思えます。筆者の~/.tmux.confには次の設定があります。

```
# -で縦分割
bind - split-window -v
unbind '%'
```

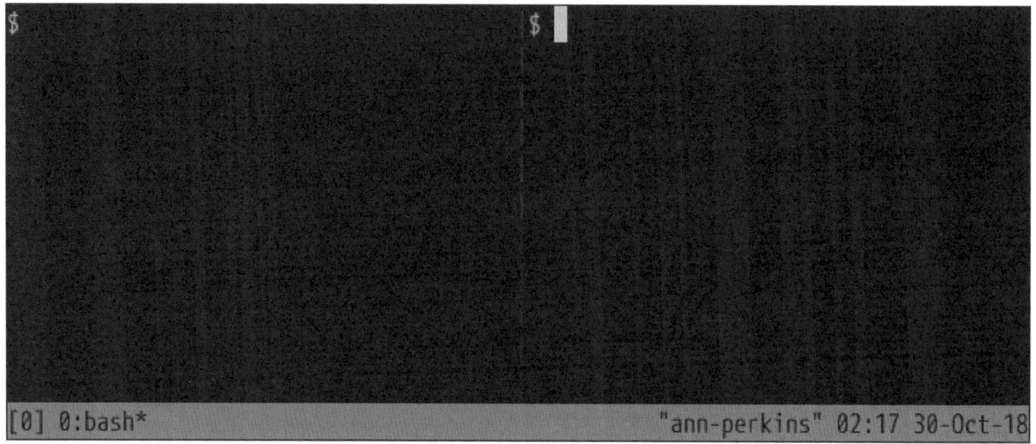

画面を横に分割するにはCtrl+bに続けて"を押します。

縦分割のときと同様に、パイプ(|)で横分割するほうが筆者には覚えやすいです。筆者の~/.tmux.confには次の設定があります。

```
# |で横分割
bind | split-window -h
unbind '"'
```

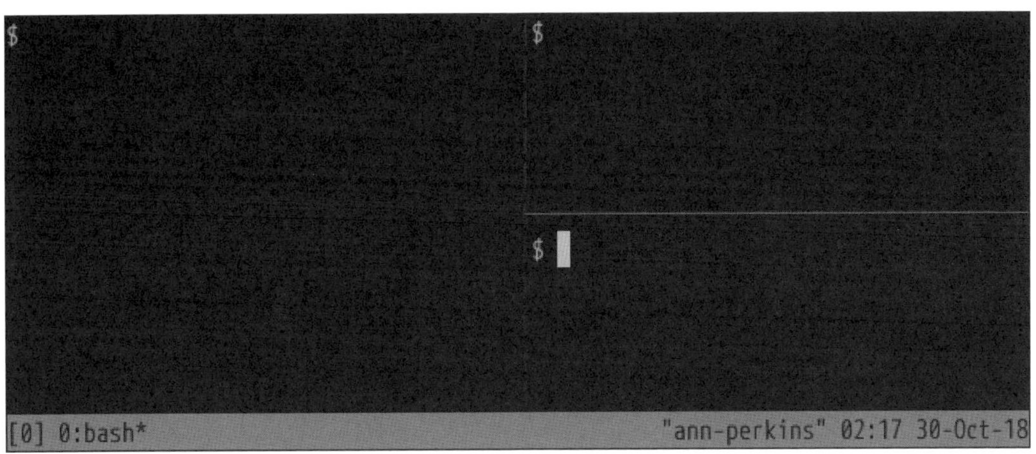

Ctrl+bに矢印キーを続けることでペイン間を移動できます。すべてのペインは別個に動作するので、ディレクトリを移動したり、コマンドを実行したり、(最も重要なことには) Vimを開いて使ったりできます。

hjklでの移動に慣れている場合、矢印キーは扱いづらく感じるかもしれません。次を~/.tmux.confに追記するとhjklで移動できるようになります。

```
bind h select-pane -L
bind j select-pane -D
bind k select-pane -U
bind l select-pane -R
```

次の例では、筆者は左のペインにコードを表示し、右上のペインで.vimrcを開き、右下のペインでlsの結果を表示しています。

```
#!/usr/bin/python3

"""Our own little animal farm."""

import sys

from animals import cat
from animals import dog
from animals import leopard
from animals import lion
from animals import sheep
import animal
import farm

def create_animal(kind):
+-- 12 lines: """Create an animal class.

def main(animals):
+--  4 lines: animal_farm = farm.Farm()-

if __name__ == '__main__':
+--  4 lines: if len(sys.argv) == 1:----
```

```
Plug 'sjl/gundo.vim'

noremap <f5> :GundoToggle<cr>  " Map Gu

" => Chapter 5: Build, Test, and Execut

Plug 'tpope/vim-fugitive'

call plug#end()
```

```
$ ls
animal_farm.py         animals
animal_farm.py.orig    farm.py
animal.py              tags
$
```

```
[0] 0:bash*                        "ann-perkins" 02:18 30-Oct-18
```

exitを実行してセッションを終了するか、Ctrl+dでペインを閉じます。

tmuxの「ウィンドウ」はVimの「タブ」

Ctrl+bに続けてcを押すと、新しくウィンドウを作ることができます。画面最下部に、現在2つのウィンドウがあることが表示されています。

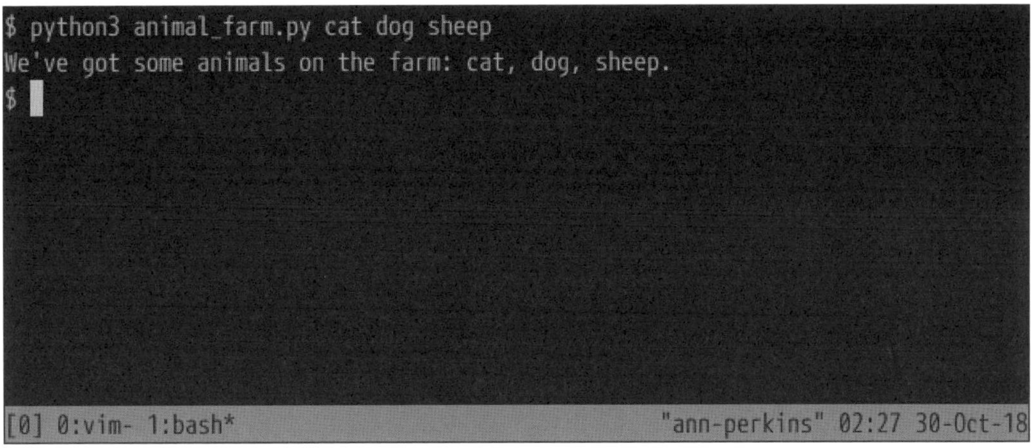

```
$ python3 animal_farm.py cat dog sheep
We've got some animals on the farm: cat, dog, sheep.
$ 




[0] 0:vim- 1:bash*                         "ann-perkins" 02:27 30-Oct-18
```


ウィンドウは実行中のコマンドに基づいて自動的に名前が付きます。Ctrl+bに,を続けることで現在のウィンドウをリネームできます。

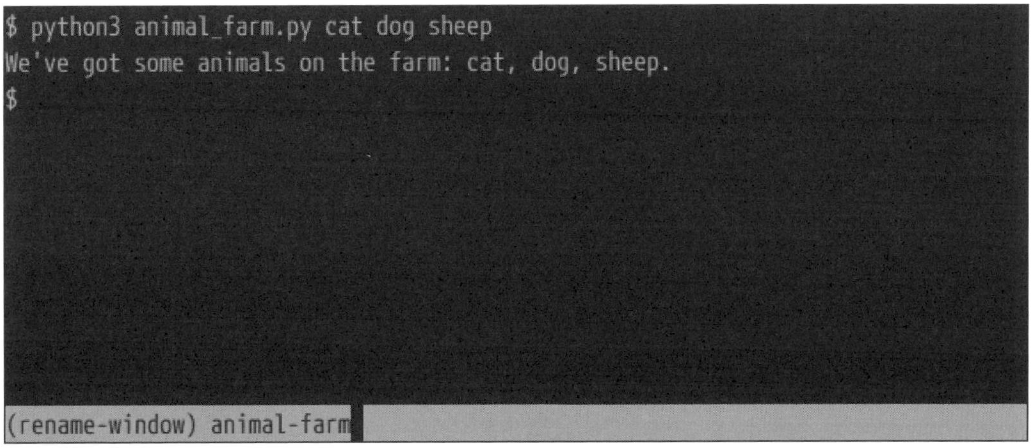

```
$ python3 animal_farm.py cat dog sheep
We've got some animals on the farm: cat, dog, sheep.
$




(rename-window) animal-farm
```

Ctrl+bにnを続けることで右側の、pを続けることで左側のウィンドウにそれぞれ移動できます。

セッションはとても便利

マシンにSSH接続して仕事をしているなら、tmuxは不可欠なツールです。tmuxを使うことで単一のSSH接続を越えて継続するセッションを作ることができます。

tmuxのセッション上にいる場合、Ctrl+bに続けてdを押すことでデタッチすることができます。そうすると、次のメッセージとともにシェルに戻ってきます。

```
[detached (from session 0)]
```

マシンの電源がオフになるまでセッションは生きています。セッションの一覧を表示するには次を実行します。

```
$ tmux list-sessions
0: 2 windows (created Sat Aug 18 19:17:59 2018) [80x23]
```

見てのとおり、1つのセッションが利用可能となっています。セッションを開きましょう（tmuxの用語ではアタッチすると言います）。

```
$ tmux attach -t 0
```

`tmux`コマンドを引数なしで実行した場合は常に新しいセッションが作成されます。

もし異なるプロジェクトに異なるセッションを割り当てたい場合、いくらでもセッションを作成できます！　セッション単位でプロジェクトやタスクを分けることは多くの場合有用です。tmux内でセッション間を移動するには`Ctrl+b`に`(`または`)`を続けます。

tmuxを名前付きで起動（`tmux new -s name`）するか、tmux内部から`Ctrl+b`に続けて`$`を押すことでセッションに名前を付けることができます。

tmuxとVimの画面分割

開発者は多くの場合、tmuxのペインとVimのウィンドウを相互補完的に使います。異なるtmuxのペインでVimを開くことでVimのインスタンスを互いに隔離できます（同時にバッファのグルーピングもできます）。通常、筆者は2、3個のtmuxペインを開いてそのうちの1つでVimを開き（必要に応じて分割も使います）、そして残りでシェルを開きます。人それぞれペインとウィンドウの使い方は異なるので、自分で試したいことでしょう。

tmuxとVimはウィンドウ（tmuxの用語ならペイン）を移動するのに異なるキーバインディングを使います。これはかなり混乱しますが、解決策もあります！　最も簡単なものはvim-tmux-navigatorプラグインを用いることです。プラグインは`https://github.com/christoomey/vim-tmux-navigator`から入手できます。vim-tmux-navigatorは`Ctrl+h`、`Ctrl+j`、`Ctrl+k`、`Ctrl+l`を使用した、Vimのウィンドウとtmuxのペイン間を移動する一貫した方法を提供します。

vim-tmux-navigatorを使うには、tmuxのバージョンが1.8以上である必要があります。次を実行してtmuxのバージョンを調べられます。

```
$ tmux -V
```

新しいバージョンのtmuxをインストールする方法については先のtmux節を参照してください。

vim-plugを使っているのなら、vim-tmux-navigatorをインストールするには次を.vimrcに追記します。

```
Plug 'christoomey/vim-tmux-navigator'
```

:w | source $MYVIMRC | PlugInstallを実行してプラグインをインストールするのを忘れないでください。

プラグインのインストールが完了したら、次を~/.tmux.confに追記します（このスニペットはhttps://github.com/christoomey/vim-tmux-navigatorから入手できます）。

```
# tmuxのペインとVimのウィンドウをシームレスに移動する
# 参照：https://github.com/christoomey/vim-tmux-navigator
is_vim="ps -o state= -o comm= -t '#{pane_tty}' \
| grep -iqE '^[^TXZ ]+ +(\\S+\\/)?g?(view|n?vim?x?)(diff)?$'"
bind-key -n C-h if-shell "$is_vim" "send-keys C-h" "select-pane -L"
bind-key -n C-j if-shell "$is_vim" "send-keys C-j" "select-pane -D"
bind-key -n C-k if-shell "$is_vim" "send-keys C-k" "select-pane -U"
bind-key -n C-l if-shell "$is_vim" "send-keys C-l" "select-pane -R"
bind-key -T copy-mode-vi C-h select-pane -L
bind-key -T copy-mode-vi C-j select-pane -D
bind-key -T copy-mode-vi C-k select-pane -U
bind-key -T copy-mode-vi C-l select-pane -R
```

もし熟練したtmuxユーザーであるか深堀りを厭(いと)わないのであれば、上記のスニペットをコピー&ペーストする代わりにTPM(Tmux Plugin Manager)を使ってみたいと思うかもしれません。次の行を.tmux.confに追記してプラグインのインストールをTPMが行うように設定します。

```
set -g @plugin 'christoomey/vim-tmux-navigator'
run '~/.tmux/plugins/tpm/tpm'
```

TPMについてもっと学ぶならhttps://github.com/tmux-plugins/tpmを参照してください。

Screen

Screenはtmuxの先駆けですが、今でも多くの人に使われています。Screenはtmuxほど拡張性が高くありませんし、実際のところ、そのままではVimとScreenは一緒にうまくは動きません。しかし、もしあなたがScreenに慣れていてワークフローを変えたいと思わないなら、VimとScreenがもう少しうまく協調するように設定する方法もあります。

Screen上で動作するVimではESCキーが正しく動作しません。次を~/.screenrcに追加することで、ESCキーの挙動を直せます。

```
# インプットシーケンスの判別に5ミリ秒以上待たない
# VimでのESCキーの挙動を修正する
maptimeout 5
```

Screenは$TERMの値をscreenに設定しますが、Vimはそれを認識しません。次を追記して.screenrcを更新しましょう。

```
# $TERMの値をVimが認識するものにする
term screen-256color
```

VimとScreenを一緒に使うのには、些細ですがほかにも不便な点があり、たとえばHomeキーとEndキーが動作しません。「Vim Wikia」にはVimとScreenをうまく協調させるための詳細な解説記事があります。URLはhttp://vim.wikia.com/wiki/GNU_Screen_integrationです。

ターミナルモード

歴史的に、:!に続けてシェルコマンドを入力することでVimからシェルコマンドを実行できます。たとえば、次のようにするとPythonプログラムを実行できます。

```
:!python3 animal_farm.py cat dog sheep
```

Vimは一時停止し、ターミナルに結果が表示されます。

```
$ vim animal_farm.py

We've got some animals on the farm: sheep, cat, dog.

Press ENTER or type command to continue
```

現在、状況はより良くなっています。

バージョン8.1から、Vimはターミナルモードを導入しました。ターミナルモードとは要するにVim上で動作する端末エミュレータです。tmuxと異なり、ターミナルモードは設定なしでもVimと協調動作します。ターミナルモードは、Vimでの作業を続けつつ長時間かかるコマンドを実行するのにとても良い方法です。

ターミナルモードは次を実行することで起動できます。

```
:term
```

このコマンドは横分割されたウィンドウ上にデフォルトのシェルを立ち上げます。

```
$ python3 animal_farm.py cat dog sheep
We've got some animals on the farm: sheep, cat, dog.
$ 









!/bin/bash [running]
#!/usr/bin/python3

"""Our own little animal farm."""

import sys

from animals import cat
from animals import dog
from animals import leopard
from animals import lion
animal_farm.py
:term
```

ターミナルウィンドウはほかのウィンドウ同様に扱え、リサイズや移動も行えます（第2章の「ウィンドウ」の節を参照してください）。ターミナルウィンドウはターミナルジョブモードというインサートモードに似たモードで動作します。このモードにはいくつかの特別なキーバインディングがあります。

- Ctrl+wにNを続けるとターミナルノーマルモードに入る。このモードはノーマルモードと同様に振る舞う。インサートモードに入るような操作をすると（たとえばiやa）ターミナルジョブモードに戻る
- Ctrl+w "にレジスタ名を続けると、そのレジスタの内容をターミナルに貼り付ける。たとえば、ywでヤンクした内容をペーストしたければ、Ctrl+w "でデフォルトのレジスタから内容を貼り付けることができる
- Ctrl+wにCtrl+cを続けるとターミナルごと終了する。単にCtrl+cを押すと実行中のコマンドに

```
Ctrl+cを送信する
```

ターミナルモードの最も有用な機能は、ターミナルモードを特定のコマンドを実行した状態で起動し、その出力にアクセスできることです。Vimから次のコマンドを実行してみましょう。

```
:term python3 animal_farm.py cat dog sheep
```

これはコマンドを実行し、実行が終わったら結果の出力をバッファとして開きます。

```
We've got some animals on the farm: dog, sheep, cat.
~
~
~
~
~
~
~
~
~
~
!python3 animal_farm.py cat dog sheep [finished]
#!/usr/bin/python3

"""Our own little animal farm."""

import sys

from animals import cat
from animals import dog
from animals import leopard
from animals import lion
animal_farm.py
:term python3 animal_farm.py cat dog sheep
```

もしお好みなら`:vert term`でターミナルを縦分割で開くこともできます。

第2章で紹介したCtrl+hjklによるウィンドウ間の移動を使っているなら、次を.vimrcに追記するとターミナルモードでも同じ移動が使えるようになります。

```
tnoremap <c-j> <c-w><c-j>
tnoremap <c-k> <c-w><c-k>
tnoremap <c-l> <c-w><c-l>
tnoremap <c-h> <c-w><c-h>
```

最良の結果を得るために、ターミナルモードとtmuxを組み合わせましょう。(別のタスクに集中する必要があるとき) tmuxがセッションを管理し、ターミナルモードがウィンドウを管理します。たとえば、ターミナルモードでプロジェクトにおける仕事を整理し、tmuxのウィンドウ (Vimではタブ) にて別のタスクに集中できるようになります。

5.5　ビルドとテスト

コードに取り組んでいると、コードをコンパイルしたり (コンパイル言語の場合の話であってPythonには当てはまりません)、テストを実行したりする必要が出てきます。

Vimはビルドやテストの失敗を集めてQuickfixリストやロケーションリストに表示する機能をサポートしています。本節ではこの機能を取り上げたいと思います。

Quickfixリスト

第2章の「高度な編集と移動」でQuickfixウィンドウに触れましたが、もう少し深堀りしてみましょう。

Vimは、ファイルの特定の場所に簡単にジャンプできるようになるモードを持っています。いくつかのVimのコマンドはそれを使ってファイルの各地点間を移動します。たとえば:makeで出たコンパイルエラーや:grep、:vimgrepでの検索単語などです。リンタ (シンタックスチェック) のようなプラグインやテストランナーもQuickfixリストを使います。

キーワード「animal」を:grepコマンドで検索することでQuickfixリストを試してみましょう。検索はすべてのPythonファイル (--include="*.py") に対して現在のディレクトリ (.) から再帰的 (-r) に行います。

```
:grep -r --include="*.py" animal .
```

これを実行すると現在のウィンドウに最初のマッチが表示されます。Quickfixウィンドウを開いてすべてのマッチを見るためには次を実行します。

```
:copen
```

横分割されたウィンドウに結果が表示されます。

```
"""Our own little animal farm."""

import sys

from animals import cat
from animals import dog
from animals import leopard
from animals import lion
from animals import sheep
import animal
./animal_farm.py
./animal_farm.py|3| """Our own little animal farm."""
./animal_farm.py|7| from animals import cat
./animal_farm.py|8| from animals import dog
./animal_farm.py|9| from animals import leopard
./animal_farm.py|10| from animals import lion
./animal_farm.py|11| from animals import sheep
./animal_farm.py|12| import animal
./animal_farm.py|15| def create_animal(kind):
./animal_farm.py|16| """Create an animal class."""
./animal_farm.py|27| return animal.Animal(kind)
<ckfix List] :grep -n -r --include "*.py" animal . /dev/null 1,1            Top
:copen
```

いつもどおり、kやjで上下に移動でき、Ctrl+fやCtrl+bでページ単位でスクロールでき、/や?で前方または後方に検索できます。Enterキーを押すとカーソル下にあるファイルが開きます。その際、カーソル位置はマッチの位置になります。

たとえば、animals/sheep.pyのマッチを開きたい場合、/sheepで検索してnを望みの結果に移動するまで押して該当のマッチまで移動し、Enterキーを押します。ファイルは現在のウィンドウを置き換え、カーソル位置はマッチの位置となります。

```
"""A sheep."""

import animal

class Sheep(animal.Animal):

    def __init__(self):
        self.kind = 'sheep'

    def get_kind(self):
        return self.kind
./animals/sheep.py
./animal_farm.py|31| for animalKind in animals:
./animal_farm.py|32| animal_farm.add_animal(create_animal(animalKind))
./animal_farm.py|33| animal_farm.print_contents()
./animal_farm.py|37| print('Pass at least one animal type!')
./animals/sheep.py|3| import animal
./animals/sheep.py|5| class Sheep(animal.Animal):
./animals/lion.py|3| import animal
./animals/lion.py|5| class Lion(animal.Animal):
./animals/leopard.py|3| import animal
./animals/leopard.py|5| class Leopard(animal.Animal):
<ckfix List] :grep -n -r --include "*.py" animal . /dev/null 17,1-11         52%
"./animals/sheep.py" 11L, 162C
```

`:cclose`でQuickfixリストを閉じることができます（アクティブでなければ`:bd`でバッファごと削除することもできます）。

Quickfixウィンドウを開かずに、Quickfixリストを移動することもできます。

- `:cnext`（短縮形は`:cn`）でQuickfixリストの次のエントリへ移動
- `:cprevious`（短縮形は`:cp`か`:cN`）でQuickfixリストの前のエントリへ移動

最後に、エラー（たとえばコンパイルエラー）があるときだけQuickfixウィンドウを開くことができます。`:cwindow`（短縮形は`:cw`）は、エラーがあるときだけQuickfixウィンドウの表示と非表示をトグルします。

ロケーションリスト

Quickfixリストに加えて、Vimにはロケーションリストもあります。ロケーションリストはQuickfixリストと同様に振る舞いますが、現在のウィンドウに対してローカルであるという点だけが異なります。言い換えると、Vimのセッション1つにつき1つのQuickfixリストしか持てないのに対し、ロケーションリストはいくつでも持つことができます。

ロケーションリストを利用するには、Quickfixリストに対する操作コマンドの先頭に`l`を付けます（たとえば`:lgrep`や`:lmake`）。

ショートカットも、`:c`のプレフィックスを`:l`に置き換えます。

- `:lopen`はロケーションウィンドウを開く
- `:lclose`はロケーションウィンドウを閉じる
- `:lnext`はロケーションリストの次のアイテムに移動する
- `:lprevious`はロケーションリストの前のアイテムに移動する
- `:lwindow`はエラーがあるときだけロケーションウィンドウの表示と非表示をトグルする

一般的に、複数のウィンドウ間で結果を共有したい場合にはQuickfixリストを、単一のウィンドウのみに関係する出力を取得する場合にはロケーションリストを用いると良いでしょう。

コードをビルドする

ビルドはPythonでは必ずしも必要というわけではありませんが（コンパイルするものがあまりありません）、Vimがコードの実行をどのように行うのかを理解することは間違いなく価値のあることでしょう。

VimはUNIXのmakeユーティリティをラップする`:make`コマンドを提供しています。簡単に説明すると、Makeは古いビルド管理システムであり大きなプログラムの差分コンパイルを実現できます。

関連する選択肢としては次のものがあります。

- `:compiler`では異なるコンパイラプラグインを指定でき、コンパイラからの出力のフォーマットも同時に指定できる
- とくに、`:set errorformat`は認識されるエラーフォーマットを複数定義する
- `:set makeprg`は`:make`を実行したときに実行されるプログラムを設定する

これらの選択肢についてもっと学びたいですか？ :help <好きなこと>を実行すればVimのマニュアルを検索できることを忘れないでください。

:compilerと:makeは、組み合わせることでどのようなコンパイラも利用できます。たとえば、C言語のファイルをコンパイルしたいと思った場合、gcc（標準的なCコンパイラです）を起動するには次のようにします。

```
:compiler gcc
:make
```

:makeが重要なのは、それを使うことでシンタックスチェッカやテストランナー、あるいはコンパイラプラグインとしてソースコードのある行への参照を出力するようなものはなんでも作れ、Quickfixリストとロケーションリストへアクセスできるようになるからです。

Vim 8.1で導入されたターミナルモードも長時間のビルドを実行する環境としては有力な候補でしょう。なぜなら:term makeはコードに取り組んでいる背後で非同期に実行されるからです。詳細は「ターミナルモード」の節を参照してください。

プラグイン紹介：vim-dispatch

Tim Popeは:makeコマンドを大幅に強化し、非同期化や多くのシンタックスシュガーの追加、コマンドの追加などを行いました。vim-dispatchの大部分はVim 8.1がターミナルモードを導入したことにより時代遅れとなりましたが、ワークフローによっては異なる端末エミュレータとの連携は非常に便利です。vim-dispatchはhttps://github.com/tpope/vim-dispatchから入手できます。

vim-plugを使っているなら、Plug 'tpope/vim-dispatch'を.vimrcに追記して:w | source $MYVIMRC | PlugInstallを実行することでインストールできます。

次に挙げるのがvim-dispatchの特徴です。

- :Makeはタスクを別のウィンドウで実行できる（tmux、iTerm、cmd.exeのいずれかを使っている場合に限る）
- :Make!はタスクをバックグラウンドで実行できる（tmux、Screen、iTerm、cmd.exeのいずれ

かを使っている場合に限る)

- `:Dispatch`は`:compiler <コンパイラ名>`と`:make`を1つのコマンドで実行できる(たとえば`:Dispatch testrb test/models/user_test.rb`)
- また、`:Dispatch`は任意のコマンドも実行できる(たとえば`:Dispatch bundle install`)

もし組み込みの`:make`を多用しているなら、vim-dispatchを試してみたいと思うかもしれません。

技術的にはvim-dispatchからテストを実行することもできますが、テストは通常、標準化された出力を提供しないことから、vim-dispatchは、自動的にはQuickfixリストまたはロケーションリストを使うことができません。

コードをテストする

テストの出力はコンパイルエラーよりもずっとまとまりがないので、ここではテストに特化したプラグインを使うと良いでしょう。テストランナーの数と同じくらいだけ多くのプラグインがあります。

加えてターミナルモードも、コードに取り組みつつテストを実行する方法を提供しています。

プラグイン紹介:vim-test

これは最も人気のあるテストランナーであり、各種テストランナー用の便利なマッピングとコンパイラを提供しています。Python向けには、vim-testはdjangotest、django-nose、nose、nose2、pytest、そしてPyUnitをサポートしています。vim-testは`https://github.com/janko-m/vim-test`から入手できます。vim-testを使うには、使いたいテストランナーがすでにインストールされている必要があります。

vim-plugを使っているなら、`Plug 'janko-m/vim-test'`を`.vimrc`に追記して`:w | source $MYVIMRC | PlugInstall`を実行することでインストールできます。

vim-testは次のコマンドをサポートしています。

- `:TestNearest`はカーソルから最も近いテストを実行する
- `:TestFile`は現在のファイルにあるテストを実行する
- `:TestSuite`はテストスイート全体を実行する

- :TestLastは最後に実行されたテストを実行する

vim-testでは、テスト戦略（テストの実行にどんな方法を使うか）を指定することもできます。make、neomake、MakeGreen、そしてdispatch（あるいはdispatch_background）のテスト戦略はQuickfixウィンドウを使用するので、こういったプラグインを使う際はぴったりのものでしょう。

たとえば、別のターミナルウィンドウでテストを実行するためにvim-dispatchを通じてテストを実行するには、次を.vimrcに追記します。

```
let test#strategy = "dispatch"
```

https://github.com/janko-m/vim-testでより詳細な情報を入手できます。

リンタでコードのシンタックスチェックを行う

シンタックスチェック（リンタとも呼ばれます）は複数人開発における必需品となりました。異なる言語とスタイルをサポートするいくつものリンタがオンラインで入手できます。

Pythonについてはほかの言語よりも簡単です。なぜならばPythonでは従うべき標準は1つ、PEP8（https://www.python.org/dev/peps/pep-0008/）しかないからです。コードがPEP8に従っているかを調べるリンタには、PylintやFlake8、autopep8があります。

先に進む前にいずれかのリンタ（これからの例はPylintで動作します）をインストールしましょう。Vimは結局のところ外部のリンタを呼ぶだけだからです。

Debianベースのディストリビューションを使っているなら、sudo apt-get install pylint3でPython3向けPylintをインストールできます。

Vimからリンタを使う

よく使われているリンタの多くは対応するVimプラグインを持ち、リンタの複雑さを直接扱うのを避けられるようになっています。しかし、カスタムリンタをサポートしなくてはならない場合、必要に応じてVimのQuickfixリストを使わないといけません。

Quickfixリストを使う:makeコマンドを活用できます。デフォルトでは、UNIXのmakeコマンドを使いますが、makeprg変数を設定することで上書きできます。

Quickfixリストは:makeコマンドの出力が特定のフォーマットであることを期待しますが、リンタの出力が望みのフォーマットになるように試すことができます。これには失敗がつきもので、また潜在的な互換性問題もあります（内部のリンタの変更など）。

次を`.vimrc`に追記することで、Pythonファイルに対してのみ`:make`の挙動を変えられます。

```
autocmd filetype python setlocal makeprg=pylint3\ --reports=n\ --msg-template=\"{path}
:{line}:\ {msg_id}\ {symbol},\ {obj}\ {msg}\"\ %:p
autocmd filetype python setlocal errorformat=%f:%l:\ %m
```

`:make | copen`をPythonファイルから実行すると、Quickfixリストに結果が反映されているのがわかります。

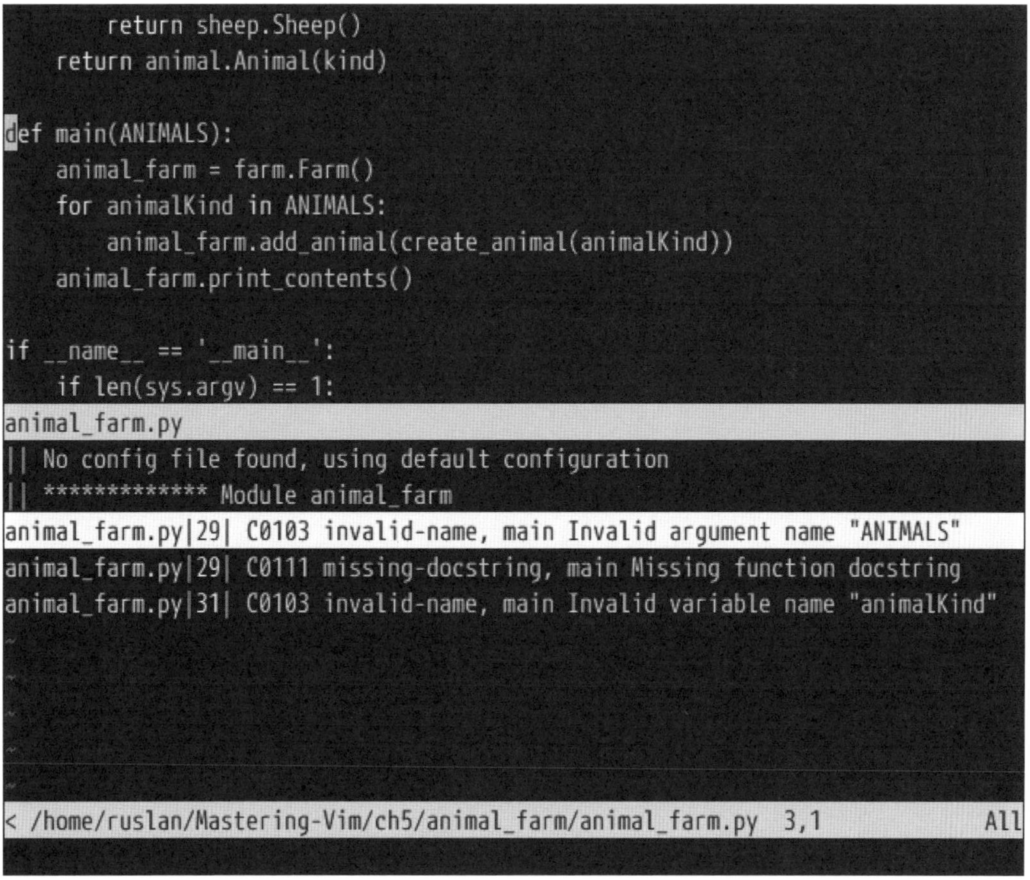

```
        return sheep.Sheep()
    return animal.Animal(kind)

def main(ANIMALS):
    animal_farm = farm.Farm()
    for animalKind in ANIMALS:
        animal_farm.add_animal(create_animal(animalKind))
    animal_farm.print_contents()

if __name__ == '__main__':
    if len(sys.argv) == 1:
animal_farm.py
|| No config file found, using default configuration
|| ************* Module animal_farm
animal_farm.py|29| C0103 invalid-name, main Invalid argument name "ANIMALS"
animal_farm.py|29| C0111 missing-docstring, main Missing function docstring
animal_farm.py|31| C0103 invalid-name, main Invalid variable name "animalKind"
~
~
~
~
~
< /home/ruslan/Mastering-Vim/ch5/animal_farm/animal_farm.py  3,1          All
```

リンタを使うのに慣れていない場合、気にしたくない警告をどうやって黙らせるのか疑問に思うかもしれません。Pylintでは、たとえば`disable-invalid-name,missing-docstring`のような文字列を`~/.pylintrc`に追記したり、`# pylint: disable=invalid-name`を該当行にコメントしたりします。リンタによって方法はまちまちです。

プラグイン紹介：Syntastic

Syntasticはよく使われるシンタックスチェッカです。Syntasticは100以上のプログラミング言語をサポートしています（そして小さなチェッカプラグインで拡張できます）。Syntasticは`https://github.com/vim-syntastic/syntastic`から入手できます。

vim-plugを使っているなら、`Plug 'vim-syntastic/syntastic'`を`.vimrc`に追記して`:w | source $MYVIMRC | PlugInstall`を実行することでインストールできます。

Syntasticはわかりやすいデフォルト値を提供していないので、次を`.vimrc`に追記すると良いかもしれません。

```
set statusline+=%#warningmsg#
set statusline+=%{SyntasticStatuslineFlag()}
set statusline+=%*
let g:syntastic_always_populate_loc_list = 1
let g:syntastic_auto_loc_list = 1
let g:syntastic_check_on_open = 1
let g:syntastic_check_on_wq = 0
let g:syntastic_python_pylint_exe = 'pylint3'
```

これで、Pylintのようなシンタックスチェッカがインストールされていれば、Pythonファイルを開いたときに次のようになります。

```
  def create_animal(kind):
  +-- 12 lines: """Create an animal class."""-----------------------------------

>>def main(ANIMALS):
      animal_farm = farm.Farm()
>>    for animalKind in ANIMALS:
          animal_farm.add_animal(create_animal(animalKind))
      animal_farm.print_contents()

  if __name__ == '__main__':
  +--  4 lines: if len(sys.argv) == 1:----------------------------------------
[Syntax: line:29 (3)]
animal_farm.py|29 col 1 warning| [invalid-name] Invalid argument name "ANIMALS"
animal_farm.py|29 col 1 warning| [missing-docstring] Missing function docstring
animal_farm.py|31 col 9 warning| [invalid-name] Invalid variable name "animalKin
d"
~
~
~
~
~
~
[Location List] :SyntasticCheck pylint (python)            1,1           All
[invalid-name] Invalid argument name "ANIMALS"
```

いくつかのことが同時に起こっています。上から説明しましょう。

- シンタックスエラーの箇所は>>でハイライトされる
- 命名規則に違反している文字列もハイライトされる
- ロケーションリストは現在のファイルでのすべての違反を一覧にした状態で開く
- ステータスラインは現在行のエラーを表示する

これは単なるロケーションリストですので、通常の移動コマンドが使えます（たとえば`:lnext`や`:lprevious`など）。

エラーを直したあとにファイルを保存するとエラー一覧が更新されます。

5

```
def create_animal(kind):
+-- 12 lines: """Create an animal class."""------------------------------

>>def main(animals):
      animal_farm = farm.Farm()
>>    for animalKind in animals:
          animal_farm.add_animal(create_animal(animalKind))
      animal_farm.print_contents()

  if __name__ == '__main__':
+--  4 lines: if len(sys.argv) == 1:------------------------------------
[Syntax: line:29 (2)]
animal_farm.py|29 col 1 warning| [missing-docstring] Missing function docstring
animal_farm.py|31 col 9 warning| [invalid-name] Invalid variable name "animalKin
d"
~
~
~
~
~
~
~
[Location List] :SyntasticCheck pylint (python)            1,1           All
"animal_farm.py" 39L, 885C written
```

プラグイン紹介：ALE

Asynchronous Lint Engine（ALE）はより新しいものですが、すでにSyntasticと同様の注目を集めています。その主なセールスポイントは、リンタのエラーをタイプするごとに表示し、リンタを非同期に実行することです。ALEは`https://github.com/w0rp/ale`から入手できます[注1]。

vim-plugを使っているなら、`Plug 'w0rp/ale'`を`.vimrc`に追記して`:w | source $MYVIMRC | PlugInstall`を実行することでインストールできます。非同期実行のためにはVim 8以上かNeovimが必要となります。

注1　現在リポジトリは`https://github.com/dense-analysis/ale`にあります。

ALEは設定なしで使うことができ、出力はSyntasticにとてもよく似ています。次は`:lopen`でロケーションリストを開いた状態でのALEのスクリーンショットです。

```
def create_animal(kind):
+-- 12 lines: """Create an animal class."""-----------------------------------

--def main(animals):
      animal_farm = farm.Farm()
--    for animalKind in animals:
          animal_farm.add_animal(create_animal(animalKind))
      animal_farm.print_contents()

  if __name__ == '__main__':
+--  3 lines: if len(sys.argv) == 1:-------------------------------------------
animal_farm.py
animal_farm.py|29 col 1 warning| missing-docstring: Missing function docstring
animal_farm.py|31 col 9 warning| invalid-name: Invalid variable name "animalKind
"
~
~
~
~
~
~
~
<] /home/ruslan/Mastering-Vim/ch5/animal_farm/animal_farm.py 2,1            All
invalid-name: Invalid variable name "animalKind"
```

エラーのある行は`>>`でハイライトされ、ステータスラインはエラーのメッセージを表示しています。

もしALEにとやかく言われるのが好きでなければ、`:ALEToggle`を実行することでALEのオンオフを切り替えることができます。

ALEは単なるリンタにとどまらず、フル装備のLanguage Server Protocolクライアントでもあります。ALEは自動補完、定義ジャンプなどをサポートしています。たとえばYouCompleteMe（第4章「テキストを理解する」-「自動補完」節を参照）などと比べると、洗練されておらず人気もありませんが、熱心なファンも多くその数は急速に増えています。

参考までに、`:ALEGoToDefinition`で定義ジャンプができ、`:ALEFindReferences`で参照を見つけることができます。自動補完を有効にするには次を`.vimrc`に追記しなくてはなりません。

```
let g:ale_completion_enabled = 1
```

ALEについて調べ、時間をかける価値があるかどうか決めるには、`https://github.com/w0rp/ale`を参照してください。

5.6 まとめ

この章では、あなたはGitの使い方を学ぶか復習するかしました。Gitの概念と設定、既存プロジェクトのクローンに関して速習し、最もよく使われるコマンドの概要もつかみました。vim-fugitiveという、Vim内部からGitをもっとずっとインタラクティブに使うことのできるプラグインについても学びました。

vimdiffという、ファイルの比較とファイル間での変更部分の移動のために作られたVim同梱のツールについて説明しました。どのようにしてファイルを比較し、複数のファイルの変更部分間を移動するのかについて学びました。さらに、Gitのマージコンフリクトを解消する練習もしましたね（これで、コンフリクトへの苦手意識が和らげばいいのですが）。

この章ではVimからシェルコマンドを実行する複数の方法——tmux、ScreenそしてVimのターミナルモードも扱いました。

私達はまた、Quickfixリストとロケーションリストという、ファイルの特定行へのポインタを集めておくものについても学びました。それらを`:grep`や`:make`の出力と組み合わせることで、出力結果の間を簡単に移動できるようになります！　また、`:make`がどのように外部コンパイラを呼び出すのかを学び、`:make`を拡張するvim-dispatchプラグインとテスト実行をスムーズにする`vim-test`プラグインについてカバーしました。

最後に、Pylint独自の方法も含めて、Vim上でシンタックスチェッカを実行するいくつかの方法についてカバーしました。私達は非同期なリンタであるALEと、同じように人気のあるプラグインであるSyntasticについて見てきました。

次の章では、Vimの正規表現とマクロを使ってリファクタリングを行っていきます。

Chapter 6

正規表現とマクロでリファクタリングする

この章では、リファクタリング操作をサポートするために提供されているVimの機能についてフォーカスします。

本章では次のトピックを扱います。

- :substituteで検索・置換する
- 正規表現を使うことでより賢く検索・置換する
- 引数リストを使って複数ファイルに対して操作する
- メソッドのリネームや引数の並び替えといったリファクタリング操作の例
- マクロでキーストロークを記録して再現する

6.1 技術的要件

この章では複数のコード例を扱います。それらはhttps://github.com/PacktPublishing/Mastering-Vim/tree/master/Chapter06から見つけることができます。

このリポジトリを使っても良いですし、もしそちらのほうがより快適に感じられるなら、自分自身のプロジェクトを使ってもかまいません。

6.2　正規表現で検索・置換する

正規表現はすばらしいもので、その使い方はぜひとも知るべきです。正規表現の実装における常として、Vimも独自の正規表現を持っています。しかし、一度それを学べば、他の正規表現についても応用が効きます。

まずは通常の検索と置換について話しましょう。

検索と置換

Vimは`:substitute`コマンドによる検索と置換をサポートしています。`:substitute`はほとんどの場合`:s`と省略されます。デフォルトでは、`:s`は行の中で最初に出現した文字列のみを置き換えます。`:substitute`は次のフォーマットを持っています。

```
:s/<置換対象>/<置換される文字列>/<フラグ>
```

フラグは必須ではなく、今のところは気にする必要はありません。試すには、`animal_farm.py`を開いて`cat`がある行まで（たとえば`/cat`で）移動して次を実行します。

```
:s/cat/dog
```

次のスクリーンショットのように、最初の`cat`が置き換えられます。

```
from animals import dog
from animals import dog
from animals import sheep
import animal
import farm

def make_animal(kind):
    """Create an animal class."""
    if kind == 'cat':
        return cat.Cat()
    if kind == 'dog':
:s/cat/dog
```

では、置換コマンドに渡せるフラグについて見ていきましょう。

- g：グローバルな置換。最初のものだけでなく、行にあるすべての置換対象を置き換える
- c：置換ごとに確認。置換前にユーザーに確かめる
- e：マッチ（検索一致）がなかったときにエラーを出さなくなる
- i：検索をケースインセンシティブ（大文字小文字を区別しない）にする
- I：検索をケースセンシティブ（大文字小文字を区別する）にする

iとI以外は自由に組み合わせることができます。たとえば、**:s/cat/dog/gi**はcat.Cat()をdog.dog()に変えます。

:substituteは範囲を前置することで操作範囲を指定できます。最もよく使われるのはファイル全体を対象とする%でしょう。

たとえば、ファイル内のanimalをcreatureに置き換えたいなら、次を実行します。

```
:%s/animal/creature/g
```

animal_farm.pyで試すと、次のスクリーンショットのようにすべてのanimalがcreatureに置き換わるのがわかります。

```
import creature
import farm

def make_creature(kind):
    """Create an creature class."""
    if kind == 'cat':
        return cat.Cat()
    if kind == 'dog':
        return dog.Dog()
    if kind == 'sheep':
        return sheep.Sheep()
    return creature.Animal(kind)

def main(creatures):
    creature_farm = farm.Farm()
    for creature_kind in creatures:
        creature_farm.add_creature(make_creature(creature_kind))
    creature_farm.print_contents()
    creature_farm.act('a farmer')

if __name__ == '__main__':
    if len(sys.argv) == 1:
        print('Pass at least one creature type!')
19 substitutions on 15 lines
```

便利なことに、:substituteコマンドは画面下部のステータスラインにいくつのマッチが置き換わったのか表示してくれます。どうやら、最も単純なリファクタリングを完了したようです！

:substituteがサポートする一般的な範囲は次のようなものがあります。

- 数字：行番号として扱われる
- $：ファイルの最終行
- %：ファイル全体
- /検索パターン/：操作したい行を探すことができる
- ?後方検索パターン?：後方に向かって操作したい行を探すことができる

さらに、範囲はセミコロンでつなぐことができます。たとえば、20;$は20行目から最終行の間を意味します。

具体例として、次のコマンドは12行目から最初にdogが見つかるまでの行を検索し、すべてのanimalをcreatureに置き換えます。

```
:12;/dog/s/animal/creature/g
```

次のスクリーンショットからわかるとおり、13行目と14行目のanimalは置換されたのに対し、10行目と21行目のものは置換されていません（:set nuで行番号を表示しています）。

```
 1 #!/usr/bin/python3
 2
 3 """Our own little animal farm."""
 4
 5 import sys
 6
 7 from animals import cat
 8 from animals import dog
 9 from animals import sheep
10 import animal
11 import farm
12
13 def make_creature(kind):
14     """Create an creature class."""
15     if kind == 'cat':
16         return cat.Cat()
17     if kind == 'dog':
18         return dog.Dog()
19     if kind == 'sheep':
20         return sheep.Sheep()
21     return animal.Animal(kind)
22
23 def main(animals):
:12;/dog/s/animal/creature/g
```

ビジュアルモードで範囲を選択して:sを実行することで、選択されたテキストに対して操作を行うこともできます。詳しくは:help cmdline-rangesを参照してください。

Linuxのファイルパスのようなスラッシュを含むものを扱うときは、バックスラッシュでスラッシュをエスケープするか、スラッシュ以外のものをセパレータとして使う必要があります。たとえば、`:s+path/to/dir+path/to/other/dir+gc`（セパレータを`+`に変更したもの）は`:s/path\/to\/dir/path\/to\/other\/dir/gc`と同等です。

多くの場合、次のようにファイル全体に対して置換を実行したいことでしょう。

```
:%s/find-this/replace-with-this/g
```

置換するときは、単語単体だけを検索したい場合があります。`\<`と`\>`がこの目的で使えます。たとえば、次のファイルがあるとき、`/animal`を検索すると`animals`のような、ここでは興味のないものまで検索されてしまいます（`:set hlsearch`で検索結果をハイライトしています）。

```
#!/usr/bin/python3

"""Our own little animal farm."""

import sys

from animals import cat
from animals import dog
from animals import sheep
import animal
import farm

def make_creature(kind):
    """Create an creature class."""
    if kind == 'cat':
        return cat.Cat()
    if kind == 'dog':
        return dog.Dog()
    if kind == 'sheep':
        return sheep.Sheep()
    return animal.Animal(kind)

def main(animals):
/animal
```

しかし、/\<animal\>で検索すると単語単体だけが検索されanimalsを間違って検索することはなくなります。

```
#!/usr/bin/python3

"""Our own little animal farm."""

import sys

from animals import cat
from animals import dog
from animals import sheep
import animal
import farm

def make_creature(kind):
    """Create an creature class."""
    if kind == 'cat':
        return cat.Cat()
    if kind == 'dog':
        return dog.Dog()
    if kind == 'sheep':
        return sheep.Sheep()
    return animal.Animal(kind)

def main(animals):
/\<animal\>
```


引数リストを使った複数ファイルへの操作

引数リストを使うと、対象ファイルをバッファに前もって読み込む必要なしに複数ファイルに対して操作できます。

引数リストは次のようなコマンドを提供します。

- :argは引数リストを定義する
- :argdoは引数リストにあるすべてのファイルに対してコマンドを実行する

- :argsは引数リストの内容を表示する

たとえば、すべてのPythonファイルにあるanimalを(再帰的に)置換したいと思う場合、次のようにできます。

```
:arg **/*.py
:argdo %s/\<animal\>/creature/ge | update
```

このコマンドは次のように動作します。

- arg <パターン>はパターンにマッチしたファイルを引数リストに加える(それぞれのファイルは対応するバッファを持つ)
- **/*.pyは現在のディレクトリから再帰的に見つかるすべての.pyファイルを示すワイルドカード
- :argdoは引数リスト内のすべてのファイルに対してコマンドを実行する
- %s/\<animal\>/creature/geはマッチしなかったときのエラーは出さずに、全ファイル内のすべてのanimalをcreatureに置き換える

前述したように、\<と\>はVimに単語単体だけを置換するよう指示しています。これによりanimal_farmやanimalsのような文字列を置換することがなくなります。

:updateは:writeとよく似ていますが、バッファが変更されたときにのみファイルに保存するものです。

Vimは内容を保存せずにバッファを切り替えることを好まないため、:updateを引数リストで使うコマンド内で使う必要があります。もう1つの方法としては、:set hiddenして警告を消し、最後にまとめて:waで保存する方法があります。

試してみましょう。すべての単語が置換されます(リポジトリをGitにチェックインしているなら、git statusかgit diffで調べることができます)。また、次のコマンドを引数なしで実行することで引数リストの内容を見ることもできます。

```
:args
```

引数リストは、実はviの時代から引き継がれているものです。引数リストは今日のバッファと似た使われ方をしていました。バッファは引数リストの拡張です。すべての引数リストのエントリは

バッファリストにありますが、逆はそうではありません。

技術的には、:bufdoを使ってすべての開いているバッファに対して操作を行うこともできます（引数リストのエントリはバッファリストにも反映されるからです）。しかし、筆者はそれには反対です。なぜなら引数リストをセットする前に意図せず開いていたバッファに対してまで、操作を実行してしまう危険性があるためです。

正規表現の基本

正規表現は検索のみならず置換のコマンドでも動作します。正規表現には一連の文字にマッチする特殊なパターンがあります。たとえば次を見てください。

- \(c\|p\)arrotはcarrotとparrotのどちらにもマッチする。\(c\|p\)はcかpのいずれかを意味する
- \warrot\?はcarrotやparrot、さらにはfarroにもマッチする。\wはあらゆる「単語を構成する文字」にマッチし、t\?はtがあってもなくてもマッチすることを意味する
- pa.\+otはparrotやpatriot、さらにはpa123otにマッチする。.\+は1文字以上の任意の文字にマッチする

正規表現の他のバリエーションに馴染みがあるなら、他の正規表現の方言とは違い、多くのメタ文字を\でエスケープしなくてはならないことに気づくでしょう（デフォルトでは多くの文字は単なる文字でありメタ文字ではありません、例外は.や*です）。このあとで説明するマジックモードを使うとこれを逆転できます。

特殊な文字

正規表現により深く踏み込んでいきましょう。

シンボル	意味
.	任意の文字（改行除く）
^	行頭
$	行末
_.	任意の文字（改行含む）
\<	単語の始まり
\>	単語の終わり

メタ文字の一覧は:help ordinary-atomで見ることができます。

Vimが文字クラスと呼んでいるものもあります。

シンボル	意味
\s	空白（タブと半角スペース）
\d	数字
\w	単語を構成する文字（アルファベット、数字、アンダースコア）
\l	小文字
\u	大文字
\a	アルファベット

これらのクラスは大文字になると意味が反転します。たとえば、\Dは数字でない文字とマッチし、\Lは小文字でない文字とマッチします（大文字のみとマッチすることとの違いに注意してください）。

文字クラスの一覧は:help character-classesで見ることができます。

大括弧（[]）を使って文字の集合を明示的に指定することもできます。たとえば、[A-Z0-9]はすべての大文字と数字にマッチします。[,4abc]はカンマと数字の4、そしてa、b、cの文字にマッチします。

数字やアルファベットのようなひと続きのものについては、範囲を表すのにハイフンが使えます。たとえば、[0-7]は0から7までの数字にマッチしますし、[a-z]は小文字のaからzまでにマッチします。

さらに例を挙げると、すべてのアルファベットと数字とアンダースコアにマッチする表現は[0-9A-Za-z_]です。

最後に、キャレット（^）を前置することで範囲全体を否定できます。たとえば、すべてのアルファベットと数字以外の文字にマッチさせたい場合、[^0-9A-Za-z]が使えます。

選択子とグルーピング

Vimはさらにいくつかの特殊な演算子を持っています。

シンボル	意味
|	選択子
\(\)	グルーピング

選択子は「いずれか」を表現するのに用いられます。たとえば、carrot\|parrotはcarrotかparrotの両方にマッチします。

グルーピングは複数の文字を1つのグループにするのに用いられます。これには2つの目的があります。1つめは演算子を組み合わせることです。たとえば、\(c\|p\)arrotはcarrotとparrot両方にマッチする、より良い正規表現です。

グルーピングは後から括弧の中を参照するのにも用いられます。たとえば、cat hunting miceをmice hunting catに置換したい場合、次のような:substituteコマンドが使えます。

```
:s/\(cat\) hunting \(mice\)/\2 hunting \1
```

これはリファクタリングではよく使います。たとえば変数の並び替えなどに使われますが、詳しくは後に扱います。

量化子

それぞれの文字や文字の範囲には量化子(Vimの用語ではmulti)が続きます。

たとえば、\w\+は1つ以上の文字にマッチしますし、a\{2,4}は2つ以上4つ以下のaの文字にマッチします(たとえばaaa)。

次はよく使われる量化子の一覧です。

シンボル	意味
*	0以上、強欲
\+	1以上、強欲
\{-}	0以上、強欲でない
\?か\=	0か1、強欲
\{n,m}	n以上m以下、強欲
\{-n,m}	n以上m以下、強欲でない

量化子の一覧は:help multiで見ることができます。

この表には見たことのない用語が2つありました。「強欲」と「強欲でない」です。「強欲」はできるだけ多くの文字とマッチしようと試み、「強欲でない」はできるだけ少ない文字とマッチしようと試みます。

たとえば、foo2bar2という文字列があるとき、\w\+2という「強欲な」正規表現はfoo2bar2にマッチするのに対し（最後の2までマッチするため）、\w\{-1,}2という「強欲でない」正規表現はfoo2にマッチします。

マジックについて

特殊文字をバックスラッシュでエスケープすることは、時たまスラッシュで検索したり正規表現で置換したりするだけなら問題にはなりません。すべての特殊文字をエスケープすることなしに長い正規表現を書きたい場合、マジックモードに切り替えることができます。

マジックモードはVimがどのように（検索や置換コマンド内に出現するような）正規表現文字列を解析するのかを決定します。Vimは3つのマジックモード――マジックモード・ノーマジックモード・ベリーマジックモードを持っています。

マジックモード

デフォルトのモードです。ほとんどの特殊文字にエスケープが必要ですが、.や*はエスケープ不要です。

正規表現文字列に\mを前置することによって（たとえば/\mfooや:s/\mfoo/bar）、明示的にマジックモードに設定できます。

ノーマジックモード

このモードはマジックモードと似ていますが、すべての特殊文字がバックスラッシュでのエスケープを必要とします。

たとえばマジックモードでは、任意のテキストを含む行を/^.*$で検索できます（^は行頭、.*はすべての文字の繰り返し、$は行末）。しかし、ノーマジックモードでは、.*をエスケープして/^\.*$と書かなくてはなりません。

正規表現文字列に\Mを前置することで（たとえば/\Mfooや:s/\Mfoo/bar）、明示的にノーマジックモードを設定できます。.vimrcにset nomagicを追記することもできますが、推奨しません。Vimが正規表現を取り扱う方法を変更することで、いくつかのプラグインを壊す可能性があります（ノーマジックモードでの動作が想定されているとは限らないためです）。

ベリーマジックモード

ベリーマジックモードは文字・数字・アンダースコア以外のすべての文字を特殊文字として扱います。

正規表現文字列に\vを前置することで明示的にベリーマジックモードを有効にできます（たとえば/\vfooや:s/\vfoo/bar）。

ベリーマジックモードは多くの特殊文字が使われる状況で用いられます。たとえば、次のcat hunting miceをmice hunting catに置き換える例を先ほど使いました。

```
:s/\(cat\) hunting \(mice\)/\2 hunting \1
```

これはベリーマジックモードでは次のように書けます。

```
:s/\v(cat) hunting (mice)/\2 hunting \1
```


知識を実践に移す

リファクタリングにおける多くの課題としてリネームや並び替えがありますが、正規表現はそういったことに関する完璧な道具です。

変数・メソッド・クラスをリネームする

リファクタリングにおいて私達は頻繁にリネームをしますが、それはコードベース全体に反映されるべきものです。しかし、単純な検索と置換では多くの場合うまくいきません。なぜなら無関係のものまでリネームしてしまう危険性があるからです。

たとえば、DogクラスをPitbullにリネームしてみましょう。複数のファイルにまたがった変更であることから、引数リストを利用します。

```
:arg **/*.py
```

では、カーソルをリネームしたい単語（Dog）の上に移動し、次のコマンドを実行します（ここで、\<[Ctrl + r, Ctrl + w]\>はCtrl+rに続けてCtrl+wを押すことを意味しています）。

```
:argdo %s/\<[Ctrl + r, Ctrl + w]\>/Pitbull/gec | update
```

実行するとマッチそれぞれに対してプロンプトが出ます。

```
import sys

from animals import cat
from animals import dog
from animals import sheep
import animal
import farm

def make_animal(kind):
    """Create an animal class."""
    if kind == 'cat':
        return cat.Cat()
    if kind == 'dog':
        return dog.Dog()
    if kind == 'sheep':
        return sheep.Sheep()
    return animal.Animal(kind)

def main(animals):
    animal_farm = farm.Farm()
    for animal_kind in animals:
        animal_farm.add_animal(make_animal(animal_kind))
    animal_farm.print_contents()
replace with Pitbull (y/n/a/q/l/^E/^Y)?
```

yを押して変更を承認するか、nで拒否します。
何が起こったのか説明します。

- `:argdo`は引数リストにあるすべてのエントリに対して操作を行う（`:arg`で引数リストにファイルを追加）
- `%s/.../.../gec`はファイル全体に対して（%）すべての対象に（g）置換を行い、マッチがないときにはエラーを出さず（e）、変更を加える前にユーザーに確認する（c）
- `\<...\>`は単語単体のみを検索する（こうしないとDogfishのような単語までリネームされてしまうが、そうしたいわけではない）
- `Ctrl+r, Ctrl+w`はカーソル下の単語を挿入するためのショートカット（今回のケースではDog）

この方法だとダイアログに画面が固定されてしまい、ファイル全体を眺めることができません。

もしもっと自分で制御したいなら、別の方法は`:vimgrep`を使って前もって検索することです。

```
:vimgrep /\<Dog\>/ **/*.py
```

検索の結果を調べて、`:cn`や`:cp`で移動できます（`:copen`でQuickfixリストを開いてそこから移動することもできます）。

```
import animal
import farm

def make_animal(kind):
    """Create an animal class."""
    if kind == 'cat':
        return cat.Cat()
    if kind == 'dog':
        return dog.Dog()
    if kind == 'sheep':
        return sheep.Sheep()
(1 of 2): return dog.Dog()
```

この特定の例では、通常の変更コマンド（`cw`に`Pitbull`を続けて最後にESCキー）を使い、ドットで変更を繰り返してもいいですし、グローバルでない`:substitute`コマンドを使うこともできます（`:s/\<Dog\>/Pitbull`）。

関数の引数を並び替える

もう1つのよくあるリファクタリング操作は関数の引数への変更です。引数の並び替えの知見は他の状況へも応用できるため、その例を見てみましょう。

これは`animal.py`にあるサンプルのメソッドです。

```
def act(self, target, verb):
    return 'Suddenly {kind} {verb} at {target}!'.format(
            kind=self.kind,
            verb=verb,
            target=target)
```

このメソッドの引数の順番はあまり直感的とは言えません。次のように変更したほうがいいでしょう。

```
def act(self, verb, target):
    return 'Suddenly {kind} {verb} at {target}!'.format(
            kind=self.kind,
            verb=verb,
            target=target)
```

しかし、farm.pyですでにメソッドを使っていることから、このメソッドに対してはかなりの数の呼び出しがあります（コードは説明のため意図的に繰り返しを多くしています）。

```
def act(self, target):
    for animal in self.animals:
        if animal.get_kind() == 'cat':
            print(animal.act(target, 'meows'))
        elif animal.get_kind() == 'dog':
            print(animal.act(target, 'barks'))
        elif animal.get_kind() == 'sheep':
            print(animal.act(target, 'baas'))
        else:
            print(animal.act(target, 'looks'))
```

これは正規表現向けの仕事のようです！　書いてみましょう。

```
:arg **/*.py
:argdo %s/\v<act>\((\w{-1,}), ([^,]{-1,})\)/act(\2, \1)/gec | update
```

試してみましょう。するとマッチそれぞれに対して確認画面が出ます（cフラグを:substituteコマンドに付けたためです）。

```
"""A farm for holding animals."""

class Farm(object):

    def __init__(self):
        self.animals = set()

    def add_animal(self, animal):
        self.animals.add(animal)

    def act(self, target):
        for animal in self.animals:
            if animal.get_kind() == 'cat':
                print(animal.act('meows', target))
            elif animal.get_kind() == 'dog':
                print(animal.act(target, 'barks'))
            elif animal.get_kind() == 'sheep':
                print(animal.act(target, 'baas'))
            else:
                print(animal.act(target, 'looks'))

    def print_contents(self):
        print("We've got some animals on the farm:",
replace with act(\2, \1) (y/n/a/q/l/^E/^Y)?
```


分解すると、次のようになります。

- \vでベリーマジックモードに設定し、すべての特殊文字をエスケープする必要をなくしている
- <act>\(はact(のリテラルにマッチする。たとえばreact(のような文字列がマッチすることを防ぐ
- (\w{-1,}), ([^,]{-1,})\)はカンマとスペースと、それに続く閉じ括弧で分割された2つのグループを定義する。最初のグループは最低1文字、2つめのグループはカンマ以外の文字が最低1文字を示す（こうすることで、act(target, 'barks')とはマッチするがact(self, target, verb)とはマッチしなくなる）
- 最後に、act(\2, \1)でマッチしたグループを逆順にする

6.3 マクロを記録して再生する

マクロは一連の行動を記録して再生するための非常に強力なツールです。

先ほどの操作をマクロを使って実行してみましょう。farm.pyに次のコードがあります。

```
...
def act(self, target):
    for animal in self.animals:
        if animal.get_kind() == 'cat':
            print(animal.act(target, 'meows'))
        elif animal.get_kind() == 'dog':
            print(animal.act(target, 'barks'))
        elif animal.get_kind() == 'sheep':
            print(animal.act(target, 'baas'))
        else:
            print(animal.act(target, 'looks'))
...
```

animal.actの呼び出しの引数を並び替えたいと思います。farm.pyを開き、ggでファイルの先頭にカーソルを移動します。

```
"""A farm for holding animals."""

class Farm(object):

    def __init__(self):
        self.animals = set()

    def add_animal(self, animal):
        self.animals.add(animal)

    def act(self, target):
        for animal in self.animals:
            if animal.get_kind() == 'cat':
                print(animal.act(target, 'meows'))
            elif animal.get_kind() == 'dog':
                print(animal.act(target, 'barks'))
            elif animal.get_kind() == 'sheep':
                print(animal.act(target, 'baas'))
            else:
                print(animal.act(target, 'looks'))

    def print_contents(self):
        print("We've got some animals on the farm:",
"farm.py" 24L, 758C
```

qに続けてレジスタ名をタイプしてマクロをスタートします（今回はaを使いましょう。全体でqaとなります）。recording @aがステータスラインに表示されていますね[注1]。これはマクロが記録中であることを示しています。

注1　訳注：日本語版のVimでは記録中 @aと表示される。

```
"""A farm for holding animals."""

class Farm(object):

    def __init__(self):
        self.animals = set()

    def add_animal(self, animal):
        self.animals.add(animal)

    def act(self, target):
        for animal in self.animals:
            if animal.get_kind() == 'cat':
                print(animal.act(target, 'meows'))
            elif animal.get_kind() == 'dog':
                print(animal.act(target, 'barks'))
            elif animal.get_kind() == 'sheep':
                print(animal.act(target, 'baas'))
            else:
                print(animal.act(target, 'looks'))

    def print_contents(self):
        print("We've got some animals on the farm:",
recording @a
```

マクロを記録中になされたすべての移動や変更は、後でマクロを再生するときに繰り返されます。これが、マクロを記録するときには計画的であるべきであり、移動したりアクションを実行したりするときに再現性を考慮すべき理由です。

/animal.actで最初のanimal.actへ移動しましょう。

```
    def act(self, target):
        for animal in self.animals:
            if animal.get_kind() == 'cat':
                print(animal.act(target, 'meows'))
            elif animal.get_kind() == 'dog':
                print(animal.act(target, 'barks'))
            elif animal.get_kind() == 'sheep':
                print(animal.act(target, 'baas'))
            else:
                print(animal.act(target, 'looks'))
recording @a
```

ここで（たとえば行番号での移動ではなく）検索を使ったのは、マクロを残りのテキストにも適用できるようにするためです。

では、targetにカーソルを移動させましょう。4wで移動するか、f(lで移動します。

```
    def act(self, target):
        for animal in self.animals:
            if animal.get_kind() == 'cat':
                print(animal.act(target, 'meows'))
            elif animal.get_kind() == 'dog':
                print(animal.act(target, 'barks'))
            elif animal.get_kind() == 'sheep':
                print(animal.act(target, 'baas'))
            else:
                print(animal.act(target, 'looks'))
recording @a
```

後でtargetを貼り付けたいので、レジスタにコピーしましょう。"bdwは単語を削除してbレジスタに移動させます。

```
    def act(self, target):
        for animal in self.animals:
            if animal.get_kind() == 'cat':
                print(animal.act(, 'meows'))
            elif animal.get_kind() == 'dog':
                print(animal.act(target, 'barks'))
            elif animal.get_kind() == 'sheep':
                print(animal.act(target, 'baas'))
            else:
                print(animal.act(target, 'looks'))
recording @a
```

では、残りのカンマを削除しましょう（ここでは専用のレジスタを使う必要はありません。targetは別のレジスタに保管されているので、それを上書きする心配はありません）。

```
    def act(self, target):
        for animal in self.animals:
            if animal.get_kind() == 'cat':
                print(animal.act('meows'))
            elif animal.get_kind() == 'dog':
                print(animal.act(target, 'barks'))
            elif animal.get_kind() == 'sheep':
                print(animal.act(target, 'baas'))
            else:
                print(animal.act(target, 'looks'))
recording @a
```

meowsの最後にf'で移動します。

```
    def act(self, target):
        for animal in self.animals:
            if animal.get_kind() == 'cat':
                print(animal.act('meows'))
            elif animal.get_kind() == 'dog':
                print(animal.act(target, 'barks'))
            elif animal.get_kind() == 'sheep':
                print(animal.act(target, 'baas'))
            else:
                print(animal.act(target, 'looks'))
recording @a
```

あるべきカンマをa,で追加します。追加し終わったらESCキーを押します。


```
    def act(self, target):
        for animal in self.animals:
            if animal.get_kind() == 'cat':
                print(animal.act('meows', ))
            elif animal.get_kind() == 'dog':
                print(animal.act(target, 'barks'))
            elif animal.get_kind() == 'sheep':
                print(animal.act(target, 'baas'))
            else:
                print(animal.act(target, 'looks'))
-- INSERT --recording @a
```

bレジスタの内容を"bpで貼り付けます。

```
    def act(self, target):
        for animal in self.animals:
            if animal.get_kind() == 'cat':
                print(animal.act('meows', target))
            elif animal.get_kind() == 'dog':
                print(animal.act(target, 'barks'))
            elif animal.get_kind() == 'sheep':
                print(animal.act(target, 'baas'))
            else:
                print(animal.act(target, 'looks'))
recording @a
```

できました！ qでマクロの記録を終了します、するとrecording @aの表示は消えます。お見事！ @aでマクロを再生できます。

```
    def act(self, target):
        for animal in self.animals:
            if animal.get_kind() == 'cat':
                print(animal.act('meows', target))
            elif animal.get_kind() == 'dog':
                print(animal.act('barks', target))
            elif animal.get_kind() == 'sheep':
                print(animal.act(target, 'baas'))
            else:
                print(animal.act(target, 'looks'))
```

便利なショートカットは@@です。@@は最後に再生したマクロを再生します。

数字を前置することでマクロを複数回再生できます（たとえば2@a）。しかし、たとえばマクロの一部として検索を実行している場合、検索でファイルの先頭に戻ってしまい、マクロを再生するとすでに変更した箇所を変更してしまうかもしれません。

```
def act(self, target):
    for animal in self.animals:
        if animal.get_kind() == 'cat':
            print(animal.act('meows',
        elif animal.get_kind() == 'dog':
            print(animal.act('barks', target))
        elif animal.get_kind() == 'sheep':
            print(animal.act('baas', target))
        else:
            print(animal.act('looks', target))
```

ここで、マクロを扱うのが厄介になってきます。マクロがすることは操作の記録と再生、これだけです。

では、マクロが同じ変更を繰り返さないようにするにはどうすればいいのでしょうか。

マクロはエラーが起きると止まります。もし検索対象がカーソルから下側にない場合、Vimはエラーを起こすことなしにカーソルの上側を検索してしまいます。では、手動でエラーを起こせば、マクロは、続けて実行されるべきでないときは実行されなくなりますね。

今回のケースでは、検索が上側に戻るのを止め、代わりにファイルの末尾までたどり着いたらエラーを起こすようにすることができます。

```
:set nowrapscan
```

マクロを再生するとエラーが起きます。

```
    def act(self, target):
        for animal in self.animals:
            if animal.get_kind() == 'cat':
                print(animal.act('meows', target))
            elif animal.get_kind() == 'dog':
                print(animal.act('barks', target))
            elif animal.get_kind() == 'sheep':
                print(animal.act('baas', target))
            else:
                print(animal.act('looks', target))
E385: search hit BOTTOM without match for: animal.act
```

これでこのマクロを何回でも安全に実行できるようになりました。

このようなエラーのために、あるいは検索に自信がないときに、検索をマクロとは別々に実行するのが有益なときがあります。マクロの外で検索し（たとえば/animal.cat）、変更が保証されたと思ったらマクロを再生するというのは良い考えかもしれません。

そうしたら、nで次のanimal.catに移動し、変更を加えたいかどうか決め、@aか@@でマクロを実行できます。

マクロを編集する

マクロはレジスタに保管されています（ヤンクや貼り付けで使われるものと同じものです）。:regですべてのレジスタの中身を見ることができます。

```
            elif animal.get_kind() == 'dog':
                print(animal.act('barks', target))
            elif animal.get_kind() == 'sheep':
                print(animal.act('baas', target))
            else:
                print(animal.act('looks', target))

    def print_contents(self):
        print("We've got some animals on the farm:",
:reg
--- Registers ---
""   ,
"1   target
"2   target
"3   target
"4   target
"a   /animal.act^M4w"bdwdwf'a, ^["bp
"b   target
"-   ,
".   ,
":   reg
"%   farm.py
"/   animal.act
Press ENTER or type command to continue
```

一覧の真ん中近くに"aというのが見えます、そこに私達のマクロが含まれています。レジスタaの中身を見るためには、他にも:echo @aが使えます。

このスクリーンショットでは、多くの特殊文字が異なった表示となっています、たとえば、^[はESCキーであり、^MはEnterキーです。

実のところ、マクロはレジスタ以上のものでもそれ以下のものでもありません。qコマンドはキーストロークをレジスタに追加し、@はレジスタからキーストロークを再生するだけです。

マクロは単なるレジスタですので、pで貼り付けることができます。:newで新しいバッファを開き、"apでレジスタの中身を貼り付けてみましょう。

```
/animal.act^M4w"bdwdwf'a, ^["bp
~
~
~
~
~
~
~
~
~
~
~
```

これで、マクロをすべて最初からタイプしなおすことなしにマクロを編集できます。

編集が終わったら、それをレジスタに戻します。それには_"ay$を使います。_で行の先頭に移動し、"aでaレジスタにヤンクする準備をし、y$で行末までのテキストをヤンクします。

これで終わりです。"apでレジスタの中身を貼り付け、編集が終わったら_"ay$でそれをレジスタに戻します。

Vimのコマンドの多くと同じように、コマンドを正確に覚える代わりにそのコマンドが何をするかに着目しましょう。ここでは、行の先頭に移動してから行の残りをaレジスタにヤンクすることです。_"ay$よりずっと覚えやすいでしょう。

再帰的なマクロ

先ほど、私達は数字を前置することでマクロを複数回実行しました。これはあまりコンピュータサイエンス的ではありません。もっといい方法があります。

Vimは再帰的なマクロをサポートしています。しかし、いくつか気をつけるべき癖があります。

まず、記録をするレジスタは空でなくてはなりません。レジスタを空にするにはマクロに入ってすぐに抜けます。たとえば、bレジスタを空にしたい場合、qbqでレジスタを空にできます。

次に、通常どおりにマクロを記録します（たとえば、@b）。

Pythonの辞書のキーとバリューを入れ替えたいとします。

```
animal_noises = {
    'bark': 'dog',
```

```
        'meow': 'cat',
        'silence': 'dogfish',
    }
```

まず、'bark': 'dog'の行の先頭にカーソルを置きます。

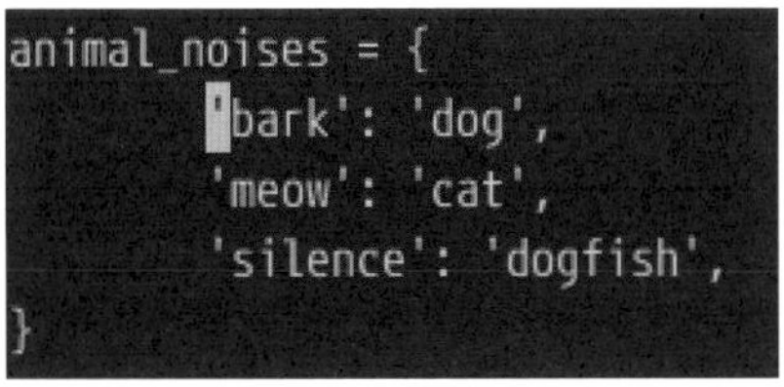

```
animal_noises = {
        'bark': 'dog',
        'meow': 'cat',
        'silence': 'dogfish',
}
```

マクロをbレジスタに記録します。最初に、レジスタの内容をクリアしてから記録を開始します。それにはqbqqbを使います（qbqでbレジスタをクリアに、qbで記録を開始します）。

barkとdogを入れ替えたいため、どちらかの単語を一時的なレジスタ（たとえばc）にヤンクし、dogをデフォルトのレジスタを使って移動させます。

"cdi'でシングルクォート（'）の中を削除してcレジスタに入れます。

```
animal_noises = {
        '': 'dog',
        'meow': 'cat',
        'silence': 'dogfish',
}
```

Wで'dog'に移動し、di'でdogを削除してデフォルトのレジスタに入れます。

```
animal_noises = {
        '': '',
        'meow': 'cat',
        'silence': 'dogfish',
}
```

hかbで左に1文字分移動し、"cpでbarkを挿入します。

```
animal_noises = {
        '': 'bark',
        'meow': 'cat',
        'silence': 'dogfish',
}
```

_で行頭に移動し、pでデフォルトのレジスタからdogを貼り付けます。

```
animal_noises = {
        'dog': 'bark',
        'meow': 'cat',
        'silence': 'dogfish',
}
```

もう少しです！ jで1行下に移動し_で行頭に移動します。

```
animal_noises = {
        'dog': 'bark',
        'meow': 'cat',
        'silence': 'dogfish',
}
```

ここで@bでマクロを再生しますが、何も起きません。なぜならbレジスタはまだ空だからです。qでマクロの記録を終了します。

今@bでマクロを再生すると、すべての行に対して操作が繰り返されます。

```
animal_noises = {
        'dog': 'bark',
        'cat': 'meow',
        'dogfish': 'silence',
}
```

できました！ どのマクロもレジスタに追記することで再帰的にできます。レジスタに追記するには、レジスタ識別子を大文字にします、たとえば、bレジスタのマクロを再帰的にしたければ、

qB@bqでマクロの最後に@bを追記できます。

マクロを複数ファイルにまたがって実行する

マクロを複数ファイルにまたがって実行したい場合は、引数リストが使えます。引数リストでノーマルモードのコマンドを実行するには:normalコマンドを使います。たとえば、レジスタaのマクロを実行したい場合には次のようにします。

```
:arg **/* .py
:argdo execute ":normal @a" | update
```

ここで、normal @aはaのマクロをノーマルモードで実行し、updateでバッファの内容を保存しています。再帰的なマクロにも引数リストは使えます。

6.4 プラグインに仕事を任せる

「ちょっと待って」という声が聞こえてきそうです。「これまでの内容をやるプラグインはあるの？」実際、リファクタリング操作を支援するプラグインは存在します。パラメータの変更、リネーム、メソッドの切り出しなどです。

しかし、既存のリファクタリングツールを使うとき、筆者は決まってかゆいところに手が届かない感じを覚えます。それが、筆者がリファクタリングのための意匠を凝らした置換コマンドを書き続ける理由です。筆者は、リファクタリングのプラグインをワークフローに取り入れて必要なときにだけ:substituteコマンドに切り替えるというのは、コストがとても高いと思います。

この本を執筆している時点で、デファクトスタンダードなリファクタリングプラグインはありません。言語固有のものやリファクタリングの特定の側面のみにフォーカスしたものはあります。たとえば、YouCompleteMeのようなプラグインは意味的な構造に基づいたリネームコマンドを提供しています（たとえば:YcmComplete RefactorRename）。

やりたいことに基づいて、いくつかのプラグインを試してみると良いでしょう。「Vim　リファクタリング　プラグイン」のようにWeb検索するとうまくいくでしょう。

6.5 まとめ

この章では、:substituteコマンドとマクロを取り上げました。どちらもリファクタリングにおける強力なツールです。

`:substitute`コマンドとフラグについてもカバーしました。複数ファイルに対して操作を実行する手段である、引数リストについても見てきました。

`:substitute`コマンドは正規表現もサポートしています。正規表現は文字検索よりもずっと、人生を楽にしてくれます。私達は正規表現の基本とVimのマジックモード（特殊文字の解釈を変更する方法）をカバーしました。

最後に、マクロを見ましたね。キーストロークを記録して再生する方法です。マクロはレジスタと同様に編集可能であり、必要に応じて何回も実行できるよう、再帰的にすることもできます。

次の章では、パーソナライズされた編集経験のためにVimをカスタマイズすることについて議論します。

Chapter 7

Vimを自分のものにする

この章ではVimのカスタマイズとVimを使いこなす方法について扱います。ニーズは人それぞれ異なっているので、この章ではあなたが自身のスタイルを構築する手助けをしようと思います。

本章では次のトピックを扱います。

- カラースキームとVimの見た目を改善する方法
- ステータスラインに追加の情報を表示して強化する
- gVim固有のGUIの設定
- ワークフローをカスタマイズする際の健康的な習慣
- `.vimrc`を整理する方法論

7.1 技術的要件

この章では`.vimrc`ファイルを整理する方法を扱います。サポートとなるようなコードはありません。ぜひご自身の`.vimrc`を持ち込んでこの章で推奨されているテクニックを試してみてください。

加えて、`pip`でいくつかのパッケージをインストールしますので、pipがインストールされているか確認する必要があります。次のコマンドでpipをインストールできます。

```
$ curl https://bootstrap.pypa.io/get-pip.py -o get-pip.py && python3 get-pip.py
```

7.2 VimのUIと戯れる

Vimは拡張可能なUIを持っていますし、90年代のような見た目をいつまでも引きずる必要もありません。テーマを変更し、あるUIの要素がどのように表示されるのかを微調整し、ステータスラインに表示される情報を強化できます。もしあなたがgVimのユーザーなら、さらに多くのカスタマイズ用オプションが利用可能です！

カラースキーム

Vimにおいて入手可能なカラースキームの数は、Vimに同梱されているものとコミュニティメンバーによって作られたもの双方ともに過剰なほどです。

次のように`.vimrc`で`colorscheme`の設定を変更することで、カラースキームを変更できます。

```
:colorscheme elflord
```

現在インストールされているカラースキームの一覧を入手したい場合、`:colorscheme Ctrl+d`を実行します。これで、インストールされているカラースキームの一覧が表示されます。

```
" => Looks --------------------------------------------------------------- {{{1

set background=light
colorscheme PaperColor

" Set terminal window title and set it back on exit.
set title
let &titleold = getcwd()

" Shorten press ENTER to continue messages.
set shortmess=atI

" Show last command.
set showcmd

.vimrc                                                    88,1          41%
:colorscheme
PaperColor      desert          morning         shine           torte
blue            elflord         murphy          slate           zellner
darkblue        evening         pablo           solarized
default         industry        peachpuff       spacegray
delek           koehler         ron             tomorrow-night
:colorscheme
```


この例では、筆者はhttps://github.com/NLKNguyen/papercolor-themeから入手可能な:colorscheme PaperColorを使っています。

backgroundオプションをlightかdarkに指定することで、さらにカラースキームをカスタマイズすることもできます（このオプションはcolorscheme呼び出しの前に来なくてはいけません）。

たとえば、同じカラースキーム（PaperColor）でもset background=darkを設定すると次のような見た目になります。

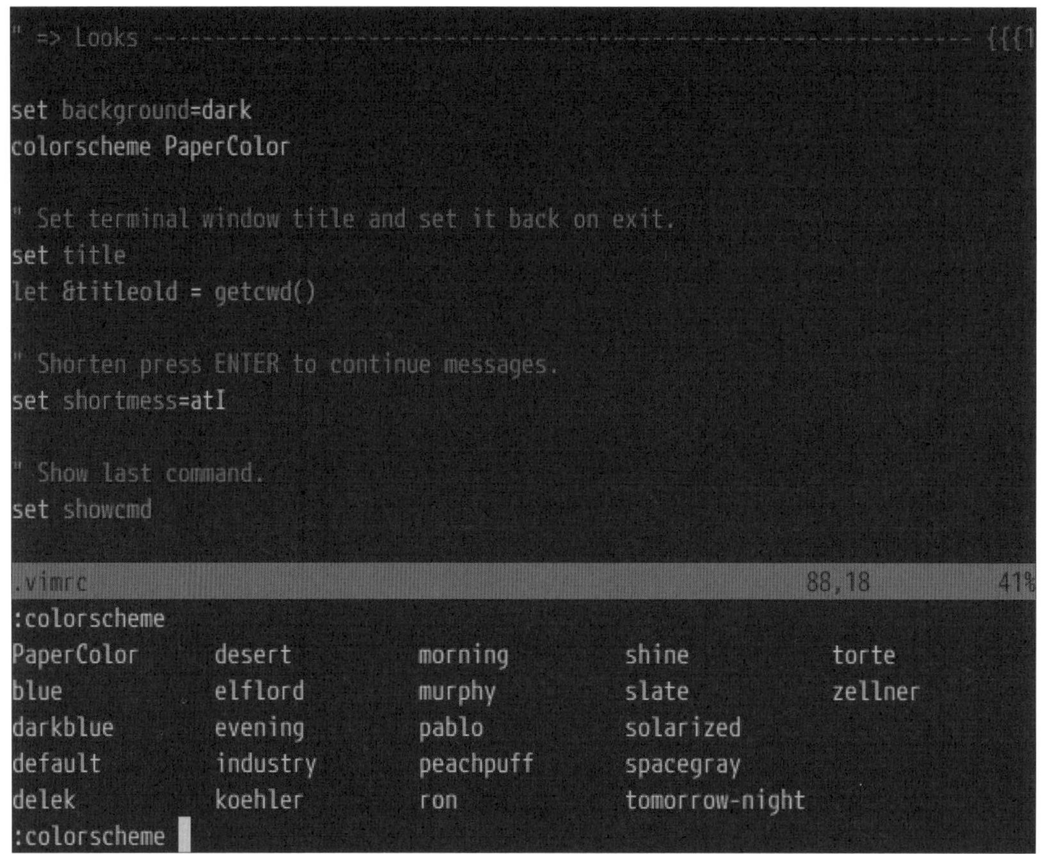
" => Looks -- {{{1
set background=dark
colorscheme PaperColor
" Set terminal window title and set it back on exit.
set title
let &titleold = getcwd()
" Shorten press ENTER to continue messages.
set shortmess=atI
" Show last command.
set showcmd
.vimrc
88,18
41%
:colorscheme
PaperColor desert morning shine torte
blue elflord murphy slate zellner
darkblue evening pablo solarized
default industry peachpuff spacegray
delek koehler ron tomorrow-night
:colorscheme

カラースキームをブラウズする

人々の好みはあまりにも違うため、オンラインで多くのカラースキームが入手できます。カラースキームには、議論の余地なく権威ある単一のリソース、というものはありません。カラースキームを探してみて、目を引くものを見つけようとするのが良いでしょう。

お気に入りを見つけるためになんとかして多くのカラースキームを入手しようとするなら、ScrollColorsという便利なプラグインを使うことができます。ScrollColorsプラグインはSCROLLというコマンドを提供し、インタラクティブにカラースキームを順に試すことができるようになります。

vim-plugを使っているなら、.vimrcにPlug 'vim-scripts/ScrollColors'を追記して:w | source $MYVIMRC | PlugInstallを実行するとインストールできます。

https://github.com/flazz/vim-colorschemesでもカラースキームのコレクションが入手できます。人気のあるカラースキームが数百はあるようです。筆者の個人的なお気に入りはすべてその中にありますので、お気に入りのカラースキームを決めようとしている人には良いリソースかもしれません。

このプラグインとScrollColorsを組み合わせて使うことで、人気のあるカラースキームのギャラリーをブラウズすることができます。

vim-plugを使っているなら、.vimrcにPlug 'flazz/vim-colorschemes'を追記して:w | source $MYVIMRC | PlugInstallを実行するとインストールできます。

よくある問題

カラースキームを試す際に時々、オンラインのスクリーンショットと比べて魅力的に見えない、あるいは色の数が少ないといった問題が起こることがあります。

これは多くの場合、あなたの端末エミュレータがVimに対して、自身が256色ではなく8色しかサポートしていないと誤って伝えていることに起因します（多くのモダンな端末エミュレータでは256色が利用可能です）。これを修正するには、$TERM環境変数を適切に設定する必要があります。

tmuxかGNU Screenを使っている場合、それが利用可能な色数を誤って報告してしまうためにこの種の問題がよく起こります。

256色では足りないと考えているなら、特定の端末エミュレータは"truecolor"と呼ばれる24ビット色をサポートしています。もしお使いの端末エミュレータが24ビットのtruecolorをサポートしているなら（Web検索をすればわかるでしょう）、set termguicolorsを.vimrcに追記します。

$TERM環境変数の現在の値を知りたい場合、次のコマンドをシェルから実行します。

```
$ echo $TERM
```

tmuxを使っているなら、次を.tmux.confに追記します。

```
set -g default-terminal "xterm-256color"
```

GNU Screenを使っているなら、次を.screenrcに追記します。

```
term "xterm-256color"
```

上記の解決策が機能しないなら、次を.bashrcに追記します。

```
TERM=xterm-256color
```

しかし、.bashrcで$TERMを上書きするのはほとんどの場合で良い考えとは言えません。もっと調査をして、何が$TERMの値を間違ったフォーマットに設定しているのか調べたほうが良いでしょう。

ステータスライン

ステータスラインは情報を表示するために使われる、画面下部にある可愛らしいバーです。少しの微調整でもっと有用にすることができます。

```
" 常にステータスラインを表示する（これを設定しないと隠れてしまうときがある）
set laststatus=2
" 最後に実行したコマンドをステータスラインに表示する
set showcmd
```

さらにカスタマイズしたいのならば、ステータスラインを強化するためのプラグインがいくつかあります。Powerlineは全部入りのプラグインであり、Airlineは軽量な代替手段です。

Powerline

PowerlineはVimのステータスラインを強化するだけでなく、シェルのプロンプトやtmuxのステータスラインの拡張といった他の機能も提供しています。詳細なインストール方法の解説を含め、https://github.com/powerline/powerlineから入手できます。VimでPowerlineを有効化すると、次のような見た目になります。

```
NORMAL · · master  zoo/animals.py A  unix · utf-8 · python  3% · · 1:1
```

見てのとおり、現在のモード、Gitのブランチ名、ファイル名、現在のファイルの状態、ファイルタイプ、エンコーディング、現在のファイルにおける位置といった、過剰なまでの情報が表示されています。Powerlineは非常にカスタマイズ性が高く、より多くの情報もより少ない情報も表示させるようにできます。

インストールするのは少したいへんです。なぜならばPowerlineは単なるVimプラグインではないからです。最初に、`powerline-status`パッケージをpipからインストールする必要があります。

```
$ python3 -m pip install powerline-status
```

pipのインストール方法についてはこの章の初めにある「技術的要件」を参照してください。

`$HOME/.local/bin`（pipのデフォルトのインストールパス）がパスに含まれていることを確実にするために、次を`.bashrc`に追記する必要もあります。

```
PATH=$HOME/.local/bin:$PATH
```

最後に、`laststatus`を2に設定してステータスラインが常に表示されるようにしたあと、Powerlineを`.vimrc`内で読み込みます。

```
" 常にステータスラインを表示（Powerlineの目的を考えれば当然ですね）
set laststatus=2
" Powerlineを読み込む
python3 from powerline.vim import setup as powerline_setup
python3 powerline_setup()
python3 del powerline_setup
```

Vimの設定を（`:w | source $MYVIMRC`で）再読み込みすると、意匠を凝らした新しいステータスラインが画面下部に表示されます。

```
" Enable syntax highlighting.
syntax on

" Language dependent indentation.
filetype plugin indent on

" Reasonable indentation defaults.
set autoindent
set expandtab
set shiftwidth=4
set tabstop=4
set softtabstop=4

" Set a colorscheme.
colorscheme murphy

" Install vim-plug if it's not already installed.
if empty(glob('~/.vim/autoload/plug.vim'))
  silent !curl -fLo ~/.vim/autoload/plug.vim --create-dirs
    \ https://raw.github.com/junegunn/vim-plug/master/plug.vim
  autocmd VimEnter * PlugInstall --sync | source $MYVIMRC
endif
NORMAL  ~/.vimrc                          unix  utf-8  vim   2%      1:1
```

Airline

Airlineは、もしあなたがPythonのデーモンが背後で継続的に動作しているというアイデアが気に入らなかったり、余計なものは何も欲しくなかったりするのであれば、すばらしい代替手段です。次のような、情報量が豊富で見やすいプロンプトが提供されます。

```
import util


class Animal:

    def __init__(self, kind, name):
        self.kind = kind
        self.name = name

    def introduce(self):
        print('This is', self.name, 'and it\'s a', self.kind)

    def act(self, verb, target):
        print(self.name, verb, 'at', target)


class Dog(Animal):

    def __init__(self, name):
        super().__init__(self, 'dog', name)

NORMAL  ᚠ mas  animals.py                pyt…   3% Ξ    1:  1  Ξ [18]tra…
"animals.py" 32L, 574C
```


Airlineは`https://github.com/vim-airline/vim-airline`から入手可能であり、追加の依存関係はありません。

vim-plugを使っているなら、`.vimrc`に`Plug 'vim-airline/vim-airline'`を追記して`:w | source $MYVIMRC | PlugInstall`を実行するとインストールできます。

gVim固有の設定

gVimはスタンドアロンのアプリケーションであり、Vimよりも多くの設定項目を持っています。実際、gVimにはそれ専用の設定ファイルが（`.vimrc`に加えて）あります。`.gvimrc`です。

GUIの見た目を変更する主要なオプションはguioptionsです。この設定項目は文字列を受け取り、それぞれの文字に対応した機能を有効化します。たとえば次のような項目をよく使うでしょう。

- aとP：ヤンクしたときにビジュアル選択範囲を自動的にシステムのクリップボードにコピーする（*と+のレジスタを使用する。詳細は第2章の「高度な編集と移動」を参照）
- c：ポップアップの代わりにコンソールのダイアログを使用
- e：GUIコンポーネントを使用してタブを表示
- m：メニューバーを表示
- T：ツールバーを表示
- r、l、b：それぞれ右、左、下部のスクロールバーを常に表示

たとえば、メニューバーとツールバーを表示して下部のスクロールバーを常時表示したい場合、次を.vimrcに追記すると実現できます。

```
" GUI：メニューバーとツールバーを有効化、下部のスクロールバーを常時表示
set guioptions=mTb
```

この変更は次のような見た目となります（Windows上のgVimで撮ったスクリーンショットです）。

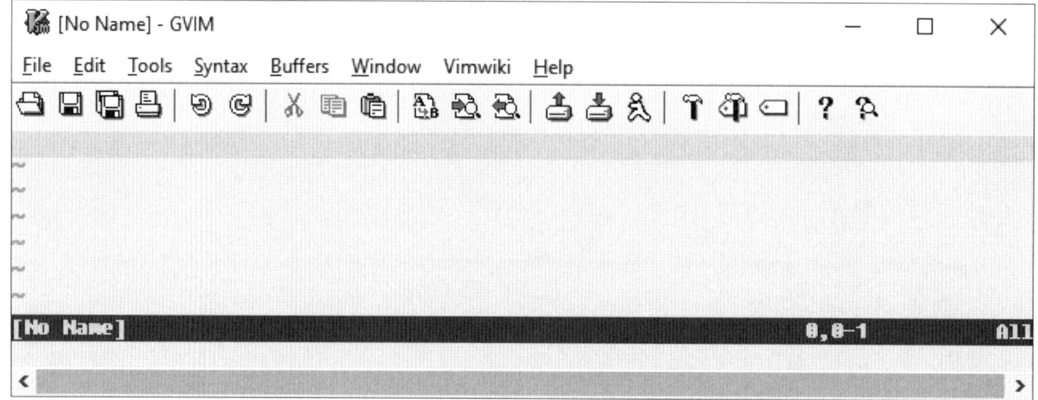

:help guiでgVim固有の設定についてもっと学ぶことができます。

7.3 設定ファイルを追跡する

おそらく、10年先も同じコンピュータを使い続けているということはないでしょう。複数のマシンで作業するということもあり得ます。それはつまり、複数の環境で設定ファイルを同期する方法を見つけるべきだということです。

いつものように、何かひとつの正しい方法があるわけではないのですが、一般的な方法としては設定ファイルをGitリポジトリに保存し(Linux上での設定ファイルはドットで始まることが多いため、これはdotfilesと呼ばれることが多いです)、ホームディレクトリからdotfilesディレクトリのファイルに対してシンボリックリンクを張る、というものがあります。コミットし、プッシュし、プルするだけで設定を最新にできます。

最も簡単な方法はGitHubなどのサービスを使ってリポジトリを作り、それで設定を同期する方法でしょう。バージョン管理ツールにパスワードなどの重要なデータを含めることのないようにしてください!

多くの場合、設定ファイルを変更する手順は次のようなものです(筆者の設定ファイルはLinuxとMacでは$HOME/.dotfiles、Windowsでは%USERPROFILE%¥_dotfilesに置かれています)。


```
$ cd ~/.dotfiles
$ git pull --rebase
# .vimrcを編集するなどの変更を加える
$ git commit -am "Updated something important"
$ git push
```

.dotfilesはGitのリポジトリでなくてはなりません。Gitについて復習したい場合は第5章の「バージョン管理とGitについての概説」の節を参照してください。

たとえば、~/dotfilesディレクトリがあり、そこに.vimrcと.gvimrc、さらに.vimディレクトリがあるとしましょう。リンクを手動で作る(ln -s ~/dotfiles/.vimrc .vimrc)か、次のような小さなPythonスクリプトを書きます。

```
import os
dotfiles_dir = os.path.join(os.environ['HOME'], 'dotfiles')
for filename in os.listdir(dotfiles_dir):
    os.symlink(
        os.path.join(dotfiles_dir, filename),
        os.path.join(os.environ['HOME'], filename))
```

この課題の解決には、いくらでも創意工夫が凝らせます。たとえば、次のようなことができるでしょう。

- 上のPythonスクリプトをクロスプラットフォームで動作するようにする（たとえば、.vimディレクトリはWindowsではvimfilesになる）
- cronを使って定期的にGitリポジトリを同期する
- Git以外の同期のしくみを使う（説明的なコミットメッセージと引き換えに同期の速度を上げることができる）

7.4 健康的なVimカスタマイズの習慣

Vimを使い続けると、設定の変更をする回数が増えます。振り返り、じっくり考え、.vimrcが不要なエイリアス、関数、そしてプラグインの山となってしまわないようにするために時間を使うのは重要です。

ときには.vimrcに戻り、不要な関数やプラグインを削除したり、もはや使っていないキーバインディングを取り除いたりするのに時間を使いましょう。もしコードが何をしているのかわからないなら、それを取り除くのが良いでしょう。理解していない設定は大して活用できないからです。

時間を取って、設定済みのオプションやインストール済みのプラグインについて:helpを読むのも良いでしょう。思いもかけない便利な機能が見つかりますよ！

ワークフローを最適化する

ワークフローは人それぞれ異なりますし、まったく同じようにVimを使う人は2人といません。Vimを使う方法を強化・最適化することで、あなたのスタイルを補完する方法を探してみるのも良いでしょう。

あるコマンドをたくさん使っている？　カスタムのキーバインディングを作りましょう！

たとえば、筆者はCtrlPプラグインをよく使います（ファイルツリーとバッファリスト、両方での移動で利用します）ので、次のカスタムマッピングを定義しています。

```
nnoremap <leader>p :CtrlP <cr>
nnoremap <leader>t :CtrlPTag <cr>
```

筆者はカーソル下の単語に対して:Ackコマンド（ack-vimプラグインにより提供されるコマンド）をよく使いますので、次を.vimrc内に定義しています。

```
nnoremap <leader>a :Ack! <c-r><c-w><cr>
```

`<c-r>`と`<c-w>`はカーソル下の単語をコマンドラインに挿入します。同じような用途で`:grep`を使いますか？　問題ありません。

```
nnoremap <leader>g :grep <c-r><c-w> */**<cr>
```

コマンドラインモードに入ろうとして、間違ってコロンの代わりにセミコロンを入力してしまいますか？　リマップしてしまいましょう。

```
nnoremap ; :
vnoremap ; :
```

何かを頻繁にする場合、一度立ち止まってそれに対するキーバインディングを作成することで、人生はもっと楽になります。

.vimrcを整理する

Vimを使い続け、カスタマイズし続けた場合、`.vimrc`は急速に大きくなりがちであり、その中を移動しやすくすることが重要になってきます。`.vimrc`のために仕事から離れてみてください。きっとあとで自分自身に感謝することでしょう。

コメントは何が起こっているのかを覚えておくために非常に重要です。この章から1つだけ学ぶとするなら、それはコメントの重要性です。コードと同じように、コメントがあると何が起こっているのかを理解するために時間を無駄にすることがなくなります。

筆者は各設定に対応したコメントを書くことを忘れないようにしています。

```
" 最後に実行したコマンドをステータスラインに表示する
set showcmd
" カーソル行をハイライトする
set cursorline
" ルーラ（行、列、現在位置を右下に表示）
set ruler
" 端末が広ければ行番号を表示する
if &co > 80
 set number
endif
" 自動折り返し
```

```
set linebreak
" 長い行をきれいに表示する
set display+=lastline
" ステータスラインを常時表示する
set laststatus=2
```

コメントを設定と同じ行に書くスタイルを好む人もいるでしょう。

```
set showcmd" 最後に実行したコマンドをステータスラインに表示する
set cursorline " カーソル行をハイライトする
set ruler " ルーラ（行、列、現在位置を右下に表示）
if &co > 80 " 端末が広ければ行番号を表示する
 set number
endif
set linebreak " 自動折り返し
set display+=lastline " 長い行をきれいに表示する
set laststatus=2 " ステータスラインを常時表示する
```

とくにプラグインに関して、それが何をするのかを手短に説明するコメントを追加することは非常に役に立つと感じます。もはや必要なくなったプラグインを一覧から削除するのが容易になります。

```
Plug 'EinfachToll/DidYouMean'            " ファイル名の提案
Plug 'easymotion/vim-easymotion'         " より良い移動コマンド
Plug 'NLKNguyen/papercolor-theme'        " カラースキーム
Plug 'ajh17/Spacegray.vim'               " カラースキーム
Plug 'altercation/vim-colors-solarized' " カラースキーム
Plug 'christoomey/vim-tmux-navigator'    " より良いtmuxとの統合
Plug 'ervandew/supertab'                 " より強力なタブ
Plug 'junegunn/goyo.vim'                 " 気を散らさない執筆
Plug 'ctrlpvim/ctrlp.vim'                " Ctrl+pであいまい検索
Plug 'mileszs/ack.vim'                   " ack統合
Plug 'scrooloose/nerdtree'               " netrwの見た目を良くする
Plug 'squarefrog/tomorrow-night.vim'     " カラースキーム
Plug 'tomtom/tcomment_vim'               " コメントのヘルパ
Plug 'tpope/vim-abolish'                 " 大文字小文字をすばやく切り替える
Plug 'tpope/vim-repeat'                  " すべてを繰り返す
Plug 'tpope/vim-surround'                " 囲みコマンドを強化する
Plug 'tpope/vim-unimpaired'              " 一連の便利なショートカット
Plug 'tpope/vim-vinegar'                 " -でnetrwを開く
Plug 'vim-scripts/Gundo'                 " アンドゥツリーを可視化する
Plug 'vim-scripts/vimwiki'               " 個人用のWiki
```

設定ファイルの中を移動しやすくする方法はたくさんあります。筆者のやり方は折り畳みを設定することです。筆者は設定を「見た目」や「編集」、「移動と検索」のようなカテゴリに分割しています。そこに手動の折り畳みマーカ（{{{1）を設定します。

```
...
" => 編集 ------------------------------------------------------------ {{{1
syntax on
...
" => 見た目 ---------------------------------------------------------- {{{1
set background=light
colorscheme PaperColor
...
```

こうすることで、.vimrcの全体像が見たくなった場合はzMで折り畳みをすべて畳むことで次のようにすることができます。

```
" URL: https://github.com/ruslanosipov/dotfiles
" Author: Ruslan Osipov
" Description: Personal .vimrc file
"
" All the plugins are managed via vim-plug, run :PlugInstall to install all
" the plugins from Github, :PlugUpdate to update. Leader key is the spacebar.
"
" What function keys do (also see: Custom commands, Leader shortcuts):
"   F5: toggle Gundo window.

+-- 16 lines: => Pre-load -------------------------------------------------------
+-- 27 lines: => vim-plug plugins -----------------------------------------------
+-- 41 lines: => Editing --------------------------------------------------------
+-- 35 lines: => Looks ----------------------------------------------------------
+--  5 lines: => Custom commands ------------------------------------------------
+-- 11 lines: => Leader shortcuts -----------------------------------------------
+-- 16 lines: => Movement and search --------------------------------------------
+-- 20 lines: => Filetype-specific ----------------------------------------------
+-- 14 lines: => Misc -----------------------------------------------------------
+-- 21 lines: => Fixes and hacks ------------------------------------------------
+-- 17 lines: => Plugins configuration ------------------------------------------
~
.vimrc                                                          1,1           All
".vimrc" 233L, 6275C [w]
```

7

7.5 まとめ

この章では、Vimのユーザーインターフェースを強化し、Vimをパーソナライズする方法について紹介してきました。

カラースキームとそれを設定する方法、それを見つける方法、およびブラウズする方法について見てきました。重いPowerlineと軽いAirlineプラグインを使ってVimのステータスラインを強化する方法についても見ました。

gVim固有のGUI設定と、gVimの見た目をカスタマイズする方法についても見てきました。

最後に、Vimを使うにつれてあなたは自分自身のスタイルやワークフローを開発することになるでしょう。このワークフローはキーバインディングとショートカットによって最も強化されます。`.vimrc`が大きくなったとき、それを整理し、ドキュメント化し、見やすくする方法はいくつもあります。

次の章ではVimに同梱されている強力なスクリプト言語であるVim scriptについて学びます。

Chapter 8

Vim scriptで平凡を超越する

この章ではすばらしいスクリプト言語であるVim scriptを紹介します。かなり詳細な部分にまで踏み込みますが、紙面の関係上すべてを網羅的に解説するというわけにはいきません。この章を読み終わったあなたがVim scriptに興味を持ち、Vim scriptに関する調査を自分自身で始め、そしてプラグインやスクリプトを作り始めるときに、この章をリファレンスとして使ってくれることを期待します。

本章では、次のトピックを見ていきます。

- 変数の宣言からラムダ式の使い方までの基本的な文法
- スタイルガイドとVim scriptで開発するときにコードを秩序立てる方法
- サンプルのプラグインをイチから作成する（コードの1行めからオンラインにリリースするまで）

8.1 技術的要件

この章では多くの例を通じてVim scriptを学んでいきます。すべての例は`https://github.com/PacktPublishing/Mastering-Vim/tree/master/Chapter08`で入手可能です。自分自身でスクリプトを書き進めても良いですし、リポジトリからファイルをダウンロードしても良いでしょう。

8.2 なぜVim scriptなのか?

.vimrcに取り組んだことがあるなら、あなたはすでにVim scriptと出会っています。もしかしたら、Vim scriptが実はチューリング完全なスクリプト言語であるということは知らなかったかもしれません。つまり、Vim scriptでできることに限界はないのです。これまでのところ、Vim scriptは変数を設定したり比較演算を行ったりするのに使われてきただけでしたが、実際はもっとずっと多くのことができます！

Vim scriptを学ぶことは、Vimの設定をより良く理解する助けになるだけでなく、テキスト編集においてぶち当たった問題を、関数やプラグインを書くことで解決することにもつながります。それはとても素晴らしいことです。

8.3 Vim scriptの実行方法

Vim scriptはコマンドラインモードで実行されるコマンドから構成されており、ファイルに羅列された一連のVimコマンド以上のものではありません。コマンドラインモードで個々のコマンド（コロンから始まるコマンドのことです）を実行することでいつでもVim scriptを実行できますし、:sourceコマンドを使うことでファイルをVim scriptとして実行できます。歴史的に、Vim scriptは.vimの拡張子を持ちます。

この節を通じて、実験用の*.vimファイルを作ることになるでしょう。次を実行することでファイルを実行できます。

```
:source <ファイル名>
```

次のように書くとずっと短く書けます

```
:so %
```

ここで、:soは:sourceの短縮形であり、%は現在開いているファイルを指します。

たとえばちょうど今、変数についていろいろと試すためにvariables.vimというファイルを作ったところです。:so %でファイルの中身を実行できます。

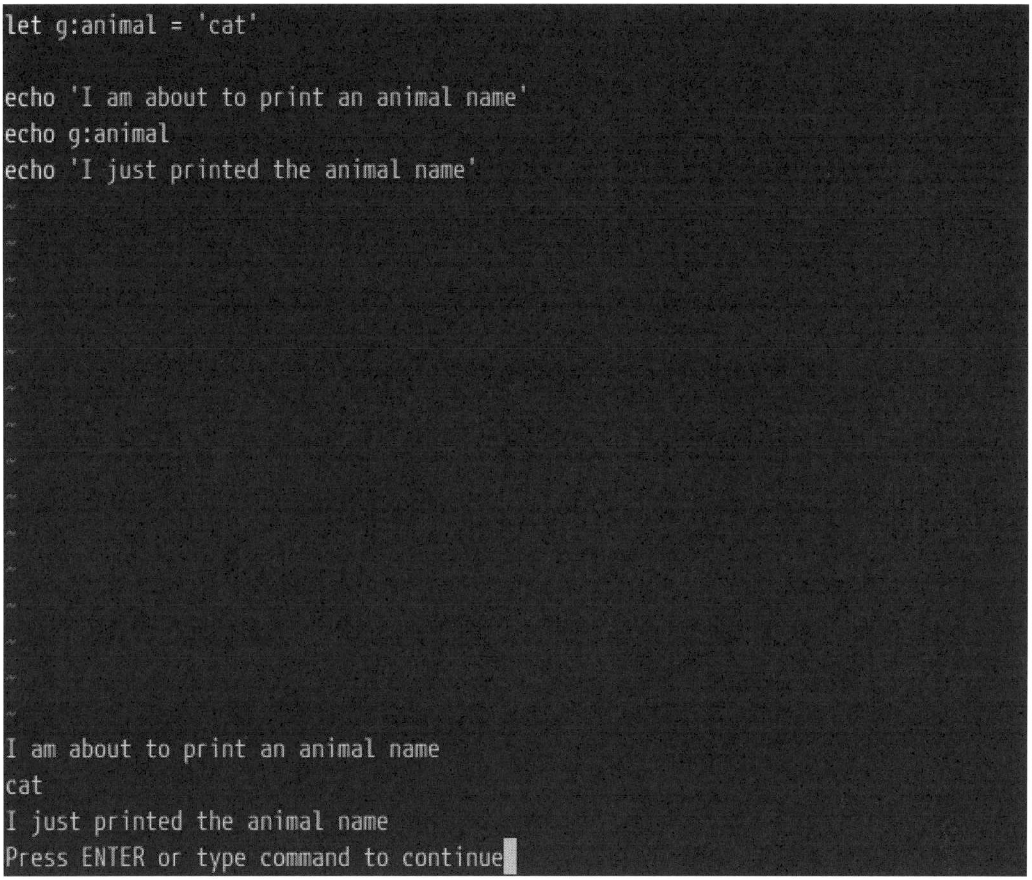

```
let g:animal = 'cat'

echo 'I am about to print an animal name'
echo g:animal
echo 'I just printed the animal name'
~
~
~
~
~
~
~
~
~
~
~
~
~
~
I am about to print an animal name
cat
I just printed the animal name
Press ENTER or type command to continue
```


代わりに、個々のコマンドをコマンドラインモードで実行することもできます。たとえば、g:animalという変数の中身を表示したいのであれば、次のようにできます。

```
:echo g:animal
```

これを実行すると、catがステータスラインに表示されます。

```
let g:animal = 'cat'

echo 'I am about to print an animal name'
echo g:animal
echo 'I just printed the animal name'
~
~
~
~
~
~
~
~
~
~
~
~
~
~
~
~
~
~
cat
```

普段は、筆者は長いスクリプトは`:so %`で実行し、デバッグ用の操作はコマンドラインモードで行います。

また、コマンドラインモードにいる際は、関数か制御構造（`if`、`while`、`for`など）を入力したあとにもコマンドラインモードにとどまります。

```
~
~
~
:if has('win32')
:  echo 'this is windows'
:  else
:  echo 'this is probably unix'
this is probably unix
:  endif
```

この例では、筆者は各行でコロンを入力する必要はありませんでした。加えて、個々の行はEnterキーを押したタイミングで実行されます（画面に`this is probably unix`と表示されていますね）。

8.4 文法を学ぶ

Vim scriptの文法超入門を始めましょう。

この節は、あなたが最低でも1つのプログラミング言語と、条件文やループといった制御構造に通じていることを前提としています。もしそうでないなら、もっと広範囲に渡るチュートリアルを探したほうが良いでしょう。Vim scriptは単独の本に値するものであり、Steve Loshがまさにそれを書いています。"Learn Vimscript the Hard Way"注1は間違いなく最高のVim scriptチュートリアルでしょう（そしてオンラインなら無料で読めます！）。

変数を設定する

Vim scriptの文法の基本についてはすでに出てきています。Vimの内部オプションを設定するには`set`キーワードを使います。

```
set background=dark
```

注1　訳注：当該本は日本語版がありません。日本語では『Vim scriptテクニックバイブル』（Vimサポーターズ 著、技術評論社、2014年発行、ISBN = 978-4-7741-6634-6）がVim scriptに関する良書です。

内部オプションではない変数を設定するにはletキーワードを使います。

```
let animal_name = 'Miss Cattington'
```

Vim scriptには明示的な真偽値がありませんので、1を真として0を偽として扱います。

```
let is_cat = 1
```

変数を設定するということで、スコープについて話をしましょう。Vimは変数や関数のスコープをプレフィックスで扱います。次がその例です。

```
let g:animal_name = 'Miss Cattington'
let w:is_cat=1
```

個々の文字が固有の意味を持っています。とくに重要なものは次です。

- g：グローバルスコープ（スコープが指定されていないときのデフォルト値）
- v：Vimによって定義されたグローバルスコープ
- l：関数ローカルスコープ（関数内で宣言された変数のデフォルトのスコープ）
- b：バッファローカル
- w：ウィンドウローカル
- t：タブローカル
- s：:sourceされたVim scriptに対してローカル
- a：関数の引数

この例では、g:animal_nameはグローバル変数です（let animal_name='Miss Cattington'と書くこともできますが、常に明示的にスコープを宣言するべきです）。また、w:is_catはウィンドウローカルな変数です。

覚えているかもしれませんが、letでレジスタの中身を設定することもできます。レジスタaがcats are weirdを持つようにしたい場合、次のようにできます。

```
let @a = 'cats are weird'
```

Vimのオプション（setで変更するもの）には&を付けることでアクセスできます。たとえば次のとおりです。

```
let &ignorecase = 0
```

整数に対しては数学的な操作（+、-、*、/）が行えます。ドット演算子で文字列の連結を行うことができます。

```
let g:cat_statement = g:animal_name . ' is a cat'
```

シングルクォート（'）で囲んだ文字列の中でシングルクォートを使いたい場合、シングルクォートを2回重ねることで実現できます。

他の多くの言語と同じように、シングルクォートの文字列はリテラルを表し、ダブルクォート（"）の文字列はリテラルでない文字列を表します。コメントもダブルクォートで始まることから、混乱をもたらすことがあります。この振る舞いにより、Vim scriptの特定のコマンドにはコメントを続けることができません。

出力を扱う

変数の内容（や操作の結果）をステータスラインに表示するにはechoを使います。

```
echo g:animal_name
```

echoについて注意すべきことは、出力はどこにも記録されず、消えてしまったメッセージに再びアクセスする方法はないということです。

このために、:echomsgコマンド（:echomが短縮形）があります。

```
echom g:animal_name . ' is an animal'
echom 'here is an another message'
```

同じセッションで表示されたメッセージを見るには次のコマンドを使います。

```
messages
```

これで出力済みのメッセージを見ることができます。

```
~
~
~
Messages maintainer: Bram Moolenaar <Bram@vim.org>
cat is an animal
here is an another message
Press ENTER or type command to continue
```

実のところ、多くの操作が:echomでメッセージを記録しています。たとえば、:wもその1つです。

```
~
~
~
Messages maintainer: Bram Moolenaar <Bram@vim.org>
cat is an animal
here is an another message
"messages.vim" [New] 1L, 1C written

Press ENTER or type command to continue
```

メッセージはスクリプトのどこがおかしいのかを調べるための強力なデバッグツールです。:help message-historyでメッセージについてもっと学ぶことができます。

条件文

条件文はif文で記述できます。

```
if g:animal_kind == 'cat'
  echo g:animal_name . ' is a cat'
elseif g:animal_kind == 'dog'
  echo g:animal_name . ' is a dog'
else
  echo g:animal_name . ' is something else'
endif
```

1行で書くこともできます。

```
echo g:animal_name . (g:is_cat ? ' is a cat' : ' is something else')
```

Vimは他の言語で慣れ親しんでいるであろう論理演算のすべてをサポートしています。

- &&：論理積
- ||：論理和
- !：否定

たとえば、次のように書けます。

```
if !(g:is_cat || g:is_dog)
  echo g:animal_name . ' is something else'
endif
```

この例では、g:animal_name . ' is something else'の行にたどり着くのはg:is_catとg:is_dogの両方がfalseであるときだけです。

論理積を使って書くこともできます。

```
if !g:is_cat && !g:is_dog
  echo g:animal_name . ' is something else'
endif
```

テキスト編集というのはつまるところ文字列への操作ですので、Vimはテキストに特化した比較演算子を追加で持っています。

- ==は2つの文字列を比較する。大文字小文字を区別するかどうかは設定しだい（後述）
- ==?は大文字小文字を区別しない比較を行う
- ==#は大文字小文字を区別する比較を行う
- =~は右辺の式にマッチしているかどうかを調べる（=~?と=~#でそれぞれ大文字小文字を区別しない／するマッチを行う）
- !~は右辺の式にマッチしていないかどうかを調べる（!~?と!~#でそれぞれ大文字小文字を区別しない／するマッチを行う）

==、=~、!~が大文字小文字を区別するかどうかはignorecaseの設定に依存します。

次に例を挙げます。

```
'cat' ==? 'CAT'                " 真
'cat' ==# 'CAT'                " 偽
set ignorecase | 'cat' == 'CAT' " 真
'cat' =~ 'c.\+'                " 真
'cat' =~# 'C.\+'               " 偽
'cat' !~ '.at'                 " 偽
'cat' !~? 'C.\+'               " 偽
```

リスト

Vimはもっと複雑なデータ構造、たとえばリストや辞書をサポートしています。次はリストの例です。

```
let animals = ['cat', 'dog', 'parrot']
```

リストを変更する操作はPythonのそれと似ています。頻出の操作について見てみましょう。

要素の取得には`[n]`を用います。次に例を挙げます。

```
let cat = animals[0]       " 最初の要素を取得
let dog = animals[1]       " 2つめの要素を取得
let parrot = animals[-1]   " 最後の要素を取得
```

スライスはPythonと同様に機能します、たとえば、

```
let slice = animals[1:]
```

`slice`の値は`['dog, 'parrot']`となります。Pythonとの主な違いとして、「範囲の最後が包含される」というものがあります。

```
let slice = animals[0:1]
```

`slice`の値は`['cat', 'dog']`となります。

リストに要素を追加するには`add`を使います。

```
call add(animals, 'octopus')
```

注意すべきことがあります。Vim scriptでは、それが式の一部でない限り、callで明示的に関数を呼び出します。今はまだ心配しなくても大丈夫です。あとで詳細に説明します。

これでリストは['cat', 'dog', 'parrot', 'octopus']となります。これは破壊的な操作ですが、値を返すので、変数に代入することもできます。

```
let animals = add(animals, 'octopus')
```

insertを使ってリストの最初に要素を追加することもできます。

```
call insert(animals, 'bobcat')
```

これでリストは['bobcat', 'cat', 'dog', 'parrot', 'octopus']となります。

インデックスの引数を追加することもできます。たとえば、'raven'を2番めの要素(今'dog'がある位置)としてリストに追加したい場合、次のようにできます。

```
call insert(animals, 'raven', 2)
```

これでリストは['bobcat', 'cat', 'raven', 'dog', 'parrot', 'octopus']となります。

要素を取り除く方法はいくつかあります。たとえば、unletで2番めの要素('raven')を取り除けます。

```
unlet animals[2]
```

これでリストは['bobcat', 'cat', 'dog', 'parrot', 'octopus']に戻ります。

removeを使うこともできます。

```
call remove(animals, -1)
```

これでリストは['bobcat', 'cat', 'dog', 'parrot']になります。

さらに、removeは取り除かれた要素を返します。

```
let bobcat = remove(animals, 0)
```

8

unletもremoveも、ともに範囲を使うことができます。2番めの要素までの、(それ自身含む)すべての要素を削除するには次のようにします。

```
unlet animals[:1]
```

removeで同様のことを行うには、境界を明示的に指定しなくてはなりません。

```
call remove(animals, 0, 1)
```

リストを連結するには+かextendを使います。たとえば、mammalsとbirdsのリストがあるとします。

```
let mammals = ['dog', 'cat']
let birds = ['raven', 'parrot']
```

次のようにして新しいリストを作成できます。

```
let animals = mammals + birds
```

ここで、animalsリストは['dog', 'cat', 'raven', 'parrot']を含んでいます。次のようにしても既存のリストを拡張できます。

```
call extend(mammals, birds)
```

こうすると、mammalsリストが['dog', 'cat', 'raven', 'parrot']を含むようになります。

sortを使うことでリストを破壊的に並び替えることができます。この例でのリストを並び替えるならこう書きます。

```
call sort(animals)
```

結果は(アルファベット順に並んだ)['cat', 'dog', 'parrot', 'raven']になります。

indexで要素のインデックスを取得できます。たとえば、このリストからparrotのインデックスを取得するにはこのようにします。

```
let i = index(animals, 'parrot')
```

この場合、iの値は2になります。

emptyを使うことでリストが空かどうかを調べることができます（ぴったりの名前ですね）。

```
if empty(animals)
  echo 'There aren''t any animals!'
endif
```

リストの長さはlenで取得できます。

```
echo 'There are ' . len(animals) . ' animals.'
```

最後に、Vimではリスト内の要素の個数を数えることもできます。

```
echo 'There are ' . count(animals, 'cat') . ' cats here.'
```

:help listでリストに対するすべての操作を見ることができます。

辞書

Vimは辞書もサポートしています。

```
let animal_names = {
  \ 'cat': 'Miss Cattington',
  \ 'dog': 'Mr Dogson',
  \ 'parrot': 'Polly'
  \ }
```

お気づきのように、複数行に渡る辞書を定義したい場合はバックスラッシュで明示的に改行する必要があります。

辞書の操作はPythonのそれと似ています。要素には2通りの方法でアクセスできます。

```
let cat_name = animal_names['cat']  " 要素を取得
let cat_name = animal_names.cat     " 要素を取得する別の方法
```

ドットで要素にアクセスする方法は、キーが数字・文字・アンダースコアからなる場合にのみ機能します。

辞書のエントリを挿入、または更新するには次のようにします。

```
let animal_names['raven'] = 'Raven R. Raventon'
```

エントリはunletまたはremoveで削除できます。

```
unlet animal_names['raven']
let raven = remove(animal_names, 'raven')
```

辞書はextendによって破壊的にマージできます。

```
call extend(animal_names, {'bobcat': 'Sir Meowtington'})
```

これにより、animal_namesは次のようになります。

```
let animal_names = {
  \ 'cat': 'Miss Cattington',
  \ 'dog': 'Mr Dogson',
  \ 'parrot': 'Polly',
  \ 'bobcat': 'Sir Meowtington'
  \ }
```

extendの第2引数が重複したキーを持っていた場合、元のエントリは上書きされます。

リストと同様に、辞書の長さを調べたり空かどうか調べたりできます。

```
if !empty(animal_names)
  echo 'We have names for ' . len(animal_names) . ' animals'
endif
```

最後に、辞書があるキーを持っているかどうかをhas_keyで調べることができます。

```
if has_key(animal_names, 'cat')
  echo 'Cat''s name is ' . animal_names['cat']
endif
```

:help dictで辞書に対するすべての操作を見ることができます。

ループ

リストと辞書をループ処理するにはforキーワードを使います。たとえば、リストをループ処理するにはこうします。

```
for animal in animals
  echo animal
endfor
```

辞書をループ処理するには次のようにします。

```
for animal in keys(animal_names)
  echo 'This ' . animal . '''s name is ' . animal_names[animal]
endfor
```


itemsを使うと辞書のキーとバリューに同時にアクセスできます。

```
for [animal, name] in items(animal_names)
  echo 'This ' . animal . '''s name is ' . name
endfor
```

繰り返し処理の流れをcontinueとbreakで制御できます。breakを使った例はこちらです。

```
let animals = ['dog', 'cat', 'parrot']
for animal in animals
  if animal == 'cat'
    echo 'It''s a cat! Breaking!'
    break
  endif
  echo 'Looking at a ' . animal . ', it''s not a cat yet...'
endfor
```

出力は次のようになります。

```
~
~
~
loops.vim                                               1,1            All
Looking at a dog, it's not a cat yet...
It's a cat! Breaking!
Press ENTER or type command to continue
```

continueの使い方の例は次のとおりです。

```
let animals = ['dog', 'cat', 'parrot']
for animal in animals
  if animal == 'cat'
    echo 'Ignoring the cat...'
    continue
  endif
  echo 'Looking at a ' . animal
endfor
```

出力は次のようになります。

```
~
~
~
loops.vim                                               8,1            All
Looking at a dog
Ignoring the cat...
Looking at a parrot
Press ENTER or type command to continue
```

while文もサポートされています。

```
let animals = ['dog', 'cat', 'parrot']
while !empty(animals)
  echo remove(animals, 0)
endwhile
```

これは次を出力します。

```
~
~
~
loops.vim                                              4,8            All
dog
cat
parrot
Press ENTER or type command to continue
```

whileループの中でもbreakとcontinueは同様に使えます。

```
let animals = ['cat', 'dog', 'parrot']
while len(animals) > 0
  let animal = remove(animals, 0)
  if animal == 'dog'
    echo 'Encountered a dog, breaking!'
    break
  endif
  echo 'Looking at a ' . animal
endwhile
```


出力は次のようになります。

```
~
~
~
loops.vim                                              3,29           All
Looking at a cat
Encountered a dog, breaking!
Press ENTER or type command to continue
```

関数

他のほとんどのプログラミング言語と同じく、Vimは関数をサポートしています。

```
function AnimalGreeting(animal)
  echo a:animal . ' says hello!'
```

```
endfunction
```

Vimでは、ユーザー定義の関数名は大文字で始めなくてはなりません（スクリプトスコープの場合やネームスペース内にある場合を除きます）。小文字で始まる関数を定義しようとするとエラーになります。

関数を呼び出すと次の出力が得られます。

```
:call AnimalGreeting('cat')
cat says hello!
```

引数がa:スコープでアクセスされているのがわかります。

関数は当然のことながら値を返すことができます。

```
function! AnimalGreeting(animal)
  return a:animal . ' says hello!'
endfunction
```

覚えておくべきこととして、Vimでは同じスクリプトが複数回読み込まれる可能性があります（たとえば:sourceを実行したときなど）。関数の再定義はエラーを起こすので、上の例のようにfunction!を使って関数を定義することでエラーを回避する必要があります。

では、返り値を:echoして確認してみましょう。

```
:echo AnimalGreeting('dog')
dog says hello!
```

Vimは...記法を使った可変長引数をサポートしています（Pythonにおける*argsと同じです）。

```
function! AnimalGreeting(...)
  echo a:1 . ' says hi to ' . a:2
endfunction
```

catとdogを引数に与えてこの関数を実行すると、次の結果が得られます。

```
:call AnimalGreeting('cat', 'dog')
cat says hi to dog
```

すべての引数のリストにはa:000でアクセスできます。

```
function ListArgs(...)
  echo a:000
endfunction
```

引数を与えて実行してみましょう。

```
:call ListArgs('cat', 'dog', 'parrot')
['cat', 'dog', 'parrot']
```

Pythonで可能なように、可変長引数と通常の引数を組み合わせることもできます。

```
function! AnimalGreeting(animal, ...)
  echo a:animal . ' says hi to ' . a:1
endfunction
```

出力はこのようになります。

```
:call AnimalGreeting('cat', 'dog')
cat says hi to dog
```

関数にローカルスコープを与えて、定義されているファイル以外から見えないようにすることができます（また、そうすべきです）。

```
function! s:AnimalGreeting(animal)
  echo a:animal . 'says hi!'
endfunction
```

これでs:AnimalGreetingはファイルを読み込みなおしたときに自分自身を上書きするようになります。しかし、誤って他の人が書いた関数を上書きすることのないように注意してください。

クラス

Vimはクラスを明示的にサポートしてはいませんが、辞書はメソッドを持つことができるので、それによりオブジェクト指向パラダイムがサポートされます。辞書にメソッドを定義する方法は2つあります。

animal_namesという辞書があるとします。

```
let animal_names = {
  \ 'cat': 'Miss Cattington',
  \ 'dog': 'Mr Dogson',
  \ 'parrot': 'Polly'
  \ }
```

次のようにすると辞書にメソッドを追加できます。

```
function animal_names.GetGreeting(animal)
  return self[a:animal] . ' says hello'
endfunction
```

実行してみます。

```
:echo animal_names.GetGreeting('cat')
Miss Cattington says hello
```

selfで辞書のキーを参照できます（Pythonと同じです！）。

上の例では、GetGreetingは呼び出し可能な辞書のキーです。結果的に、animal_namesは次のようになっています。

```
{
  \ 'cat': 'Miss Cattington',
  \ 'dog': 'Mr Dogson',
  \ 'parrot': 'Polly',
  \ 'GetGreeting': function <...>
  \ }
```

次の例のために、animal_namesをより一般化したanimalsでラップしましょう。これにより次の例は、他の言語で慣れ親しんだクラスに近づきます（また、名前の衝突も避けられます）。

```
let animals = {
  \ 'animal_names' : {
    \ 'cat': 'Miss Cattington',
    \ 'dog': 'Mr Dogson',
    \ 'parrot': 'Polly'
    \ }
  \ }
```

関数名のあとにdictキーワードを付けることにより、辞書の定義前にメソッドを定義することもできます。

```
function GetGreeting(animal) dict
  return self.animal_names[a:animal] . ' says hello'
endfunction
```

こうしたら、辞書のキーとして関数をアサインします。

```
let animals['GetGreeting'] = function('GetGreeting')
```

これで同じようにGetGreetingを呼ぶことができます。

```
:echo animals.GetGreeting('dog')
Mr Dogson says hello
```


ラムダ式

ラムダ式は無名関数であり、単純なロジックを扱う際に非常に役に立ちます。
先ほどの例でのAnimalGreetingを、ラムダ式を使って定義すると次のようになります。

```
let AnimalGreeting = {animal -> animal . ' says hello'}
```

試してみましょう。

```
:echo AnimalGreeting('cat')
cat says hello
```

ラムダ式はコンパクトな関数を定義するための短い構文を提供します。

マップとフィルタ

Vim scriptはmapとfilterの高階関数（関数を操作する関数）をサポートします。どちらもリストか辞書を第1引数に取り、関数を第2引数に取ります。

たとえば、適切でない動物をフィルタリングするための、フィルタリング用の関数を書きましょう。

```
function IsProperName(name)
  if a:name =~? '\(Mr\|Miss\) .\+'
    return 1
  endif
  return 0
endfunction
```

IsProperName関数は、名前がMrかMissで始まっていたら（知ってのとおり、動物を呼ぶにはこれが適切です）1（true）を返し、そうでなければ0（false）を返します。

では、次の辞書があるとします。

```
let animal_names = {
  \ 'cat': 'Miss Cattington',
  \ 'dog': 'Mr Dogson',
  \ 'parrot': 'Polly'
  \ }
```

適切な名前のキーまたはキーバリューペアだけを残すフィルタ関数を書きます。

```
call filter(animal_names, 'IsProperName(v:val)')
```

うまくいったかどうか見てみましょう。

```
:echo animal_names
{'cat': 'Miss Cattington', 'dog': 'Mr Dogson'}
```

他のプログラミング言語から来た人は、構文が少しおかしく感じられるかもしれません。第2引数は文字列であり、辞書のすべてのキーバリューペアに対して評価されます。ここで、v:valは辞書のバリューに展開されます（v:keyはキーに展開されます）。

第2引数は関数への参照でも良いです。Vimで関数への参照を定義するには次のようにします。

```
let IsProperName2 = function('IsProperName')
```

IsProperName2はIsProperNameと同様に呼ぶことができます。

```
:echo IsProperName2('Mr Dogson')
1
```

この方法でどんな関数にでも関数を引数として渡すことができます。

```
function FunctionCaller(func, arg)
  return a:func(a:arg)
endfunction
```

試してみましょう。

```
:echo FunctionCaller(IsProperName2, 'Miss Catington')
1
```

このことを知っていると、filter関数の第2引数に関数への参照を渡すことができます。しかし、もし関数への参照を渡す場合、元の関数を辞書のキーとバリューの2つの引数を取るように変更しなくてはなりません（順番が重要です）。

```
function IsProperNameKeyValue(key, value)
  if a:value =~? '\(Mr\|Miss\) .\+'
    return 1
  endif
  return 0
endfunction
```

これで、filter関数を次のように呼ぶことができます。

```
call filter(animal_names, function('IsProperNameKeyValue'))
```

うまくいったか検証するために、animal_names辞書をechoしてみましょう。

```
:echo animal_names
{'cat': 'Miss Cattington', 'dog': 'Mr Dogson'}
```

リストを操作する際には、v:keyはアイテムのインデックスを、v:valはアイテムの値をそれぞれ指します。

map関数も同じように振る舞います。map関数によりリストの値や辞書のバリューを変更できます。

たとえば、次のリストにあるすべての名前を「適切に」してみましょう。

```
let animal_names = ['Miss Cattington', 'Mr Dogson', 'Polly', 'Meowtington']
```

この練習では、先ほどの例からIsProperName関数を再利用します。

この種の関数にはラムダ式がとくに有用です。'Miss 'を適切でない名前の前に付けるにはこのようにします。

```
call map(animal_names,
\ {key, val -> IsProperName(val) ? val : 'Miss ' . val})
```

結果が期待どおりであることを確認しましょう。

```
:echo animal_names
['Miss Cattington', 'Mr Dogson', 'Miss Polly, 'Miss Meowtington']
```

このラムダ式は次と同等です。

```
function MakeProperName(name)
  if IsProperName(a:name)
    return a:name
  endif
  return 'Miss ' . a:name
endfunction
call map(animal_names, 'MakeProperName(v:val)')
```

map関数はfilterと同様に、関数への参照とともに呼び出すことができます。マップ関数（map関数に渡す関数）は2つの値を受け取ります（辞書はキーとバリュー、リストはインデックスと値）。

Vimとやりとりする

executeコマンドを使うと文字列をパースしてVimのコマンドとして実行できます。たとえば、次の2つの文は同じ結果となります。

```
echo animal . ' says hello'
execute 'echo animal ''says hello'''
```

2行めのコマンドは、ダブルクォートがないと各変数の中身（cat、says、hello）をechoしてしまいます。変数が存在しない場合はエラーが発生します。

normalを使うことで、ユーザーがノーマルモードでキーを押したかのようにキーストロークを実行できます。たとえば、catを検索して削除したい場合、次のようにします。

```
normal /cat<cr>dw
```

<cr>はCtrl+vに続けてEnterキーを押すことで入力できます。しかし、execute "normal /cat<cr>dw"では、<cr>はそのままEnterキーを押すことを表現するのに使っています。注意してください。

このようにnormalコマンドを実行するとユーザー定義のマッピングの影響を受けます。カスタムマッピングを無視したい場合は、normal!を使います。

他のコマンド（たとえばexecute）の出力を抑止したい場合には、silentコマンドが使えます。次のものは出力を表示しません。

```
silent echo animal . ' says hello'
silent execute 'echo ' . animal . ' says hello'
```

さらに、silentを使うと外部コマンドの出力も抑止され、プロンプトは無視されます。

```
silent !echo 'this is running in a shell'
```

今使っているVimが特定の機能を有効にしているかどうかも調べることができます。

```
if has('python3')
  echom 'Your Vim was compiled with Python 3 support!'
endif
```

8

:help feature-listで機能一覧を見ることができますが、OS指示子は注目に値します。win32/win64がWindows、darwinがmacOS、unixはUnixです。クロスプラットフォームなスクリプトを書く際に非常に役に立つでしょう。

ファイル関係のコマンド

Vimはテキストエディタですので、あなたがすることの大部分はファイル操作となります。Vimはファイルに関係するいくつもの機能を提供しています。

ファイルパスの情報を処理することにはexpandが使えます。

```
echom 'Current file extension is ' . expand('%:e')
```

ファイル名(%や#、<cfile>のようなショートカットも含む)が渡されると、expandは次の修飾子を使ってパスをパースします。

- :pはフルパス
- :hはヘッド(最後の部分が除去されたもの)
- :tはテール(最後の部分のみ)
- :rはルート(拡張子が取り除かれたもの)
- :eは拡張子のみ

:help expand()でより詳細な情報が見られます。

filereadableを使うとファイルが存在するか(読み込むことができるか)を調べることができます。

```
if filereadable(expand('%'))
  echom 'Current file (' . expand('%:t') . ') is readable!'
endif
```

files.vimから実行した場合、出力は次のようになります。

```
Current file (files.vim) is readable!
```

同様に、ファイルに書き込み権限があるかどうかを調べるにはfilewritableを使います。

ファイル操作はexecuteコマンドを通じても行うことができます。たとえば、animals.pyを開くには次のようにします。

```
execute 'edit animals.py'
```

プロンプト

ユーザーの入力を待機するプロンプトを出す方法はおもに2つあります。confirmを使って複数から選択するダイアログ（たとえば「はい」「いいえ」「キャンセル」のようなもの）を出す方法と、inputを使ってもっと複雑な入力を受け付ける方法です。

confirm関数はダイアログと選択肢を受け取り、ユーザーにプロンプトを表示します。単純な例を試してみましょう。

```
let answer = confirm('Is cat your favorite animal?', "&yes\n&no")
echo answer
```

スクリプトを実行すると、次のプロンプトが表示されます。

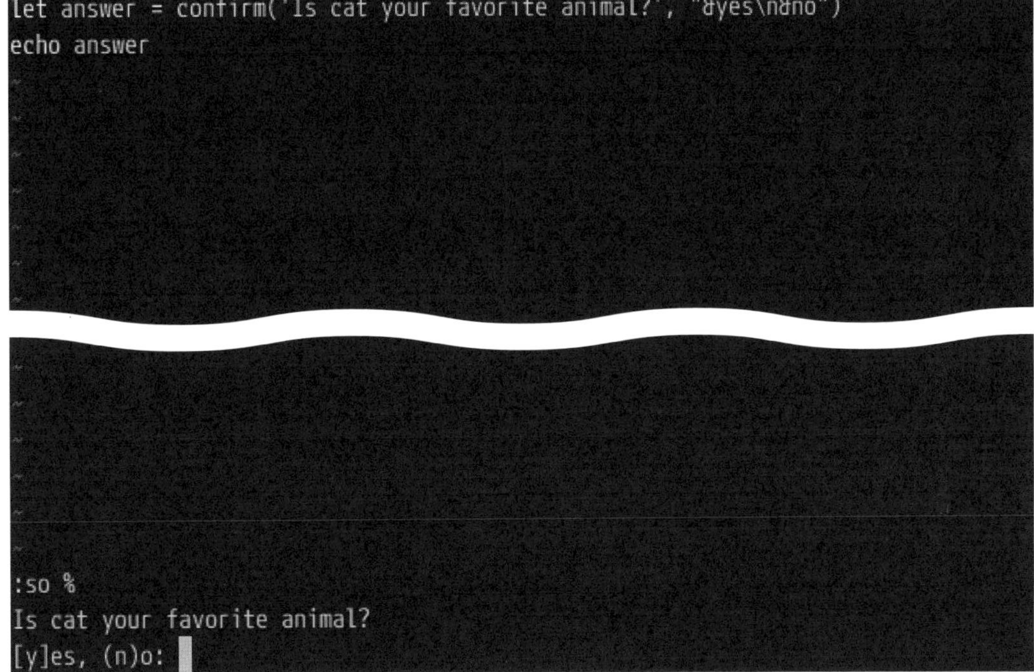

yかnを押すと選択肢を選びます。yを押してみましょう。

~
~
~
:so %
Is cat your favorite animal?
1
Press ENTER or type command to continue

結果は1でした、では、再実行してnoを選ぶとどうなるでしょう？

~
~
~
:so %
Is cat your favorite animal?
2
Press ENTER or type command to continue

2が得られました。見てのとおり、confirmは選ばれた選択肢を整数として返します。
ちなみに、GUIから実行している場合、ポップアップウィンドウにダイアログが出ます。

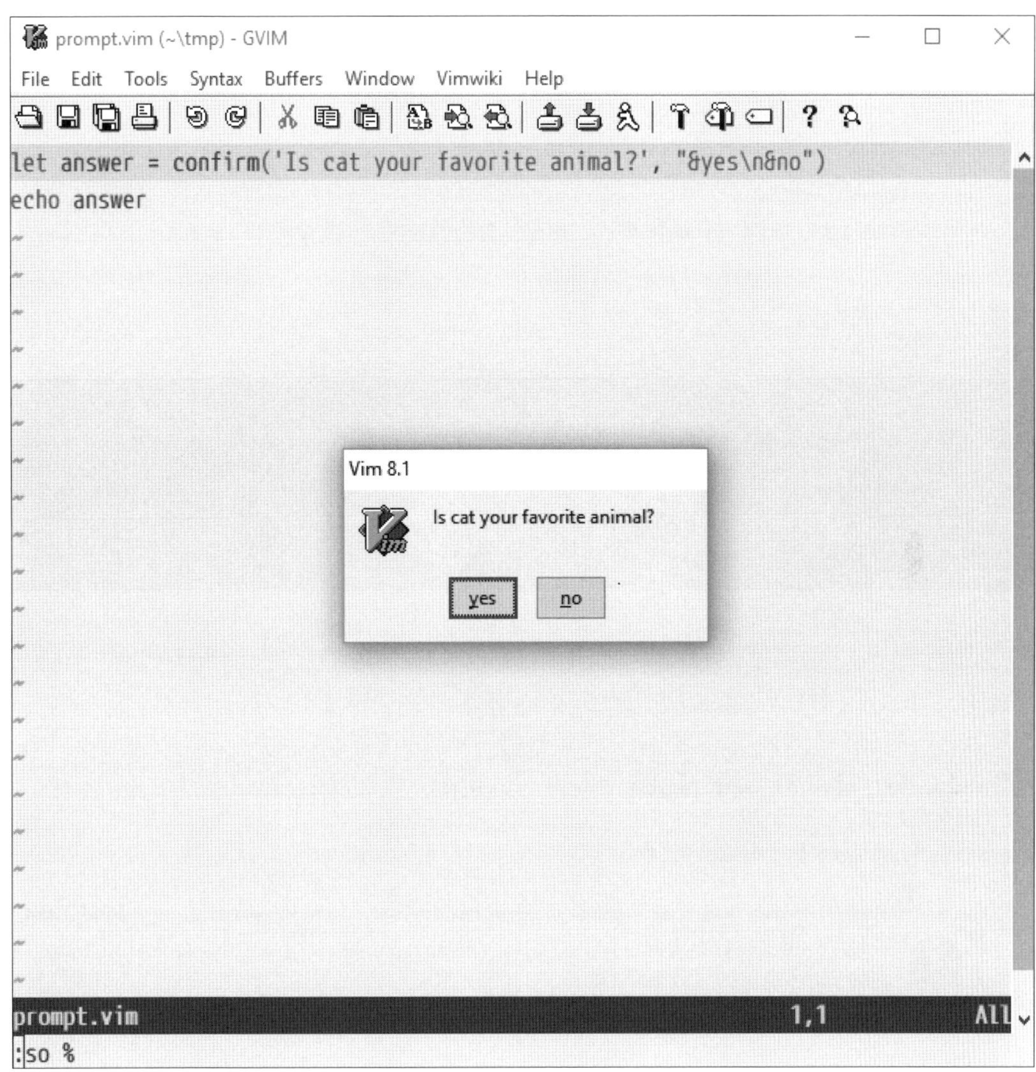

では、元の例に戻りましょう。

```
let answer = confirm('Is cat your favorite animal?', "&yes\n&no")
echo answer
```

ここで、confirmは2つの引数を取ります。表示されるプロンプトと、改行（\n）で区切られた選択肢の一覧です。前の例では、選択肢の文字列はリテラルではありませんでした[注2]。なぜなら、

注2　訳注：ダブルクォートで囲われた部分に注目してください。

改行を特殊な方法で扱ってほしいからです。

アンドの記号（&）は各選択肢のショートカットを示すのに使われています（前の例ではyとnが選択可能となっていました）。別の例としては次のようなものです。

```
let answer = confirm(
  \ 'Is cat your favorite animal?', "absolutely &yes\nhell &no")
```

これは次のようなプロンプトを表示します。

```
~
~
~
:so %
Is cat your favorite animal?
absolutely [y]es, hell (n)o:
```

yとnは、まだユーザーがプロンプトに返答するための文字のままなことに注意してください。

最後に、inputを使うと自由入力のプロンプトを作ることができます。使い方はごく単純です。

```
let animal = input('What is your favorite animal? ')
echo "\n"
echo 'What a coincidence! My favorite animal is a ' . animal . ' too!'
```

echo "\n"は改行を出力します。これがないとcatとWhat a coincidence!が改行で区切られなくなってしまいます。

実行された際に表示されるプロンプトは次のような見た目をしています。

```
~
~
~
What is your favorite animal?
```

答えを入力したあとには次のような見た目となります。

```
~
~
~
What is your favorite animal? cat
What a coincidence! My favorite animal is a cat too!
Press ENTER or type command to continue
```

しかし、1つ注意すべきことがあります。マッピングの内部でinputを使う場合、inputsave()とinputrestore()で中身を囲う必要があります。さもないと、マッピングの残りの文字がinputに取られてしまいます。実際のところ、常にinputsave()とinputrestore()を使って関数がマッピングの内部で呼び出される可能性に備えるべきでしょう。次が利用例です。

```
function AskAnimalName()
  call inputsave()
  let name = input('What is the animal"'s name? ')
  call inputrestore()
  return name
endfunction

nnoremap <leader>a = :let name = AskAnimalName()<cr>:echo name<cr>
```


:helpを使う

Vim scriptに関する情報の大半はeval.txtにあり、:help evalでアクセス可能です。行き詰まったと思ったら一読をお勧めします。

8.5 スタイルガイドについて

一貫したスタイルは重要です。Googleから出されたVimのスタイルガイドが最も有名です（https://google.github.io/styleguide/vimscriptguide.xml）。これはいくつかの開発プラクティスを強調し、よくある落とし穴について概説しています。

次はGoogleによるVim scriptスタイルガイドからの抜粋です。

- インデントには2つの半角スペースを使え
- タブは使うな

- 演算子の周囲には半角スペースを使え
- 1行は80文字より長くするな
- 続く行は4つの半角スペースでインデントせよ
- plugin-names-like-thisのようなプラグイン名を使え
- FunctionNamesLikeThisのような関数名を使え
- CommandNamesLikeThisのようなコマンド名を使え
- augroup_names_like_thisのようなオートコマンドグループ名を使え
- variable_names_like_thisのような変数名を使え
- 変数には常にスコーププレフィックスを付けよ
- 悩んだときにはPythonスタイルガイドに従え

GoogleのVim scriptスタイルガイドを読んでみてください、.vimrcをカスタムする以上のことをするつもりがなくてもかなり役に立ちます。自己一貫性を保つ助けとなるでしょう。

8.6 プラグインを作ってみよう

単純なプラグインを作ってみましょう。こうすることで、実例から学ぶことができます。

コードを扱っている際によくある課題として、コード片をコメントアウトすることがあります。では、まさにそれをするプラグインを作ってみましょう。（驚くことのない名前ですが）プラグインをvim-commenterと名付けます。

プラグインの構成

Vim 8のリリース以来、ありがたいことにプラグインを構成する方法はただひとつとなりました（vim-plugやVundle、Pathogenのようなメジャーなプラグインマネージャとも互換性があります）。プラグインは次のディレクトリ構造を持つことが期待されています。

- autoload/はプラグインの一部を遅延読み込みするためのもの（後述）
- colors/はカラースキーム
- compiler/は言語固有のコンパイラ関係の機能
- doc/はドキュメンテーション
- ftdetect/はファイルタイプ固有のファイルタイプ判別の設定

- ftplugin/はファイルタイプ固有のファイルタイプに関連したコード
- indent/はファイルタイプ固有のインデントに関連した設定
- plugin/はプラグインのコア機能
- syntax/は言語固有のシンタックス定義

プラグインを開発するにあたって、Vim 8の新しいプラグイン機能を使ってプラグインのディレクトリを.vim/pack/plugins/startに配置しましょう。プラグインをcommenterと名付けたため、ディレクトリ名は.vim/pack/plugins/start/vim-commenterとなります。

覚えていますか？　plugins/はどんな名前でも大丈夫です。第3章の「先人にならえ、プラグイン管理」を参照してください。start/ディレクトリは、ここに置かれたプラグインはVimの起動時に読み込まれることを意味します。

では、ディレクトリを作りましょう。

```
$ mkdir -p ~/.vim/pack/plugins/start/vim-commenter
```

8

基礎

シンプルに始めましょう。Pythonスタイルのコメント（#）を行の先頭に追加することで、現在行をコメントアウトするキーバインディングを私達のプラグインに追加しましょう。~/.vim/pack/plugins/start/vim-commenter/plugin/commenter.vimから始めます。

```
" 現在行をコメントアウトする（Pythonスタイル）
function! g:commenter#Comment()
  let l:line = getline('.')
  call setline('.', '# ' . l:line)
endfunction

nnoremap gc :call g:commenter#Comment()<cr>
```

この例では、現在行（.）の先頭に#を挿入する関数を作成し、gcにマップしています。覚えているかもしれませんが、gはデフォルトのマッピングを持ってはいますが（:help gを参照してください)、実用的には自由に使えるネームスペースとなっています。cは"comment"を表しています。

カスタムマッピングのための人気のあるプレフィックスとしては、他にカンマがあります。こちらもめったに使われないコマンドです。

ファイルを保存して再読み込みします(:sourceか、Vimを再起動します)。Pythonファイルを開いてコメントアウトしたい行まで移動しましょう。

```
class Animal:

    def __init__(self, kind, name):
        self.kind = kind
        self.name = name
```

gcとタイプしてみます。

```
class Animal:

    def __init__(self, kind, name):
#        self.kind = kind
        self.name = name
```

成功です！　いや、完全ではありません。まず、コメントは行の先頭から始まっておりユーザーが望むように適切にインデントされていません。また、カーソルは現在位置から動いていません。こちらもユーザーをいらいらさせる可能性があります。この2つの問題を修正しましょう。

indent関数を使うと現在行のインデントの深さをスペース単位で取ることができます。

```
" 現在行をコメントアウトする(Pythonスタイル)
function! g:Comment()
  let l:i = indent('.') " スペースの数
  let l:line = getline('.')
  call setline('.', l:line[:l:i - 1] . '# ' . l:line[l:i:])
endfunction

nnoremap gc :call g:Comment()<cr>
```

Pythonファイルに戻りましょう。

```
class Animal:

    def __init__(self, kind, name):
        self.kind = kind
        self.name = name
```

gcでインデントされた行をコメントアウトしてみます。

```
class Animal:

    def __init__(self, kind, name):
        # self.kind = kind
        self.name = name
```

すばらしい！　しかし、行をアンコメントする方法も必要になってきますね！　関数をg:ToggleComment()に変更しましょう。


```
let s:comment_string = '# '

" 現在行をコメントアウトする（Pythonスタイル）
function! g:ToggleComment()
  let l:i = indent('.')  " スペースの数
  let l:line = getline('.')
  let l:cur_row = getcurpos()[1]
  let l:cur_col = getcurpos()[2]
  if l:line[l:i:l:i + len(s:comment_string) - 1] == s:comment_string
    call setline('.', l:line[:l:i - 1] .
    \ l:line[l:i + len(s:comment_string):])
    let l:cur_offset = -len(s:comment_string)
  else
    call setline('.', l:line[:l:i - 1] . s:comment_string . l:line[l:i:])
    let l:cur_offset = len(s:comment_string)
  endif
  call cursor(l:cur_row, l:cur_col + l:cur_offset)
endfunction

nnoremap gc :call g:ToggleComment()<cr>
```

試してみましょう！　スクリプトを再読み込みしてPythonファイルに戻ります。

```
class Animal:

   def __init__(self, kind, name):
       self.kind = kind
       self.name = name
```

gcでコメントアウトします。

```
class Animal:

   def __init__(self, kind, name):
       # self.kind = kind
       self.name = name
```

gcをもう一度実行してアンコメントします。

```
class Animal:

   def __init__(self, kind, name):
       self.kind = kind
       self.name = name
```

コーナーケースをカバーできているかどうかたしかめてみましょう！　インデントのない行をコメントアウトしてみます。カーソルをインデントのない行に移動します。

```
class Animal:

   def __init__(self, kind, name):
       self.kind = kind
       self.name = name
```

gcとタイプして関数を実行します。

```
class Animal:# class Animal:

    def __init__(self, kind, name):
        self.kind = kind
        self.name = name
```

なんと！　インデントがないときは私達のスクリプトはうまく動作しないようです。修正しましょう。

```
let s:comment_string = '# '

" 現在行をコメントアウトする（Pythonスタイル）
function! g:ToggleComment()
  let l:i = indent('.') " スペースの数
  let l:line = getline('.')
  let l:cur_row = getcurpos()[1]
  let l:cur_col = getcurpos()[2]
  let l:prefix = l:i > 0 ? l:line[:l:i - 1] : '' " インデントがないケースに対応
  if l:line[l:i:l:i + len(s:comment_string) - 1] == s:comment_string
    call setline('.', l:prefix . l:line[l:i + len(s:comment_string):])
    let l:cur_offset = -len(s:comment_string)
  else
    call setline('.', l:prefix . s:comment_string . l:line[l:i:])
    let l:cur_offset = len(s:comment_string)
  endif
  call cursor(l:cur_row, l:cur_col + l:cur_offset)
endfunction

nnoremap gc :call g:ToggleComment()<cr>
```

保存して、再読み込みして、gcでスクリプトを実行します。

```
# class Animal:

    def __init__(self, kind, name):
        self.kind = kind
        self.name = name
```

8

gcを再実行してアンコメントします。

```
class Animal:

    def __init__(self, kind, name):
        self.kind = kind
        self.name = name
```

すばらしい！　プラグインの基礎バージョンが完成しました！

きれいに保つ

これまでのところ、プラグインはすべて1つのファイルに書かれていました。これを複数ファイルに分割することでプロジェクトを整理する方法を見てみましょう！　本章の「プラグインの構成」にある一覧を見ておいてください。

まず、ftplugin/ディレクトリはファイルタイプ固有のプラグイン設定を含むということが見て取れます。今のところ、私達のプラグインの大半は実際はPythonとは無関係であり、唯一の例外はs:comment_string変数です。これを<...>/vim-commenter/ftplugin/python.vimに移動しましょう。

```
" Pythonのインラインコメントのための文字列
let g:commenter#comment_str = '# '
```

スコープがs:からg:に変更されています（この変数は今や別のスクリプトから使われるからです）。そしてcommenter#のネームスペースが、ネームスペースの衝突を避けるために追加されています。

<...>/vim-commenter/plugin/commenter.vim内にある変数名も更新されなくてはなりません。今こそこの本の初めのほうで学んだ置換コマンドを試してみる良いタイミングかもしれません。

```
:%s/\<s:comment_string\>/g:commenter#comment_str/g
```

他に興味を引くディレクトリはautoload/です。現時点では、Vimが起動するときはいつでも、Vimはg:commenter#ToggleCommentをパースして読み込みますが、これはそこまで速くありません。代わりに、関数をautoload/ディレクトリに移動できます。ファイル名はネームスペースに対応している必要があります。今回はcommenterですね。<...>/vim-commenter/autoload/commenter.vimを作成しましょう。

```
" 現在行をコメントアウトする（Pythonスタイル）
function! g:commenter#ToggleComment()
  let l:i = indent('.') " Number of spaces.
  let l:line = getline('.')
  let l:cur_row = getcurpos()[1]
  let l:cur_col = getcurpos()[2]
  let l:prefix = l:i > 0 ? l:line[:l:i - 1] : '' " Handle 0 indent cases.
 if l:line[l:i:l:i + len(g:commenter#comment_str) - 1] ==
    \ g:commenter#comment_str
  call setline('.', l:prefix .
        \ l:line[l:i + len(g:commenter#comment_str):])
    let l:cur_offset = -len(g:commenter#comment_str)
  else
    call setline('.', l:prefix . g:commenter#comment_str . l:line[l:i:])
    let l:cur_offset = len(g:commenter#comment_str)
  endif
  call cursor(l:cur_row, l:cur_col + l:cur_offset)
endfunction
```

この時点で、<...>/vim-commenter/plugin/commenter.vimに残されたのはマッピングのみです。

```
nnoremap gc :call g:commenter#ToggleComment()<cr>
```

ユーザーがVimを使う際に私達のプラグインが読み込まれる順番は次のようになります。

- ユーザーがVimを開くと、<...>/vim-commenter/plugin/commenter.vimが読み込まれる。gcマッピングが登録される
- ユーザーがPythonファイルを開くと、<...>/vim-commenter/ftplugin/python.vimが読み込まれる。g:commenter#comment_strが初期化される
- ユーザーがgcを実行すると、<...>/vim-commenter/autoload/commenter.vimにあるg:commenter#ToggleCommentが読み込まれ実行される。

まだ注意を払っていなかったディレクトリがdoc/です。Vimは膨大なドキュメンテーションを持っていることで知られていますが、これを支持することが推奨されています。<...>/vim-commenter/doc/commenter.txtを追加しましょう。

```
*commenter.txt* Our first commenting plugin.
*commenter*
```

```
================================================================================
CONTENTS                                                *commenter-contents*
  1. Intro............................................|commenter-intro|
  2. Usage............................................|commenter-usage|
================================================================================
1. Intro                                                   *commenter-intro*
Have you ever wanted to comment out a line with only three presses of a
button? Now you can! A new and wonderful vim-commenter lets you comment
out a single line in Python quickly!
2. Usage                                                   *commenter-usage*
This wonderful plugin supports the following key bindings:
  gc: toggle comment on a current line
That's it for now. Thanks for reading!
  vim:tw=78:ts=2:sts=2:sw=2:ft=help:norl:
```

Vimのヘルプファイルは独自のフォーマットを持っていますが、強調されるべきは次の点です。

- *help-tag*はヘルプのタグを表すのに使われる。:help help-tagを実行したときはいつでも、Vimはあなたをそのタグが含まれるファイルに移動させてくれ、カーソル位置はタグの場所となる
- Text...|help-tag|はヘルプファイル内でタグに移動するために使われる。読み手はその節から望みのタグに移動できる
- ===の行は単に見た目のためのもの。とくに意味はない
- vim:tw=78:ts=2:sts=2:sw=2:ft=help:norl:のような行は編集の際にファイルがどう表示されてほしいかをVimに伝える（これらのオプションはすべてsetで設定できる）。これは.txtのような明確に識別できる拡張子を持たないファイルを扱う際にとくに便利

Vimのヘルプファイルのフォーマットについては:help help-writingでもっと学ぶことができます。しかし、最も簡単な方法は、人気のあるプラグインを見つけてヘルプファイルをコピーすることでしょう。

ドキュメンテーションを書き終えたら、helpコマンドがヘルプファイルのタグエントリをインデックス化するよう、ヘルプタグを生成する必要があります。次を実行します。

```
:helptags ~/.vim/pack/plugins/start/vim-commenter/doc
```

これで、ヘルプファイルに加えたエントリを見ることができます。

```
:help commenter-intro
```

これがcommenter-introのタグに移動した直後のスクリーンショットです。

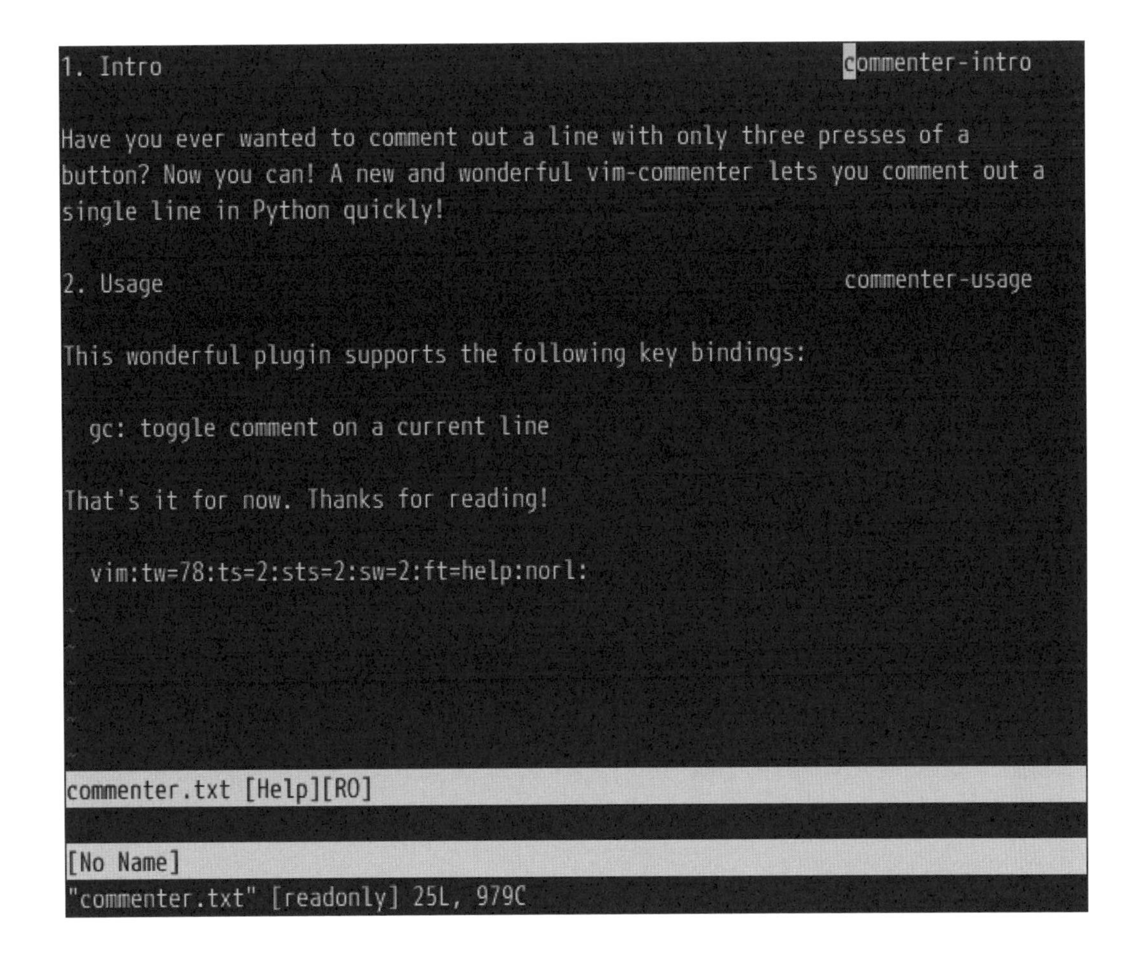

```
1. Intro                                                        commenter-intro

Have you ever wanted to comment out a line with only three presses of a
button? Now you can! A new and wonderful vim-commenter lets you comment out a
single line in Python quickly!

2. Usage                                                        commenter-usage

This wonderful plugin supports the following key bindings:

  gc: toggle comment on a current line

That's it for now. Thanks for reading!

  vim:tw=78:ts=2:sts=2:sw=2:ft=help:norl:
~
~
~
~
~
commenter.txt [Help][RO]

[No Name]
"commenter.txt" [readonly] 25L, 979C
```

プラグインを発展させる

私達のプラグインを発展させるには多くの方法がありますが、今ある2つの大きな問題に集中しましょう。

- 他の言語のファイルでプラグインを実行しようとすると派手なエラーが出て失敗する
- 一度に複数行に対して操作を行う方法を提供していない

1つめの問題から始めましょう。プラグインが複数の言語で動くようにします。今は、たとえば`.vim`ファイルでプラグインを実行すると、次のように立て続けにエラーが起きます。

```
~
~
~
Error detected while processing function commenter#ToggleComment:
line    6:
E121: Undefined variable: g:commenter#comment_str
E116: Invalid arguments for function len(g:commenter#comment_str) - 1] ==  g:com
menter#comment_str
E15: Invalid expression: l:line[l:i:l:i + len(g:commenter#comment_str) - 1] ==
g:commenter#comment_str
line   14:
E121: Undefined variable: l:cur_offset
E116: Invalid arguments for function cursor
Press ENTER or type command to continue
```

これは、私達が`g:commenter#comment_str`を`<...>/vim-commenter/ftplugin/python.vim`で定義したため、Pythonファイルを開いたときのみ変数が定義されるようになっているからです。Vimのシンタックスファイルは各言語に対してコメントの見た目を定義していますが、あまり一貫性がないうえ、それらすべてをコーナーケースを含んでパースするロジックを考えるのは、この本の範囲を超えています。

しかし、少なくとも気味の悪いエラーを私達自身のエラーに置き換えることはできます！

変数が存在しているかどうかを調べる真っ当な方法は`exists`を使うことです。`<...>/vim-commenter/autoload/commenter.vim`に、`g:commenter#comment_str`が存在しないときにカスタムのエラーを投げるような新しい関数を作りましょう。

```
" g:commenter#comment_strが存在するなら1を返す
function! g:commenter#HasCommentStr()
  if exists('g:commenter#comment_str')
    return 1
  endif
  echom "vim-commenter doesn't work for filetype " . &ft . " yet"
  return 0
endfunction

" 現在行をコメントアウトする (Pythonスタイル)
function! g:commenter#ToggleComment()
  if !g:commenter#HasCommentStr()
    return
  endif
  let l:i = indent('.') " スペースの数
  let l:line = getline('.')
  let l:cur_row = getcurpos()[1]
  let l:cur_col = getcurpos()[2]
  let l:prefix = l:i > 0 ? l:line[:l:i - 1] : '' " インデントがないケースに対応
  if l:line[l:i:l:i + len(g:commenter#comment_str) - 1] ==#
      \ g:commenter#comment_str
    call setline('.', l:prefix .
      \ l:line[l:i + len(g:commenter#comment_str):])
    let l:cur_offset = -len(g:commenter#comment_str)
  else
    call setline('.', l:prefix . g:commenter#comment_str . l:line[l:i:])
    let l:cur_offset = len(g:commenter#comment_str)
  endif
  call cursor(l:cur_row, l:cur_col + l:cur_offset)
endfunction
```

これで、Pythonでないファイルでコメントアウトしようとすると次のようなメッセージが表示されるようになります。

```
~
~
~
vim-commenter doesn't work for this filetype yet
```

筆者に言わせれば、これはずっと良いユーザー体験です。

では、プラグインを複数行に対して起動できるようにしましょう。最も簡単な方法はユーザーに、

gcコマンドに数字のプレフィックスを付けてもらう方法です。そのとおりに作ってみましょう。

Vimではマッピングに前置される数字を**v:count**を使うことで取得できます。もっと良いものとしては、**v:count1**があります。これは、マッピングに前置される数字が与えられなかった場合に1を返すものです(これを使うことで、コードをもっと再利用できます)。

<...>/vim-commenter/plugin/commenter.vimにある私達のマッピングを更新しましょう。

```
nnoremap gc :<c-u>call g:commenter#ToggleComment(v:count1)<cr>
```

<c-u>はv:countやv:count1と組み合わせて使うときには必須です。**:help v:count**や**:help v:count1**に説明があります。

実は、ビジュアル選択をサポートするためにビジュアルモードマッピングを追加することもできます。

```
vnoremap gc :<c-u>call g:commenter#ToggleComment(
  \ line("'>") - line("'<") + 1)<cr>
```

line("'>")は選択している範囲の末尾の行番号を取得し、line("'<")は選択している範囲の先頭の行番号を取得します。前者から後者を引き、1を足せば、行数を得ることができます！

では、**<...>/vim-commenter/autoload/commenter.vim**をいくつかの新しいメソッドで更新しましょう。

```
" g:commenter#comment_strが存在するなら1を返す
function! g:commenter#HasCommentStr()
  if exists('g:commenter#comment_str')
    return 1
  endif
  echom "vim-commenter doesn't work for filetype " . &ft . " yet"
  return 0
endfunction

" 範囲行に対して最も小さいインデントを得る
function! g:commenter#DetectMinIndent(start, end)
  let l:min_indent = -1
  let l:i = a:start
  while l:i <= a:end
```

```
    if l:min_indent == -1 || indent(l:i) < l:min_indent
      let l:min_indent = indent(l:i)
    endif
    let l:i += 1
  endwhile
  return l:min_indent
endfunction

function! g:commenter#InsertOrRemoveComment(lnum, line, indent, is_insert)
  " インデントがないケースに対応
  let l:prefix = a:indent > 0 ? a:line[:a:indent - 1] : ''
  if a:is_insert
    call setline(a:lnum, l:prefix . g:commenter#comment_str .
      \ a:line[a:indent:])
  else
    call setline(
       \ a:lnum, l:prefix . a:line[a:indent + len(g:commenter#comment_str):]
  endif
endfunction

" Pythonの現在行をコメントアウトする
function! g:commenter#ToggleComment(count)
  if !g:commenter#HasCommentStr()
    return
  endif
  let l:start = line('.')
  let l:end = l:start + a:count - 1
  if l:end > line('$') " ファイルの最終行以降を処理しない
    let l:end = line('$')
  endif
  let l:indent = g:commenter#DetectMinIndent(l:start, l:end)
  let l:lines = l:start == l:end ?
  \ [getline(l:start)] : getline(l:start, l:end)
  let l:cur_row = getcurpos()[1]
  let l:cur_col = getcurpos()[2]
  let l:lnum = l:start
  if l:lines[0][l:indent:l:indent + len(g:commenter#comment_str) - 1] ==#
      \ g:commenter#comment_str
    let l:is_insert = 0
    let l:cur_offset = -len(g:commenter#comment_str)
  else
    let l:is_insert = 1
    let l:cur_offset = len(g:commenter#comment_str)
  endif
  for l:line in l:lines
```

8

```
    call g:commenter#InsertOrRemoveComment(
        \ l:lnum, l:line, l:indent, l:is_insert)
    let l:lnum += 1
  endfor
  call cursor(l:cur_row, l:cur_col + l:cur_offset)
endfunction
```

スクリプトは今やずっと大きくなりましたが、見た目ほどは恐ろしくはありません！　今回、私達は2つの新しい関数を追加しました。

- g:commenter#DetectMinIndentは与えられた範囲から最も小さなインデントを探す。こうすることで、確実に最も外側のコードをインデントできる
- g:commenter#InsertOrRemoveCommentは与えられた行の与えられたインデントの深さでコメントを挿入、または削除する

プラグインを実行してみましょう。はい、そうですね。11gcを実行します。

```
import util


# class Animal:
#
#     def __init__(self, kind, name):
#         self.kind = kind
#         self.name = name
#
#     def introduce(self):
#         print('This is', self.name, 'and it\'s a', self.kind)
#
#     def act(self, verb, target):
#         print(self.name, verb, 'at', target)


class Dog(Animal):

    def __init__(self, name):
        super().__init__(self, 'dog', name)


class Dogfish(Animal):
:call g:commenter#ToggleComment(v:count1)
```


やりました！　これで、私達の小さなプラグインは複数行をコメントアウトできます！　何回か試してみてコーナーケースをカバーできているかどうか確認してみましょう。たとえばビジュアルモードでファイル終端を越えてコメントしてみたり、コメントとアンコメントを単一行に対して繰り返したり、などです。

プラグインを配布する

これで、プラグインを配布するための準備がほぼできました。いくつかやることが残っているだけです。

ドキュメンテーションを更新して、README.mdファイルを追加し、人々にこのプラグインが何をするのか知ってもらいましょう（内容はdoc/にあるプラグインの紹介からコピーすれば良いでしょう）。LICENSEファイルも追加して、プラグインがどのライセンスで配布されるのか明らかにしましょう。プラグインのライセンスはVimと同じでもいいですし（`:help license`）、自分自身で選んでも良いです（GitHubは便利な`https://choosealicense.org`を提供しています）。

では、`$HOME/.vim/pack/plugins/vim-commenter`ディレクトリをGitリポジトリにして、どこかにアップロードしましょう。

この本の執筆時点ではGitHubが、コードを保存することに関して人々が最初に選ぶ自由の砦です（しかし、SourceForgeが2015年に示したように、時代は変わります）。

やってみましょう。

```
$ cd $HOME/.vim/pack/plugins/start/vim-commenter
$ git init
$ git add .
$ git commit -m "First version of the plugin is ready!"
$ git remote add origin <repository URL>
$ git push origin master
```

できました！　これでプラグインを配布する準備は整いましたし、vim-plugのようなパッケージマネージャがあなたのプラグインを見つけることもできるようになりました！

プラグインをこれからどうするのか

改善の余地はたくさんありますが、ここで一休みしましょう。このプラグインに自分自身で取り組むのは大歓迎です。ビジュアル選択のサポートを追加してもいいですし、他の言語で動くようにしてもいいですし、何をしてもかまいません。

8.7　次に読むべきもの

Vim scriptは長く複雑なトピックであり、この章は表面をなぞったにすぎません。もっと学びたいなら、いくつかの選択肢があります。

Vim scriptに関する大半の情報が載っている、`:help eval`を読むことができます。

オンラインのチュートリアルをやるか、本を選ぶこともできます。多くの人はSteve Loshによる"Learn Vimscript the hard way"を勧めますが、実際かなり良いものです。オンラインでは`http://learnvimscriptthehardway.stevelosh.com/`から入手可能です（Webサイトから紙の本を買うこともできます）。

8.8 まとめ

大仕事でしたね！　やってきたことを振り返りましょう。

想像力が許す限り、Vim scriptを使えばVimをいかようにも変えられることを学びました。設定と変数操作、リストと辞書、出力、`if`、`for`、`while`を使った制御構造などを学びました。関数やラムダ式、Vim scriptにおけるクラス相当の表現、`map`や`filter`を使った関数的なアプローチについても取り上げました。Vimに固有のコマンドや関数についても見てきました。

私達の最初のプラグインであるvim-commenterを作りました。Pythonファイルの行をボタン1つで（実際には2つで）コメントしたりアンコメントしたりできます。また、プラグインの構成について学び、目的を達成するためにどのようにVim scriptを使うかについて学びました。プラグインの配布まで行いましたね！

最後に、`:help eval`を深掘りすることや本を読むことを含めて、Vim scriptを学ぶにあたって取ることのできる選択肢についてもカバーしました。

次の章では、Vimをさらに改良しようとする開発者の努力の賜物、Neovimを見ていきます。

Chapter 9

Neovim

この章では、Vimから枝分かれし、今ではそれ自身が1つの独立したソフトウェアとなっているNeovimを見ていきます。Neovimでは、Vimをコア開発者にとってメンテナンスしやすくすることと、プラグイン開発や各種統合を容易にすることが目指されています。本章では次を見ていきます。

- なぜNeovimが重要なのか
- Neovimのインストールと設定方法
- VimとNeovimの設定を同期する
- Neovim固有のプラグイン

9.1 技術的要件

この章では、既存の`.vimrc`を使ってNeovimの設定を作成していきます。自分自身のものを使っても良いですし、`https://github.com/PacktPublishing/Mastering-Vim/tree/master/Chapter09`から既存の設定を入手しても良いでしょう。

`Chapter09`ディレクトリの`README.md`ファイルに詳細な説明があります。

9.2 なぜ別のVimを作るのか?

Neovimは Vimのフォークであり、2014年に Vimから枝分かれしました。Neovimは Vimのいくつかの中核的な問題を解決しようと試みています。

- 後方互換性を維持しつつ30年モノのコードベースを扱うのは難しい
- 非同期処理が元凶となり、ある種のプラグインを開発するのがとても難しい（Vimはバージョン8.0で非同期処理のサポートを始めたが、これはNeovimがフォークしてからしばらく後のことだった）
- 実際のところ、プラグインを書くのが全体的に難しく、開発者がVim scriptに習熟していることを要求している
- `.vimrc`に手を入れることなしに、近代的なシステムでVimを使うのは難しい

Neovimは次の方法でこれら問題を解決することを狙っています。

- 単一のスタイルガイドの適用やテストカバレッジの向上を含めたVimのコードベースの大規模なリファクタリング
- 古いシステムのサポートを削除
- 近代的なデフォルト値でNeovimをリリースする
- PythonやLuaのプラグインをサポートすることに加え、プラグインや外部プログラムとコミュニケーションを取るためのリッチなAPIを提供する

Vimはとてもたくさんのマシンにインストールされており、後方互換性やめったに発生しないコーナーケースが重要となっています。Vimからフォークしたことで、Neovimではすばやく行動し、実験し、失敗し、Vimを今以上に良いものにすることが可能となっています。

Neovimが重要なのは、それが新機能の追加やプラグインの開発を、継続的に容易にしていくからです。時が経つにつれ、Neovimがより多くの開発者を惹きつけ、より多くの視点や新鮮なアイデアをもたらしてくれることが期待されます。

9.3 Neovimのインストールと設定

Neovimのインストール方法はhttps://github.com/neovim/neovimを参照してください。バイナリをダウンロードすることも、パッケージマネージャからインストールすることもできます。Webサイトから入手可能なインストール方法はかなり詳細であり、かつ頻繁に変更され得るので、https://github.com/neovim/neovim/wiki/Installing-Neovimも一読するべきでしょう。

Debian系のLinuxディストリビューションを使っているなら、`$ sudo apt-get install neovim`でNeovimをインストールし、`$ python3 -m pip install neovim`でPython3がNeovimをサポートするようにできます。

Neovimがインストールできたら、`nvim`コマンドからNeovimを起動できます。

```
$ nvim
```

プラグインなしのVimと同じような画面が見えるはずです。

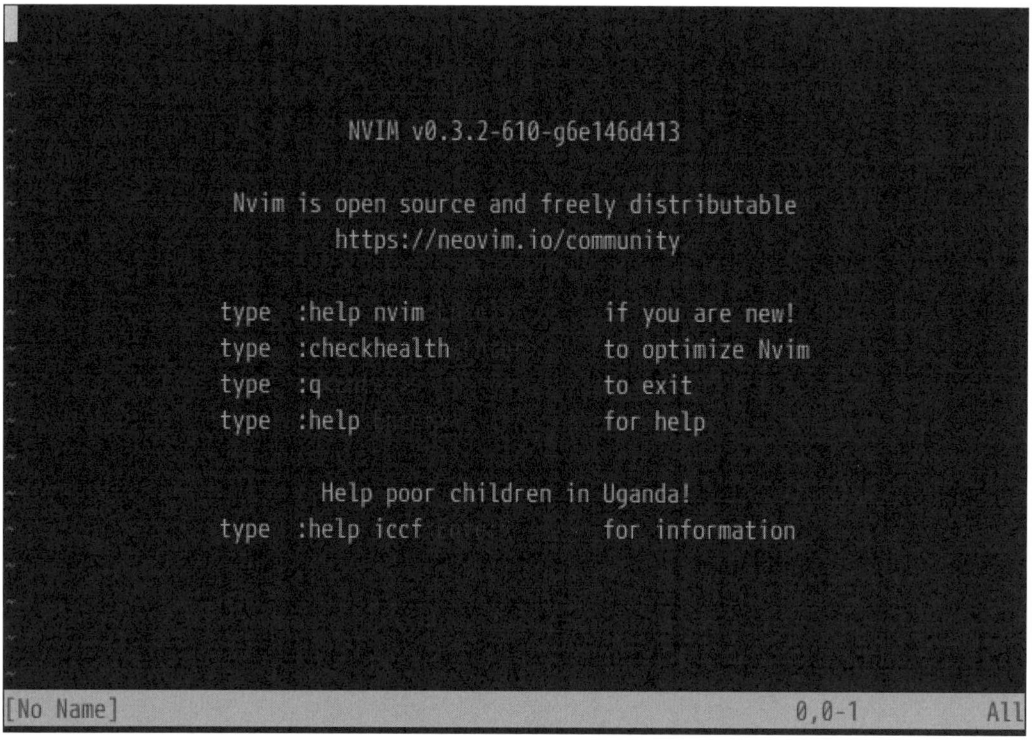

```
                 NVIM v0.3.2-610-g6e146d413

      Nvim is open source and freely distributable
                https://neovim.io/community

     type  :help nvim                if you are new!
     type  :checkhealth              to optimize Nvim
     type  :q                        to exit
     type  :help                     for help

             Help poor children in Uganda!
     type  :help iccf                for information

[No Name]                                         0,0-1          All
```

Vimで慣れ親しんだすべてのコマンドが動作しますし、Vimと同じ設定のフォーマットを使っています。しかし、.vimrcは自動では適用されません。

NeovimはXDGベースのディレクトリ仕様に従っています。そこではすべての設定ファイルが、~/.configディレクトリに配置されることが推奨されています。Neovimの設定は~/.config/nvimディレクトリに保存されます。

- ~/.vimrcは~/.config/nvim/init.vimに
- ~/.vim/は~/.config/nvim/に

多くの場合、Neovimの設定をVimの設定へのシンボリックリンクにしたいと思うでしょう。

```
$ mkdir -p $HOME/.config
$ ln -s $HOME/.vim $HOME/.config/nvim
$ ln -s $HOME/.vimrc $HOME/.config/nvim/init.vim
```

できました！　これでNeovimはあなたの.vimrcを読み込みます！

Windowsでは、Neovimの設定ファイルはおそらく`C:¥Users¥%USERNAME%¥AppData¥Local¥nvim`にあります。

Windowsでシンボリックリンクを張るには次のようにします。

```
$ mklink /D %USERPROFILE%¥AppData¥Local¥nvim %USERPROFILE%¥vimfiles
$ mklink %USERPROFILE%¥AppData¥Local¥nvim¥init.vim %USERPROFILE%¥_vimrc
```

ヘルスチェックをする

起動画面には`:checkhealth`を実行するようにと書かれていました。試してみましょう。

```
:checkhealth
```

次のような画面になると思います。

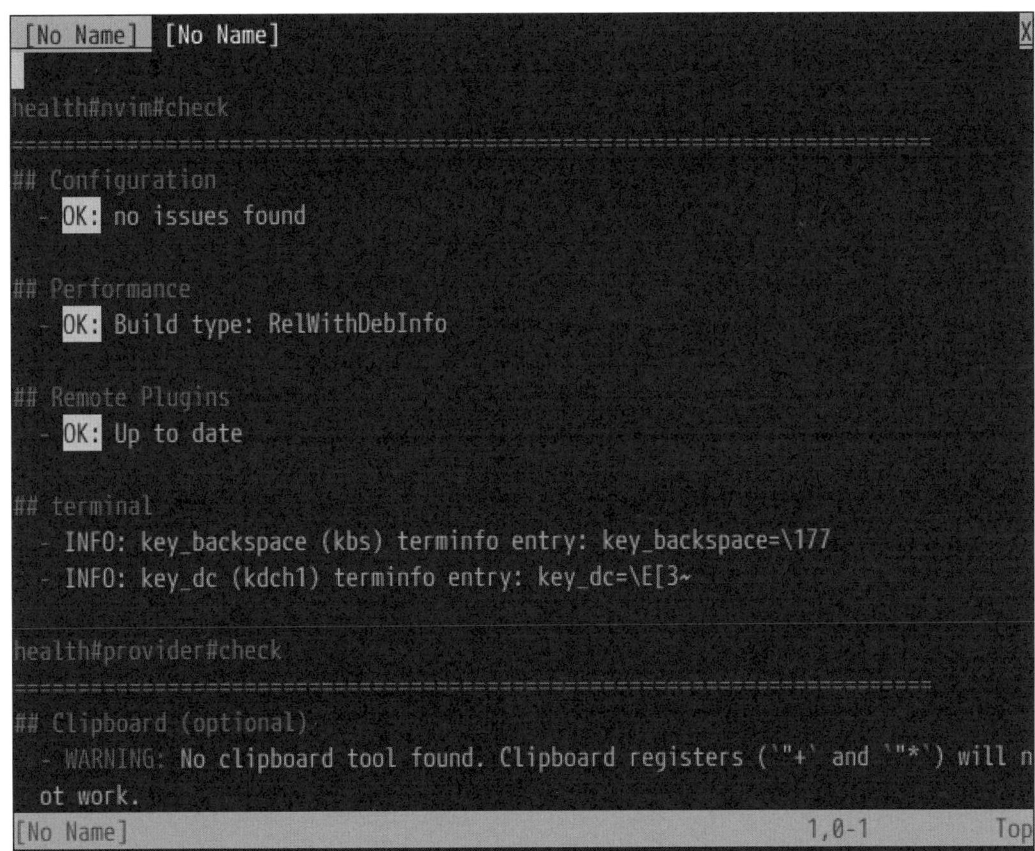

Neovimのヘルスチェックはセットアップで何かおかしいところがあればそれをすべて出力し、問題を解決するための方法を提案します。結果を一読し、関係のあるエラーを修正するべきでしょう。

たとえば、筆者のインストールはPythonサポートのための`neovim`ライブラリを必要としています。

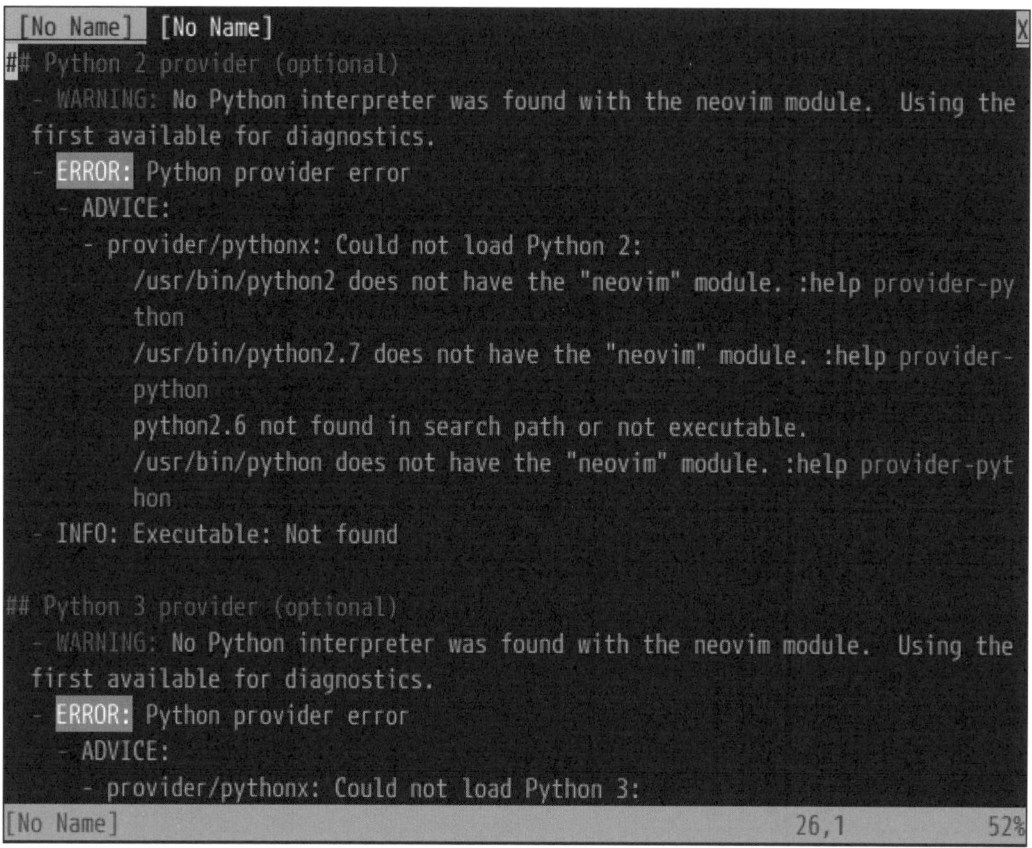

そしてこれが足りないPythonライブラリをインストールする方法です。

```
$ pip install neovim  # Python 2
$ python3 -m pip install neovim  # Python 3
```

Neovimの本当に良いところの1つは、特定のオプションを有効化するのに再コンパイルの必要がないところです。たとえば、Pythonサポートは`neovim`というPythonパッケージをインストールしてNeovimを再起動するだけで有効になります。

健全なデフォルト値

Neovim はVimとは異なったデフォルト値を持っています。そのデフォルト値は、現代的な環境でテキストエディタを使う際により合理的であるように意図されています。空の`.vimrc`でVimを使うのに比べると、大きな違いとしてはシンタックスハイライトの有効化、インデントに関するスマートな設定、`wildmenu`、検索結果のハイライトやインクリメンタルサーチなどがあります。

Neovimから`:help nvim-defaults`でデフォルト値についてもっと調べることができます。

VimとNeovimの設定を同期したいなら、次を`~/.vimrc`（`~/.config/nvim/init.vim`にシンボリックリンクされているはずです）に追記することで実現できます。

```
if !has('nvim')
  set nocompatible                   " viとの互換性なし
  filetype plugin indent on          " 近代的なプラグインのためには必須
  syntax on                          " シンタックスハイライトを有効化
  set autoindent                     " 前の行のインデントを保存
  set autoread                       " ディスクから再読み込み
  set backspace=indent,eol,start     " 近代的なバックスペースの振る舞い
  set belloff=all                    " ベルを無効化
  set cscopeverbose                  " cscopeの出力を冗長化
  set complete-=i                    " 現在のファイルとインクルードされるファイルから補完しない
  set display=lastline,msgsep        " より多くのメッセージテキストを表示
  set encoding=utf-8                 " デフォルトのエンコーディングを設定
  set fillchars=vert:|,fold:         " セパレータ
  set formatoptions=tcqj             " より直感的なオートフォーマット
  set fsync                          " fsync()を使った強固なファイル保存
  set history=10000                  " コマンド履歴をできるだけ多く保存
  set hlsearch                       " 検索結果をハイライト
  set incsearch                      " インクリメンタルサーチ
  set langnoremap                    " マッピングが壊れるのを防ぐ手助けとなる
  set laststatus=2                   " 常にステータスラインを表示
  set listchars=tab:>\ ,trail:-,nbsp:+  " :listのための文字
  set nrformats=bin,hex              " <c-a>と<c-x>のための設定
  set ruler                          " 現在行を画面隅に表示
  set sessionoptions-=options        " セッションごとにオプションを持ち越さない
  set shortmess=F                    " より簡潔なファイル情報
  set showcmd                        " ステータスラインに最後に実行されたコマンドを表示
  set sidescroll=1                   " スムーズな横方向のスクロール
  set smarttab                       " Tabキーを押したときの挙動の設定
  set tabpagemax=50                  " -pフラグで開かれるタブの上限
```

9

```
    set tags=./tags;,tags          " タグコマンドが探すファイル名
    set ttimeoutlen=50             " キーシークエンスで次のキーを待つ秒数（ミリ秒）
    set ttyfast                    " 接続を高速に
    set viminfo+=!                 " セッションにグローバル変数を保存
    set wildmenu                   " 強化されたコマンドライン補完
  endif
```

短いコメントで、個々の設定を簡単に説明しています。個々の設定に対応する`:help`を調べることでさらに学ぶことができます。

9.4 Oni

Oni（`https://github.com/onivim/oni`）はNeovimを組み込んだクロスプラットフォームのGUIエディタであり、埋め込みブラウザ、組み込みの自動補完とあいまい検索、コマンドパレット、チュートリアル一式、そして無数の優れた機能を含むIDE的な機能をNeovimにもたらします。Neovimの設定とキーバインディングは保持されますが、見た目はかなり良いものです。

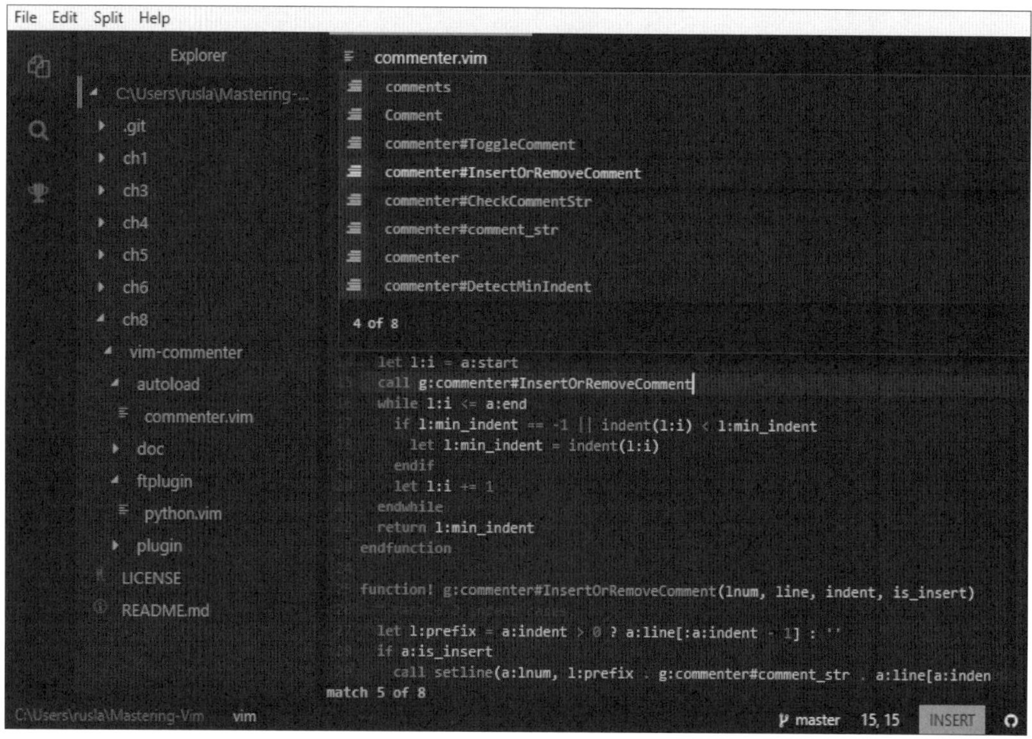

たとえば、埋め込みブラウザは次のような見た目をしています（Ctrl+Shift+pでコマンドパレットを開き、Browserとタイプします）。

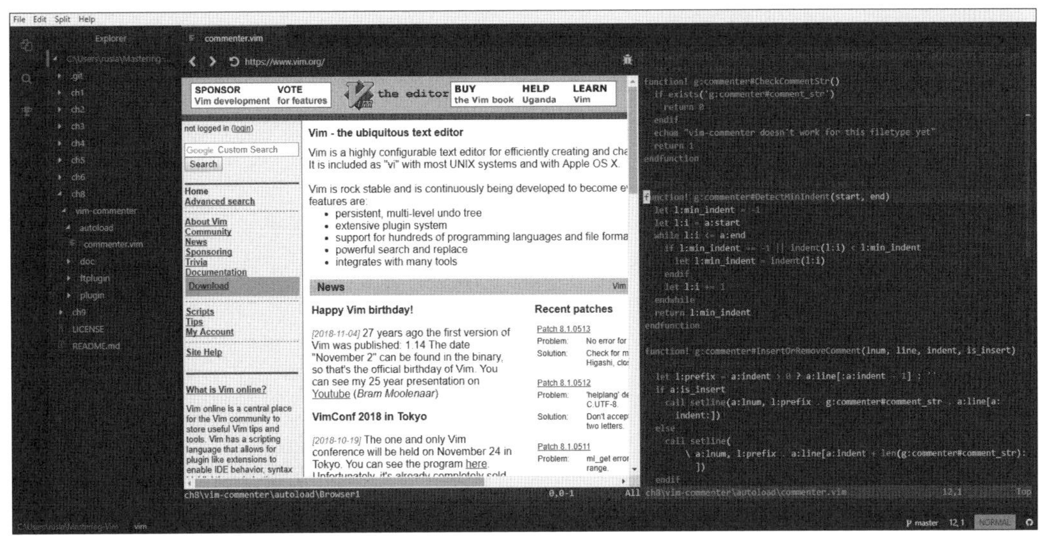

Vimの真なる精神に従って、ブラウザはマウスなしでの操作をサポートしています（Ctrl+gに続けて要素の上のキーを押すことでその要素をクリックできます）。

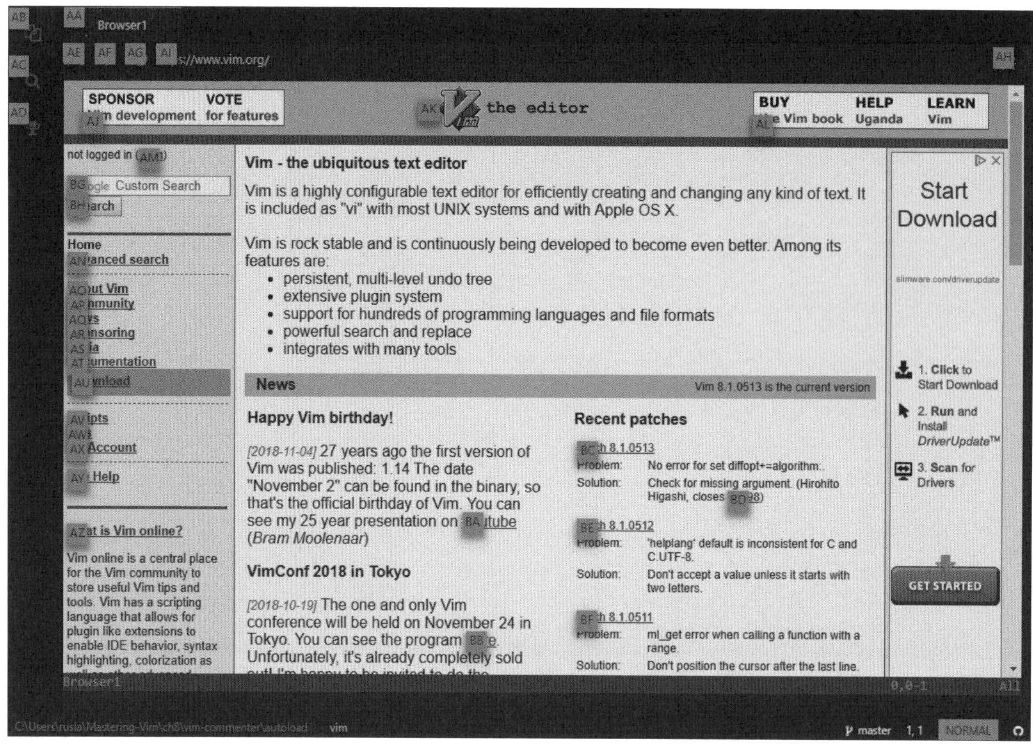

機能がとても多くすぐに迷子になってしまいますが、Oniは試してみるべきでしょう。

9.5 Neovimプラグインのハイライト

NeovimにはVimに対する後方互換性がかなりあり、Vimプラグインの多くをサポートしています（実は、Neovimはこの本に出てくるプラグインはPowerlineを除いてすべてサポートしています）。

しかし、Neovimは非同期処理を行うプラグインの実装をネイティブにサポートしていたり、その他の開発者フレンドリな機能を追加していたりするので、Neovimでしか動作しないプラグインも多くあります。Vimが、Neovim固有だった機能のうちのいくつかを、Neovimが作られて数年後に8.0（非同期プラグインのサポート）と8.1（ターミナルモード）で追加したことは特筆すべきでしょう。

次のプラグインはすべて（NyaoVimを除き）Vimにバックポートされていますが、Neovimコミュニティにこれらプラグイン作成のクレジットを与える価値があるでしょう。この一覧はけっして網羅的ではないですし、すぐに時代遅れになってしまうかもしれません。プラグインは執筆時点での人気順となっています。

- Dein (`https://github.com/Shougo/dein.vim`) はvim-plugと似た非同期のプラグインマネージャ
- Denite (`https://github.com/Shougo/denite.nvim`) はバッファ、現在ファイルの行、カラースキームまでを含めたすべてをあいまい検索するためのプラグイン（すべてに対応したCtrlPとも言える)。たとえば、現在ファイルのコード行のあいまい検索は次のように動作する

```
import sys
zoo.py                                              1,1              Top
 7:     animal_name = argv[2]
10:         animal = animals.Cat(animal_name)
12:         animal = animals.Dog(animal_name)
14:         animal = animals.Dogfish(animal_name)
16:         animal = animals.Animal(animal_name, animal_kind)
27: if __name__ == '__main__':
~
~
-- INSERT --  line(6/28)           [/home/ruslan/hands_on_vim/zoo] 1/6
# name
```

- NyaoVim (`https://github.com/rhysd/NyaoVim`) はNeovimのための、Webコンポーネントをベースにしたクロスプラットフォームの GUI。おもな売りは拡張性の高さと新しいUIプラグインをWebコンポーネントとして追加できること
- Neomake (`https://github.com/neomake/neomake`) は非同期なリンタとコンパイラであり、ファイルタイプごとに違う動作をする、非同期な`:Neomake`コマンドを追加する
- Neoterm (`https://github.com/kassio/neoterm`) は、VimやNeovimのターミナル機能を拡張し、すでにあるターミナルを、時間のかかるコマンドを実行するために再利用しやすくする
- NCM2 (`https://github.com/ncm2/ncm2`) は、VimとNeovimのための強固で拡張可能なコード補完フレームワーク
- gen_tags (`https://github.com/jsfaint/gen_tags.vim`) は非同期なctagsとgtagsのジェネレータ。参考までに、gtagsはctagsよりも若干強力だが、少ない言語しかサポートしていない

9.6 まとめ

この章では、Vimのコードベースの保守性をより高くし、新機能やプラグインの開発を容易にし、外部アプリケーションとの統合を促進することを狙った、VimのフォークであるNeovimについて紹介してきました。

インストール方法に触れ、既存のVimの設定をNeovimで動作するようにする方法について学びました。また、NeovimのデフォルトくをVimにバックポートすることで2つの間で同じように編集ができるようになることについても見てきました。

最後に、Neovimコミュニティが作り上げたいくつかのプラグインについて簡単に見てました。

次の章では、Vimに関連するリソースやコミュニティを参照しつつ、読者にいくつかのアイデアとさらに探索すべき事柄を提供します。

Chapter 10

ここからどこへ行くのか

『マスタリングVim』の最終章へようこそ。あなたは今やVimのすばらしい世界への旅路を始めたところです。

最後にいくつかのアイデアを示して、本書を締めくくります。

- 健康的なテキスト編集の習慣（Vimの作者であるBram Moolenaarのプレゼンテーションから抜粋したもの）
- Vimからモーダルなインターフェースを取り出して、IDEやWebブラウザなどあらゆるところへ適用する
- いくつかのVimコミュニティとお勧めの読み物

10.1 効果的なテキスト編集のための7つの習慣

この章はBram Moolenaar[注1]の2000年の記事とそれに続く2007年のプレゼンテーションの縮約版です。とても良い内容ですので、BramのWebサイト（`https://moolenaar.net/habits.html`）から一読をお勧めします。全部は読めないという方のために、かなり大まかに要約したいと思います。

開発者は多くの時間をテキストの読解と編集に使うため、Bramはテキスト編集における経験を向上させることに関する重要なサイクルを強調しています。

（1）非効率性を見いだす

注1　訳注：Vimの作者です。

(2) より迅速な方法を発見する

(3) それを習慣化する

この3つのステップには無数の例が挙げられます。それぞれに対して1つずつ例を挙げましょう。

(1) 非効率性を見いだす
テキスト内の移動に多くの時間を費やしていた

(2) より迅速な方法を発見する
多くの場合、あなたはすでにそこにあるものを見つけようとします。テキストを検索することでより速く移動できるでしょう。さらに1歩か2歩先に進むこともできます

- *を使ってカーソル下の単語を検索する
- `:set incsearch`を使ってインクリメンタルサーチを行う
- `:set hlsearch`を使って検索にマッチしたものすべてをハイライトする

(3) それを習慣化する
学んだことを使いましょう！ `incsearch`と`hlsearch`を`.vimrc`で設定します。カーソル近くの単語を/で検索していることに気づいたら、*を使うようにします

10.2 モーダルインターフェースはどこにでも

この本を読んできて、今やあなたはモーダルインターフェースはすばらしいと思っていることでしょう。どうすればモーダルインターフェースからもっと多くを引き出せるでしょうか？

多くのアプリケーションは何らかの形でモーダルインターフェースをサポートしています（とくにviに親和的なアプリケーション）。

多くの成熟したテキストエディタやIDEは、移動やテキスト操作のためのviに似たキーバインディングを提供しています。次はその例です（URLも追記しています）。

- EvilはEmacsに被せるViのレイヤ（https://github.com/emacs-evil/evil）
- IdeaVimはIDEAベースのIDE（IntelliJ IDEA、PyCharm、CLion、PhpStorm、WebStorm、RubyMine、AppCode、DataGrip、GoLand、Cursiv、そしてAndroid Studio）のためのVimエミュレータ（https://github.com/JetBrains/ideavim）
- EclimはVimからEclipseの機能にアクセスできるようにする（http://eclim.org/）

- VrapperはEclipseにviに似たキーバインディングを追加する(http://vrapper.sourceforge.net/home/)
- Atomはvim-mode-plusプラグインを持っている(https://github.com/t9md/atom-vim-mode-plus)

他にもたくさんありますので、他のエディタがあなたの課題をVimより良い方法で解決できる(特定のIDEに縛られているからかもしれませんが)けれど、Vimのキーバインディングを使いたいという場合、他のエディタにVimのキーバインディングを導入するアプローチが機能するかもしれません。

VimのようなWebブラウザ経験

近代的な開発者のワークフローではWebをよく使います。そして筆者もコードに取り組んでいるときはほとんど、ブラウザを開きっぱなしにしています。時々、筆者はVimでのキーボード駆動のワークフローからブラウザでのマウス駆動のワークフローに切り替えたいと思うのですが、それだと生産性を損ねてしまいます。それを避けるため、筆者はviに似たキーバインディングをブラウザで使えるようにするアドオンを使っています。

Webブラウザに関して未来を予測するのは難しいのですが、この節は執筆時点の最も人気のあるブラウザに基づきます。

VimiumとVimium-FF

Vimiumは、Vimフレンドリーなキーバインディングでページを移動できるようにすることでWebブラウジングを強化するChrome拡張です。Vimium-FFという名前でFirefoxにもポートされています。

VimiumはChrome Web Storeから、もしくはhttps://vimium.github.ioから入手できます。Vimium-FFはhttps://addons.mozilla.org/en-US/firefox/addon/vimium-ff/から入手できます。

たとえば、fを押すと、Vimiumは文字もしくは文字の組み合わせとともにページ内のすべてのリンクをハイライトします(EasyMotionがVimで動作するときと似た動きです)。次のスクリーンショットのように動作します。

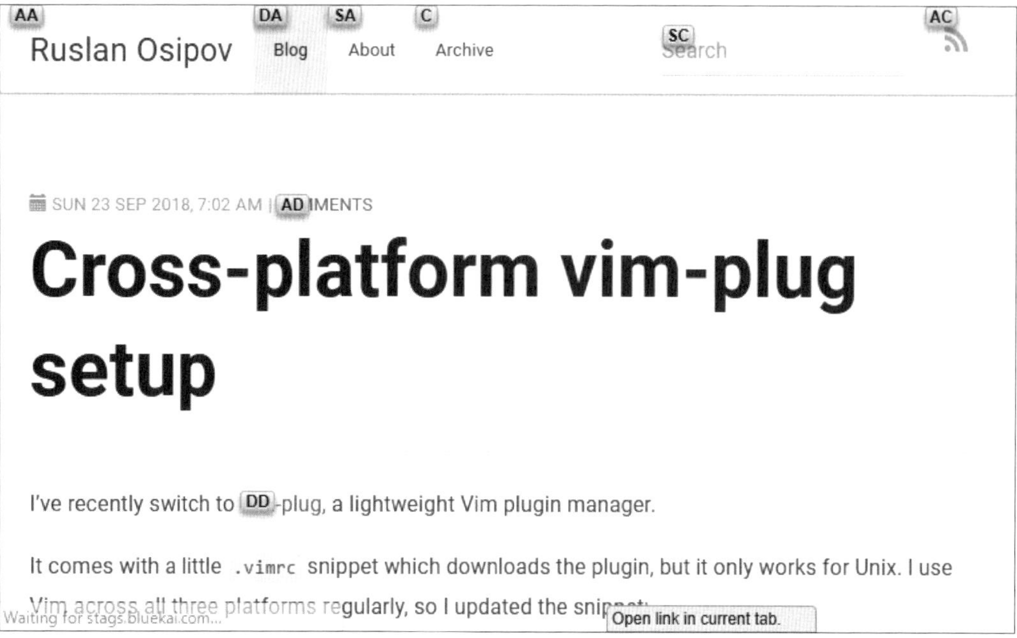

文字の組み合わせを正しく入力すると、リンクが開くかテキストボックスにカーソルが当たります。Vimiumはマウスなしでのテキスト選択とコピーをサポートしています。vを1回押すとキャレットモード（ページ内でカーソルを動かせるモード）に入り、もう1回vを押すとビジュアル選択モードに入ります。次のスクリーンショットに示されるように、Vimで慣れ親しんだ移動キーの大半はこれらのモードでも動作します。

SUN 23 SEP 2018, 7:02 AM | COMMENTS

Cross-platform vim-plug setup

I've recently switch to vim-plug, a lightweight Vim plugin manager.

It comes with a little .vimrc snippet which downloads the plugin, but it only works for Unix. I use Vim across all three platforms regularly, so I updated the snippet:

```
" Download and install vim-plug (cross platform).
```

Visual mode

テキストの選択が終わったら、yでテキストをコピー(ヤンク)できます。

Vimiumはタブの切り替え(T)、URLや履歴のエントリを開く(o/O)、ブックマークを開く(b/B)といったことに使えるオムニバーを提供しています。次がスクリーンショットです。

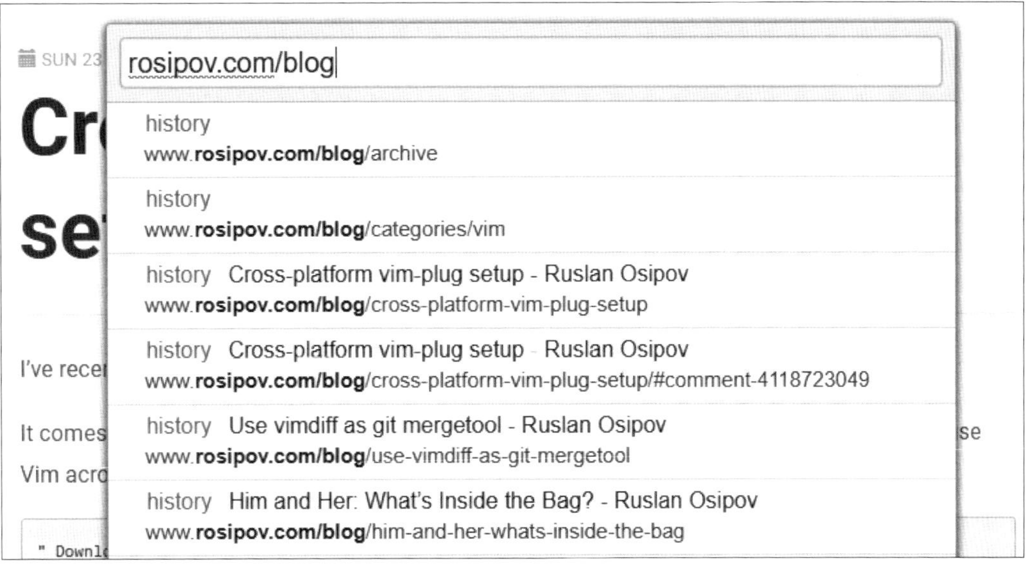

最後に、?を押すと次のスクリーンショットのようにヘルプが開いてVimiumの機能についてもっ

と学ぶことができます。

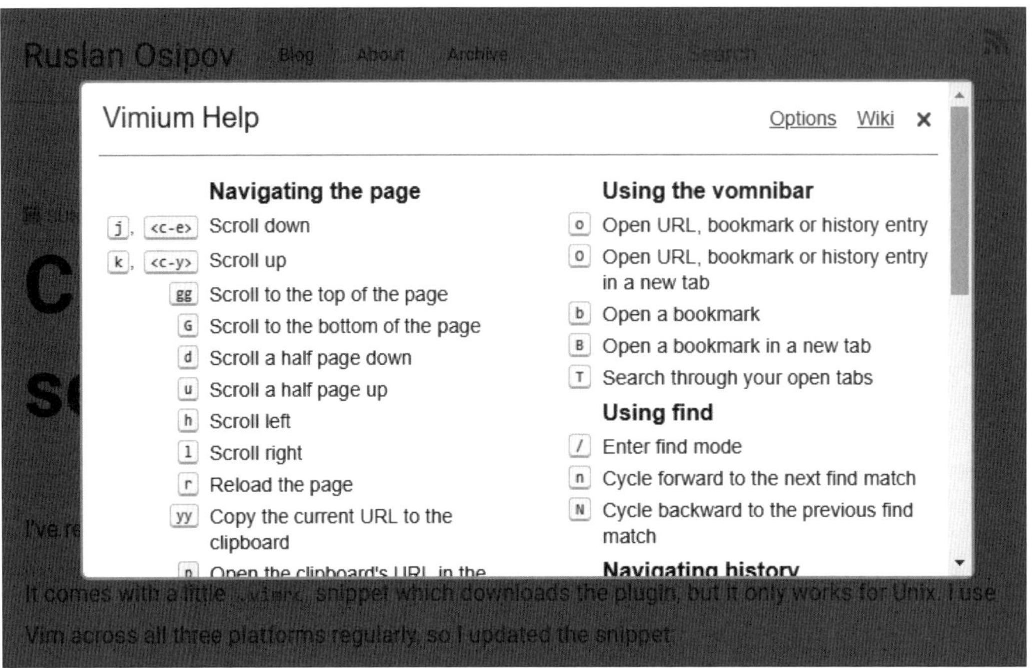

代替

Vimium と Vimium-FF はおそらく執筆時点で最も人気のある拡張機能でしょう（Chrome Web Store と Firefox アドオンサイトでのユーザー数に基づいています）。他にも多くの拡張機能が入手できますし、成熟したブラウザの大半はvi風のプラグインを持っています。次はその一例です。

- Google Chrome では cVim や Vrome が入手できる。これらは Vimium と似ているが、わずかに異なる機能を提供する。wasavi のような拡張機能はテキストエリアで Vim のエミュレータを使うことに特化している
- Safari は Vimari という Vimium のポートをサポートしている
- Mozilla Firefox には Vimium-FF と似たアドオンがある。Vim Vixen と Tridactyl はほんの一例
- Opera は Chrome 拡張機能のインストールをサポートしている

Vimはどこにでも

システム上のすべてのテキストフィールドで、Vimを使ってテキストを編集できるようにする方法があります！　名前を挙げるなら、vim-anywhereがLinuxとmacOS上で利用可能であり、Text Editor AnywhereがWindows上で利用できます。

LinuxとmacOSでのvim-anywhere

vim-anywhereはLinuxまたはmacOSマシン上でテキストを編集するときに`gVim`を起動してくれます。vim-anywhereは`https://github.com/cknadler/vim-anywhere`から入手できます。インストールが終わったら、テキストフィールドにカーソルを合わせて、macOSなら`Ctrl+Cmd+v`を、Linuxなら`Ctrl+Alt+v`を押します。プラットフォームに合わせて、vim-anywhereは`MacVim`か`gVim`を開きます。次がスクリーンショットです。

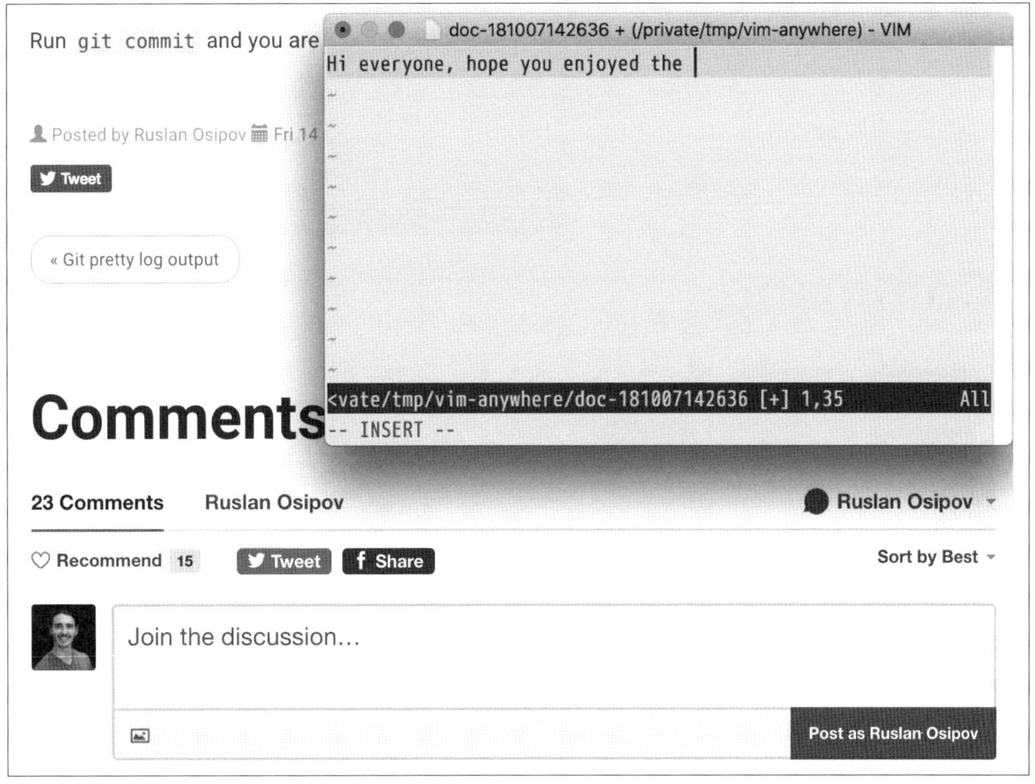

バッファを保存し、`MacVim`または`gVim`を終了すると、vim-anywhereはバッファの内容を元の

テキストフィールドに貼り付けます。

WindowsでのText Editor Anywhere

Text Editor Anywhereを使うと、テキストを選択してそれを任意のエディタで開き、編集が終わったら変更されたテキストが挿入される、という操作が実現できます。Text Editor Anywhereは`https://www.listary.com/text-editor-anywhere`から入手できます。

筆者はWindowsを使うときはいつもText Editor Anywhereを使い、`Alt+a`を押すと選択されたテキストが`gVim`で開かれるように設定しています。

次のスクリーンショットのように動作します。

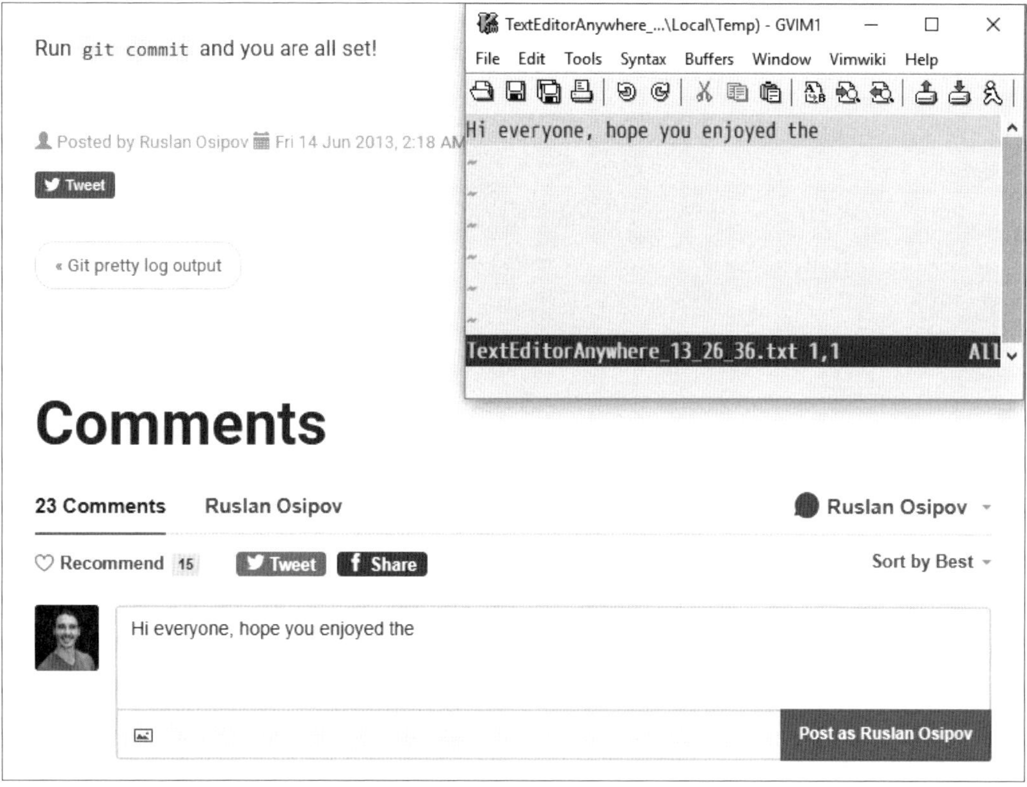

編集が終わったらバッファを保存して`gVim`を閉じます。Text Editor Anywhereが、保存されたバッファの内容でテキストエリアを埋めてくれます。

10.3 お勧めの読み物とコミュニティ

本書はVimに関する完璧な情報源となるべくして書かれたのではありませんので、まだまだ学ぶことや探索すべきことがたくさんあります。好みの学び方によって、`:help usr_doc.txt`（最初から最後まで通しで読めます）からVimのマニュアルをくまなく読む人もいれば、コミュニティのチャットやメーリングリストに向かう人もいれば、教材を深堀りする人もいるでしょう。

この節ではこれから先に進むであろう道をいくつか紹介します。

メーリングリスト

Vimはいくつかの主要なメーリングリストを持っており、読んだり購読したりができます。個々のメッセージについての詳細は`https://www.vim.org/maillist.php`にリストアップされていますが、次がおもなものです。

- `vim-announce@vim.org`は公式のアナウンスチャンネル。アーカイブは`https://groups.google.com/forum/#!forum/vim_announce`から入手できる
- `vim@vim.org`は主要なユーザーサポートのためのメーリングリスト。アーカイブは`https://groups.google.com/forum/#!forum/vim_use`から入手できる
- `vim-dev@vim.org`はVim開発者のためのメーリングリスト。アーカイブは`https://groups.google.com/forum/#!forum/vim_dev`から入手できる

IRC

よく知らない人のために説明すると、IRCはInternet Relay Chatというメッセージ交換のためのプロトコルの略称です。IRCはおもにグループでの議論に用いられます。

Vimのコア開発者とユーザーの多くがVimのIRCチャンネルにいます。執筆時点では、freenode.netの`#vim`というIRCチャンネルには、平均して1日1,000人のユーザーが訪れています（もちろん同時にではありません、アイドル状態の人が大勢います）。Vimチャンネルは、質問をしてVimコミュニティのフィーリングを掴むのにすばらしい場所です。

`https://webchat.freenode.net`にあるFreenodeのWebクライアントからか、お好みのIRCクライアントからログインできます。個人的には、irssiというコマンドラインクライアントを使うのが好みですが、これは設定するのにかなりの時間が必要です。

他のコミュニティ

Webにはたくさんのアクティブなコミュニティがあります。次がその一例です。

- Redditのアクティブなコミュニティは`https://reddit.com/r/vim`に
- VimのQ&Aサイトは`https://vi.stackexchange.com/`に
- Neovimの非常にアクティブなチャットはGitter上に（`https://gitter.im/neovim/neovim`）

学習リソース

学び方は人それぞれですので、すべての人にとって適切な学習リソースをお勧めするのはとても難しいことです。筆者が見つけたリソースには次のようなものがあります。

- Vim Tips Wikiは簡潔なVimのTipsが集まっている巨大なリポジトリ（`https://vim.wikia.com`）
- Vimのスクリーンキャスト（動画学習サイト：`http://vimcasts.org`）
- すばらしくかつ詳細なVim scriptのチュートリアルである"Learn Vimscript the Hard Way"（`http://learnvimscriptthehardway.stevelosh.com`）

Vimのオリジナルの作者であるBram Moolenaarは彼自身のサイトを持っており、そこにもVim関連の記事がいくつかあります（`https://moolenaar.net`）。Bramはウガンダの子供たちを助けるためのNPOにも積極的に関わっており、彼のホームページにはそのことに関するもっと多くの情報があります。

最後に、筆者も時々Vim関連のスニペットを`https://rosipov.com`にある自分のブログに投稿しています。ブログはたいてい無関係な記事で埋め尽くされていますが、Vimに関係する投稿のみをフィルタすることができます（`https://www.rosipov.com/blog/categories/vim`）。

10.4 まとめ

この本の最終章では、「効果的なテキスト編集のための7つの習慣」を見ました。これはBram Moolenaarの記事であり、あなたにワークフロー内の非効率性を見いだし、それを修正し、そしてそれを習慣化するよう伝授するものでした。

他のIDEやテキストエディタ、Webブラウザ（Vimiumのようなものを通じて）で、またあらゆる場所（vim-anywhereやText Editor Anywhereを通じて）で、vi風のテキスト編集をそのまま使うための方法についても見てきました。

Vimのユーザーや開発者と連絡を取る方法についても議論しました。メーリングリストがあり、IRCチャンネルがあり、Redditがあり、他の手段もあります。Vim Tips WikiやLearn Vimscript the Hard Wayを含むいくつかの学習リソースについても触れました。

Happy Vimming!

付録

Vimを取り巻く日本のコミュニティ

mattn

筆者とVimの出会い

筆者が初めてVimを触り始めたのは今から20年も昔、1999年頃でした。あるときインターネットでviクローンとして紹介されていたVimを見つけた筆者は、オフィシャルのFTPサーバからtarボールをダウンロードし、趣味でLinuxをインストールしていたPC上でビルドしました。これが筆者にとって初めてのVimでした。そのころはまだ、バージョン2だったと思います。すでに日本にも先人がおられ、日本語版「jvim+onew」も存在していました。そのころのVimはまだとても不安定で、ウィンドウ分割もなく、機能もそれほど多くありませんでした。ものは試しと常用してみたりもしましたが、「これは安定して使えそうにないな」と思い、筆者は一度ここでVimを追うのを諦めてしまいました。もともと筆者はvi使いではありましたが、そのころのVimにそれほど魅力を感じませんでした。

当時はテキストエディタ戦国時代とも言える時代で、Emacsにおいては古くからのクローン「XEmacs」や日本語版の「Meadow」、そのほか多くのEmacsクローンがいくつも登場しました。viに関してもnviやElvis、stevieなど多くのviクローンが量産されていました。

Vimはその後、独自の進化を遂げ、ウィンドウ分割やGUIを獲得し、そしてWindowsをサポートOSに加えました。ちょうどそのころ、初期のVimのソースコードから派生させて日本語対応させた「JVim 3.0」というプロダクトが公開されていました。当時のソフトウェアの日本語対応とは、オフィシャルからソースコードを分離し、ひとたび日本語対応させたら以降は独立して生きていく、というのが当然の世の中でした。世の中に出回る「日本語版」と呼ばれるソフトウェアは、オリジナルの英語版とは別の体制で開発されており、日本語版の開発者が都度、オフィシャルから差分を取り込んでいく、というとても面倒な開発を行っていました。時には力尽きて開発を断念してしまう日本語版ソフトウェアもありました。

もちろんそれらは英語圏で生まれたソフトウェアですから、日本語対応のために多くの差分を本体にマージすることは自身の首を絞めることにもなりえます。日本語版の開発者もそれをわかったうえで開発していました。そうした理由で、JVimは本家にマージされずに独自の進化を遂げていきました。筆者はこのころ「なぜローカライズパッチは本体にマージされないんだろう」とずっと考えていました。

そのあとも筆者はJVimを触ったり、本家のVimを触ったりしていましたが、あるときどうしても本家のVimで気に入らない機能を見つけてしまい、ソースコードのパッチファイル（差分ファイル）を作ってVimの開発者メーリングリスト「vim-dev」にパッチファイルを送りました。数日後には無事にマージされ、これが筆者にとって初めてのVimへのコントリビュート（貢献）となりました。

そのころのOSS界は、ようやく「多言語化」が認知され始めたころで、Vimにも少しずつマルチバイト文字を扱うためのパッチが取り込まれ始めていました。筆者も毎日Vimのソースコードやパッチファイルをダウンロードし、変更差分を調べ、新しい機能が入ると動作確認をしていました。そしてマルチバイト関連のバグを見つけてはパッチファイルを作り、vim-devに投稿していました。

そんな中、メーリングリストに日本人のような名前の人を見つけたのを覚えています。その人は、Vimの正規表現をマルチバイト対応させるパッチファイルを数多く投稿していました。それが、「香り屋」ことKoRoNさんでした。

vim-jpの誕生

KoRoNさんと意気投合した筆者は、チャットでいろいろな話をしました。そのころよく「なぜJVimは本家にマージされないんだろう」という話もしました。KoRoNさんはどう思っていたかはわかりませんが、筆者は「KoRoNさんよりも多くパッチを送りたい」、そんな気持ちでパッチを送り続けていたのを覚えています。今から思えばKoRoNさんと筆者だけでも、かなりの量の修正を送ったと思います。そうした中、少しずつですが日本人開発者も増えてきました。小さいながらも勉強会などが開催されるようになりました。しかしながら、筆者やKoRoNさんを含むすべての日本人開発者は互いにコミュニケーションを取ることはせず、個々が直接vim-devにパッチを送るというコントリビュートを行っていたのです。時には同じパッチを送ってしまうこともありました。勉強会などを開催するコミュニティも各々が独自に開催していました。

筆者はこの状況を、とてももったいなく感じていました。Vimにパッチを送っている方々やドキュメントを翻訳している方たちにとって、Vimユーザーからの反応やバグ報告はとても大切なことですが、当時の日本のVimコミュニティでは情報が分散してしまっており、バグをどこに送ったら良いかわからない、英語が苦手だからバグ報告できない、翻訳の間違いはどこに送ったら良いかがわからない、といった方がおられたようです。中にはバグ報告を諦めてしまう方もいたかと思います。

そこで筆者とKoRoNさんは、開発者間のコミュニケーションのハードルを下げるべく、vim-jpというコミュニティサイトを設けました。

https://vim-jp.org/

この試みはとてもうまく働きました。バグ報告はvim-jpがGitHubにて日本語で受け付け、パッチを作り、vim-devに送ります。また日本人から送られてきたパッチもvim-jpがレビューし、英語が苦手な人のサポートもしました。そうして、vim-jpというコミュニティから日々vim-devへパッチが送られ続けられるようになりました。これは2019年になった今でも続いています。

こうしたみなさんからの働きかけにより、現在ではVimは日本語を扱ううえでほぼ問題がないくらいに改良され、多くの日本人ユーザーに今でも使われ続けています。マニュアルの翻訳も有志の手によりしっかりとメンテナンスされています。

OSSにコントリビュートしたいと思っている若い方たちもおられます。翻訳を手伝っていただける方もずいぶん増えました。Vimが日本の開発者同士を結び付けたと言って良いでしょう。

VimConf 2018

開発者だけでなくVimの勉強会も次第に増えはじめ、全国の数ヵ所で開催されるようになりました。その中でも人気のあったのがujihisa.vimです。ujihisa.vimはujihisaさんが開催していた勉強会です。そのujihisa.vimが2013年、後に国際的なカンファレンスとなることを夢見てVimConfと改名しました。筆者も2017年からVimConfのスタッフとして参加しました。

そして2018年11月、秋葉原のアキバホールで開催されたVimConf 2018に、私たちはVimの作者Bram Moolenaarさんを呼ぶことができました。長年パッチを送り続け、メーリングリストで会話し合っていたBram Moolenaarさんが目の前にいるのですから、胸の鼓動の高鳴りを抑えられないほど興奮しました。

これは私たちVimConf運営スタッフが、2016年からずっと夢見ていたことでした。VimConfを国際カンファレンスにしたい、皆の思いが実現した瞬間でもありました。

翌日、Bram Moolenaarさんと、VimConfに参加したRuslan Osipovさん、運営スタッフの一同でハッカソンを開催しました。とても濃い2日間で、興奮し過ぎて疲れ果て、開催を終えた数日間スタッフは何もできなかったのを覚えています。

このハッカソンに参加したRuslan Osipovさんはそのあと、本書の原著『Mastering Vim』を執筆します。後日Ruslan Osipovさんから『Mastering Vim』をプレゼントされた運営スタッフは、Ruslan Osipovさんと出版元であるPackt Publishing社に働きかけ、技術評論社にも協力をいただき、本書『マスタリングVim』が出版されることになりました。つまり、VimConfに参加してハッカソンに同席したことをきっかけに、本書が出版されることになったのです。これもVimによって起きた人と人のつながりです。

VimConf 2019

国際カンファレンスになったVimConfは2019年11月、VimのLanguage Server Clientである「vim-lsp」の作者Prabir Shresthaさん、Vimのフォーク「Neovim」のメインメンテナを務めるJustin M. Keyesさんをはじめ、世界中から集まった発表者のみなさんに、いろいろなトークをしていただきました。トークの内容はもちろんすばらしかったのですが、それ以上に参加された会場のみなさんの期待感が、私たちスタッフにも伝わってくるすばらしいカンファレンスになりました。

今もなお進化を止めないVimだからこそ、皆が期待し、コントリビュートを続けているのでしょう。そうしたOSSへのコントリビュートを若い世代の人たちに伝えることで、またこれからもVimのコミュニティを続けていくことができると信じています。

Vimコミュニティ

vim-jpはおもにGitHub上のissuesで活動をしていますが、実はそれだけではありません。世界中の人たちがGitHub上で公開しているVimの設定ファイル「vimrc」を皆で読み合う、「vimrc読書会」というイベントがあります。毎週土曜日の夜11:00に開催されていますが、2015年から一度も休むことなく続けられています。

https://vim-jp.org/reading-vimrc/

また、Slackでも毎日アクティブに会話が行われています。Vimに関する話題だけでなく、各プログラミング言語の話題やイベントの運営、子育てに関する話題もあります。本稿を執筆している時点では887名が参加する大きなチャットとなっています。

https://vim-jp.slack.com/

そのほか、毎月開催されているイベント「ゴリラ.vim」や女性向けのVimカンファレンス「girls.vim」などもアクティブに開催されています。Vimに興味がある方はぜひ参加してみてください。「Vimが大好きな人たちが日本にもこんなにもいるのか」と、きっと驚くはずです。

Vimが作り上げたもの

Vimと出会った20年前、筆者とKoRoNさんは、Vimを取り巻くコミュニティがこんなにも大きくなるとは思ってもいませんでした。VimでKoRoNさんと知り合わなかったら、vim-jpを作らなかったら、もしかするとVimConfが国際カンファレンスになることもなかったかもしれません。Bram Moolenaarさんに会えることもなかったかもしれません。これらはすべて、テキストエディタVimが作り上げてくれたものなのです。私たちvim-jpは、Vimによってみなさんがつながり、Vimによって新しい何かが生まれるのを日々楽しみにしています。

Vimに興味のある方、ぜひVimコミュニティに参加してみてください。

訳者について

訳者プロフィール

大倉　雅史（おおくら まさふみ）

1988年生まれ。フリーランスのプログラマー。おもにRuby on RailsによるWebアプリケーション開発を業務としている。Vim歴はRuby歴と同じく7年であり、Vimは仕事になくてはならない存在。大の技術コミュニティ好きであり、Rubyのコミュニティにはかなりの頻度で顔を出して登壇したり雑談したりしている。2019年には「VimConf 2019」のオーガナイザを務め、2020年からは「Kaigi on Rails」という大規模イベントのチーフオーガナイザも務める。

訳者あとがき

2018年11月に東京で行われた「VimConf 2018」は、Vimコミュニティにとって非常に重要なイベントでした。言うまでもなく、Vimの作者であるBramその人が来日し、Vimについて語ってくれたからです。しかし、VimConfの会場には、彼以外にもVimにとって重要なことを成し遂げようとする人物がもう1人いました。彼こそがこの本の原著『Mastering Vim』の著者であるRuslanでした。

私は2人がVimConf 2018の懇親会の会場で会話しているところに、しばし混ざっていました。そのときに初めて、RuslanがVimについての本を書いているというのを知り、彼から本のデジタルコピーをもらう約束をしました。しばらくのあと、VimConf 2018の運営メンバーを中心に『Mastering Vim』を翻訳したいという話が持ち上がりました。私はujihisaさんから翻訳をしてみてはどうかと持ちかけられ、喜んで引き受けることにしました。『Mastering Vim』の内容は、とくにVimを使い始めた人にとって非常に有益だと思いましたし、この本を日本語に翻訳することで日本のVimコミュニティに恩返しができると考えたからです。

Vimに関する日本語の書籍はいくつかありますが、本書は他のどれとも違う独特の立ち位置を保持しているように思います。それは、本書はVimの実用性に徹底的にこだわりつつ、本書の先にあるものへの案内も兼ねているからです。私自身、ある程度の経験があるVimmerとして本書を読みましたが、そこから得るものは単なるTipsにとどまらず、Vimの世界の歩き方でもあったと思います。Ruslanの案内に従ってVimの世界を旅するとき、きっと読者のみなさんも、Vimについてもっと知りたい、使いこなしたいと思うようになるはずです。

この翻訳が成功したと言えるなら、それはひとえに以下の方々のおかげに他なりません。

thincaさんは当翻訳に技術的なレビューをしていただきました。日本を代表するVim scripterに、原著で300ページにも渡る内容のすべてに目を通していただけたのは心強い限りでした。

mattnさんは書き下ろしの付録を寄稿してくださいました。日本最古のVim使いの1人であるmattnさんの寄稿は、Vimコミュニティから生まれた本書をさらに深みのあるものにしていると思います。

ujihisaさんに翻訳を持ちかけられなかったら、そもそも本書は日の目を見ていなかったかもしれません。この場を借りて感謝いたします。

編集の中田さんには何度も催促のメールをいただいてしまいました。締め切り駆動で進捗を出す私がなんとか本書を訳すことができたのは、中田さんのおかげです。

2020年3月

Index

.

A

C

E

F

G

H

I

L

W

Y

あ

い

う

え

め

も

ら

り

る

れ

ろ

わ

● **カバーデザイン**
トップスタジオデザイン室　嶋 健夫

● **本文設計・組版**
株式会社トップスタジオ

● **編集**
中田 瑛人

マスタリング Vim

2020年4月29日　初 版　第1刷発行

著　者　Ruslan Osipov
翻　訳　大倉 雅史
発行者　片岡 巌
発行所　株式会社技術評論社
東京都新宿区市谷左内町21-13
電話　03-3513-6150　販売促進部
03-3513-6170　雑誌編集部

印刷／製本　港北出版印刷

定価はカバーに表示してあります。

ISBN978-4-297-11169-4 C3055
Printed in Japan

◆お問い合わせについて

本書の内容に関するご質問につきましては、下記の宛先までFAXまたは書面にてお送りいただくか、弊社ホームページの該当書籍コーナーからお願いいたします。お電話によるご質問、および本書に記載されている内容以外のご質問には、いっさいお答えできません。あらかじめご了承ください。

また、ご質問の際には「書籍名」と「該当ページ番号」、「お客様のパソコンなどの動作環境」、「お名前とご連絡先」を明記してください。

お問い合わせ先

〒162-0846
東京都新宿区市谷左内町21-13
株式会社技術評論社　雑誌編集部
「マスタリングVim」質問係
FAX：03-3513-6179

◆技術評論社Webサイト

https://gihyo.jp/book

お送りいただきましたご質問には、できる限り迅速にお答えするよう努力しておりますが、ご質問の内容によってはお答えするまでに、お時間をいただくこともございます。回答の期日をご指定いただいても、ご希望にお応えできかねる場合もありますので、あらかじめご了承ください。

なお、ご質問の際に記載いただいた個人情報は質問の返答以外の目的には使用いたしません。また、質問の返答後は速やかに破棄させていただきます。